保水采煤技术应用典型案例选编

范立民　王　亮　胡运兵　张凌云　关民全　主编

地质出版社
·北　京·

图书在版编目（CIP）数据

保水采煤技术应用典型案例选编 / 范立民等主编 . —
北京 : 地质出版社 , 2024.6
（绿色矿山系列丛书）
ISBN 978-7-116-14119-3

Ⅰ. ①保… Ⅱ. ①范… Ⅲ. ①煤矿开采-无污染技术-
案例 Ⅳ. ①TD82

中国国家版本馆 CIP 数据核字 (2024) 第 091122 号

BAOSHUI CAIMEI JISHU YINGYONG DIANXING ANLI XUANBIAN

责任编辑： 程　静　房　媛
责任校对： 陈　曦
出版发行： 地质出版社
社址邮编： 北京市海淀区学院路 31 号, 100083
电　　话：（010）66554528（发行部）;（010）66554533（编辑室）
网　　址： https://www.gph.clmpg.com
传　　真：（010）66554686
印　　刷： 北京地大彩印有限公司
开　　本： 787mm×1092mm $^{1}/_{16}$
印　　张： 10.75
字　　数： 260 千字
版　　次： 2024 年 6 月北京第 1 版
印　　次： 2024 年 6 月北京第 1 次印刷
定　　价： 98.00 元
书　　号： ISBN 978-7-116-14119-3

《保水采煤技术应用典型案例选编》编委会

序

我国能源资源禀赋具有“富煤、少油、缺气”的基本特点，近年来虽然新能源开发利用技术得到快速发展，但短期内仍然难以独当大任，未来相当长的时期内，煤炭仍然是我国主体能源，在国家能源安全中具有压舱石地位。因此，我们必须牢记总书记教导，做好煤炭大文章。

随着煤炭开发逐步向西部，尤其是向西北地区转移，西部脆弱的生态环境引起了我国学者广泛关注。早在 1992 年，范立民同志就提出了“保水采煤”的科学理念和实现途径，呼吁大规模开发鄂尔多斯盆地北部的煤炭资源时，必须保护好萨拉乌苏组地下水资源。30 多年来，他在这一领域长期耕耘、默默奉献，坚持理论研究与工程实践相结合，取得丰硕成果，创建了保水采煤科学技术体系，制定了比较完善的保水采煤标准规范体系。正是在他的引领下，以西北为主的缺水矿区，推广应用保水采煤技术，有效保护了含水层结构和地下水资源，为煤矿区生态环境保护、矿区生产生活用水提供了保障。2022 年 8 月，范立民团队的“综合保水采煤技术”成果，经中关村绿色矿山产业联盟推荐，入选自然资源部《矿产资源节约和综合利用先进适用技术目录（2022 版）》，这不仅是国家政府部门对保水采煤技术的认可和鼓励推广，更是煤炭行业践行生态文明思想的迫切需求，对其进一步推广应用，无疑会起到重大作用。

为了展示近年来保水采煤技术的应用效果，2023 年，中关村绿色矿山产业联盟在全国征集保水采煤技术应用案例。经过近一年的征集和专家评审评议，最终 13 项典型案例入选本书。这些案例，在地区分布上，有做得很好的陕西榆神府矿区、澄合矿区案例，有处于起步阶段的内蒙古鄂尔多斯市境内案例，也有煤炭产业大省的山西省案例。涉及的受保护含水层，既有煤层顶板第四系含水层、煤系砂岩和烧变岩含水层，也有煤层底板岩溶含水层和地表水。近年来内蒙古东部草原区及河北、新疆、宁夏、贵州、甘肃等省（自治区）的一些煤矿，也因地制宜地推广应用保水采煤技术，取得较好效果。

我们相信，通过这些案例，广大煤炭企业和科技工作者，会进一步了解保水采煤技术及其进展，进一步推广保水采煤技术，践行习近平生态文明思想，促进煤矿区环境保护和高质量发展。

在本书付梓之际，向本书的所有作者和编委表示祝贺，也向坚持、坚守保水采煤技术研究和实践30余年的范立民同志表示祝贺，期待本书发挥作用，助力更好地保护煤矿区含水层结构和地下水系统。

2024年3月

前　言

绿水青山就是金山银山!

以鄂尔多斯盆地为代表的西北地区，已成为我国煤炭主产区。这一区域丰富的煤炭资源与贫乏的水资源、脆弱的生态环境形成了鲜明对比。如不采取措施，高强度的煤炭开发，必将损伤含水层结构，破坏水资源系统，严重影响脆弱生态环境的维系和改善。如何保护好有限的水资源、地下水系统，建设绿色矿山，无疑是西北地区煤炭科学开发、绿色开发的重大命题。

保水采煤是针对鄂尔多斯盆地北部煤炭开发过程中遇到的水资源、生态环境问题而提出的。经过 30 年的持续研究和推广应用，形成了较为完善的科学技术体系。

近年来，保水采煤技术得到了快速发展，2022 年 8 月，经中关村绿色矿山产业联盟推荐，“综合保水采煤技术”入选自然资源部《矿产资源节约和综合利用先进适用技术目录（2022 版)》，包括 8 项保水采煤技术（范立民等，2023）。这也标志着保水采煤技术得到了国家部委的认可和推广。保水采煤技术已经走出鄂尔多斯盆地，走向西北和华北、西南等矿区。

以鄂尔多斯盆地内的陕北、神东煤炭基地为例，大柳塔煤矿 20601 综采工作面，为了防止发生突水溃沙事件，最早采用地下水转移储存技术，在疏降水过程中，把工作面上方及附近的地下水抽取转移到附近的母河沟泉域，实现水资源的科学高效利用。榆阳煤矿最早采用膏体充填保水采煤技术，不仅实现了高强度开采，而且有效保护了萨拉乌苏组含水层结构和红石峡水源地安全。榆神矿区东南部的 16 个地方煤矿从 2007 年开始就改造原来的房柱式采煤方法，采用“窄条带”保水采煤技术，回收率得到一定提高。2014 年前后采用了连采连充保水采煤技术，实现了高回收率条件下的含水层结构保护。2010 年建设的榆树湾煤矿，对于首采 11m 厚的 2^{-2} 煤层，推广应用分层限高保水采煤技术，迄今已开采了 20 个工作面，实现了保水采煤目标。柠条塔、张家峁煤矿等为了保护地下水系统安全，采用帷幕注浆保水采煤技术。曹家滩煤矿采用采后隔水层再造技术。郭家滩煤矿拟采用采前隔水层注浆加固保水采煤技术。小壕兔一号、河兴梁煤矿拟采用固体充填保水采煤技术，等等。这些技术的推广应用或即将应用，必将有效保护萨拉乌苏组、烧变岩的含水层结构，实现保水采煤目标，保护水资源和生态安全。

而对于华北型煤田，煤层底板岩溶水资源丰富，部分地段形成大泉，是地表湿地和生产、生活、生态的重要水源。据此，陕西、山西、河北等老矿区，采用煤层底板薄弱带（隔水层）注浆加固技术，实现底板岩溶含水层保护的保水采煤目标，不仅保护了岩溶水系统，而且保障了煤矿安全和岩溶大泉的稳定，在经济发展的同时，实现了岩溶水资源保护！

为了更好地展示保水采煤工程应用情况，2022 年 10 月起，我们在全国范围内征集保水采煤典型工程案例。通知发出后，得到了广泛响应。截至 2023 年 3 月 31 日，共收到典型案例 42 项，并有 90 余处煤矿以不同方式介绍了其保水采煤工程实践进展。经专家评审，其中 13 项入选本书，这些工程应用案例，包括煤层顶板含水层、底板含水层、地表水及露天煤矿外侧含水层保护技术和保水采煤技术方案编制方法的典型案例等，其中多数位于鄂尔多斯盆地榆神矿区和神东矿区，初步反映了保水采煤技术应用的领域和区域。限于篇幅，在选编过程中，对案例材料进行了精简，以体现“含水层结构保护”或“水资源保护”的核心内容。

本次征集得到了中国矿业大学、山西能源学院、山西省煤炭学会、中煤科工集团重庆研究院有限公司、中国煤炭地质总局水文地质环境勘查院、中煤地华盛水文地质勘察有限公司、陕西陕煤澄合矿业有限公司、陕煤集团神木张家峁矿业公司、陕煤集团神木柠条塔矿业公司、国家能源集团有限公司及所属部分企业、榆林能源集团榆神煤电有限公司、陕西神延煤炭有限责任公司西湾露天煤矿、陕西有色榆林煤业有限公司、中煤能源研究院有限公司、中煤科工集团西安研究院有限公司等单位和相关领导的大力支持，特此致谢！

本书作为中关村绿色矿山产业联盟“绿色矿山系列丛书”之一，期待有助于煤矿区含水层结构保护，有助于煤炭绿色矿山建设，有助于煤矿区环境保护和高质量发展。

编　者

2023 年 12 月 2 日

目 录

1 保水采煤研究历程及科学技术体系

1.1 概述

随着我国西北煤炭资源的大规模开发，缺水及由此引起的生态环境问题，已成为西北煤炭大规模开发的主要环境制约因素。因此，西北地区煤炭开发必须保护好地下水资源，推广保水采煤技术。

“保水采煤”理念自1992年首次提出以来（范立民，1992），经过长期研究与推广，初步形成了完善的保水采煤技术体系和方法，保水采煤技术也成为煤炭行业科技工作者的研究热点，国内多个研究团队进行了重点科学研究和工程实践。钱鸣高等（2003，2004，2006）建立了绿色开采技术体系框架，将保水采煤纳入绿色开采技术体系的重要组成部分。彭苏萍等（2014）提出了煤炭资源持续开发与环境保护协同发展的科学路径，认为煤炭资源大规模开发更重要的是要评估煤矿区地质环境、社会经济对煤炭开采的约束机制。王双明等（2010）研究了煤层与含水层、隔水层赋存的地质条件，划分了保水开采地质条件和保水开采分区。范立民等（2017，2019）总结了实现保水采煤的核心要素，并提出了保水采煤的科学内涵。马立强等（2018，2021）开发了壁式连采连充保水采煤技术方法，解决了极薄隔水层条件下含水层低损伤技术难题，可实现极近距浅表水之下煤层的保水开采。王苏健等（2015）采用注浆充填改造煤层底板隔水层薄弱带的方法实现受奥陶系灰岩（简称“奥灰”）水威胁的煤层安全开采和保水开采。邵小平等（2021）采用条带膏体充填方式，解决了榆神矿区地方煤矿开采区的高回收率保水开采难题。武强等（2017）提出了水资源排－供－生态环保三位一体的煤－水共采的理论与技术，促进了水资源保护与利用。

30多年来，保水采煤技术逐渐成熟。范立民团队提出的“综合保水采煤技术”，2022年入选自然资源部《矿产资源节约和综合利用先进适用技术目录（2022版）》，主要包括采煤对含水层扰动评价技术、保水采煤地质条件分区技术和导水裂隙带发育高度预测技术等8项保水采煤技术，建成了基于保水采煤效果实时监控的地下水智能监测预警网。本章在论述保水采煤研究历程的基础上，主要阐述8项技术的原理、适用条件、地下水智能监测预警网及工程应用，以期完善保水采煤技术体系，促进西部煤矿区环境保护。

1.2 保水采煤发展历程及科学内涵

1.2.1 发展历程

“保水采煤”的科学理念自1992年首次提出后主要经历了萌芽期、形成期、发展期、成熟期4个发展阶段（图1.1）。简述如下：

1）萌芽期（1990—1995年）。1992年范立民发表的《神木矿区的主要环境地质问题》一文，首次提出保水采煤科学理念，同时也提出煤田开发中应将采煤、保水和生态环境保护作为一个系统工程统一规划的宏观思路。随后，我国煤炭科技工作者开始重视煤层开采对地下水损伤的研究工作。如陕西省一八五煤田地质勘探队（现陕西省一八五煤田地质有限公司，简称“一八五队”）韩树青、范立民、杨保国等从1989年开始，在煤炭勘查阶段编制了各种分析性图件，包括煤层上覆隔水层厚度、萨拉乌苏组及其含水层段厚度。1993年后开始编制1^{-2}和2^{-2}煤层开采导水裂隙带发育高度预测等值线图等，分析采煤对含水层的影响程度，是保水采煤研究早期最宝贵的基础数据。因此，该时间段为保水采煤技术的萌芽阶段。

2）形成期（1995—2005年）。其标志是原煤炭工业部“九五”重点科技攻关项目“中国西部侏罗纪煤田（榆神府矿区）保水采煤与地质环境综合研究”的实施。根据范立民的项目建议书，在叶贵钧教授力荐下，该项目立项成功。由中国煤炭地质总局、陕西省一八五煤田地质勘探队、中国矿业大学等单位联合承担。项目的第三子课题“榆神府区保水采煤综合研究”，由一八五队与中国矿业大学承担，根据榆神府区工程地质条件特点和保水采煤的地质因素，将榆神府区保水采煤工程地质条件划分为5种类型，并指出其中的沙土基型、沙基型和烧变岩型必须进行保水采煤条件论证，如果开采应采取保水措施，并根据区内更详细的工程地质条件，研究萨拉乌苏组的富水性、煤层上覆基岩及隔水层隔水性能，分析研究煤层开采的覆岩破坏“三带”发育高度，以保护含水层结构稳定。按照这一构想，范立民（2005）提出了保水采煤的基本思路和实现途径。在该阶段保水采煤技术初步形成。

3）发展期（2005—2010年）。针对煤矿区含水层结构保护难题，范立民等针对榆神府矿区沙漠地貌与黄土地貌特点，提出保水采煤要达到的目标：一是不至于造成泉水干涸或流量大幅度衰减，二是不对矿区植被的生长条件产生明显影响。基于以上目标，王双明、范立民组建了包括地质工程、生态环境、采矿工程等多学科的创新组，进行了多学科研究：一是将生态学的理论引入保水采煤研究，提出了生态水位、合理埋深等概念（杨泽元等，2006），按照生态水位保护原则，划分了榆神府矿区保水开采分区，定量确定了煤矿区地下水位保护的阈值，将保水采煤的研究拓展到生态环境保护领域；二是引入采矿工程学科的关键层理论（钱鸣高等，1996）和浅埋煤层岩层控制理论（黄庆享，2002），关键层理论的物理过程清晰，计算过程简洁，广泛应用于煤层采动损害研究，使其成为一个以采矿工程科学、岩石力学、水文水资源学、生态环境科学等为主的多学科研究领域，每个学科的发展都为保水采煤技术体系完善带来新的活力。其标志性成果是确定了陕北侏罗纪煤田沙漠区生态水位的合理埋深，识别了保水采煤地质条件，编绘了基于生态水位保护的区域性保水采煤方法规划图，研发了适用于榆林地方煤矿的窄条带保水采煤技术并推广应用，创建了以生态水位保护为核心的矿区生态环境保护技术体系（王双明等，2010）。

4）成熟期（2011 年至今）。2011 年以来，保水采煤技术体系逐渐完善和成熟。其标志性成果：一是保水采煤技术快速发展，研发了一批保水采煤新技术。范立民、王苏健、李文平、马立强、李涛、蒋泽泉、张东升等发明了保水采煤地质条件优选技术方法、煤层顶板含水层保护的采煤技术、煤层底板含水层保护的采煤关键技术等系列保水采煤技术（获得 2020 年度绿色矿山科学技术一等奖（发明类））和采空区地下水动态监测技术方法。二是基于保水采煤需求，提出建设煤矿地下水监测网（范立民，2016，2017），得到了原陕西省国土资源厅的支持，2018 年建成了涵盖陕西境内 3 个大型煤炭基地全部煤矿、煤炭规划矿区的地下水智能监测预警网和信息平台（范立民等，2018，2021），实时监测监控重要含水层地下水动态（获得 2022 年度绿色矿山科学技术一等奖 ）。三是建立了保水采煤的标准体系。制定并颁布了《保水采煤技术规范》（DB61/T 1295—2019）陕西省地方标准，《保水采煤技术规范》（T/GRM 054—2022）、《保水采煤术语》（T/GRM 078—2023）、《煤矿导水裂隙带探查技术规范》（T/GRM 056—2022）等团体标准，填补了空白。国家标准《煤矿区含水层结构保护技术规范》2023 年 8 月获批立项。四是保水采煤技术得到普遍认可和推广。自然资源、生态环境、水利、能源等部门在相关规划、法规或审批备案文件中均体现了推广保水采煤技术的要求，并前置性要求保护含水层结构，“综合保水采煤技术”入选自然资源部《矿产资源节约和综合利用先进适用技术目录（2022 版）》。陕西、内蒙古、山西、新疆、宁夏等省（自治区）全面推广保水采煤技术，贵州省要求因地制宜地推广保水采煤技术。内蒙古鄂尔多斯市、乌海市井工煤矿及陕西、内蒙古西部的新建煤矿，全部编制“保水采煤技术方案”，全面推广保水采煤技术。

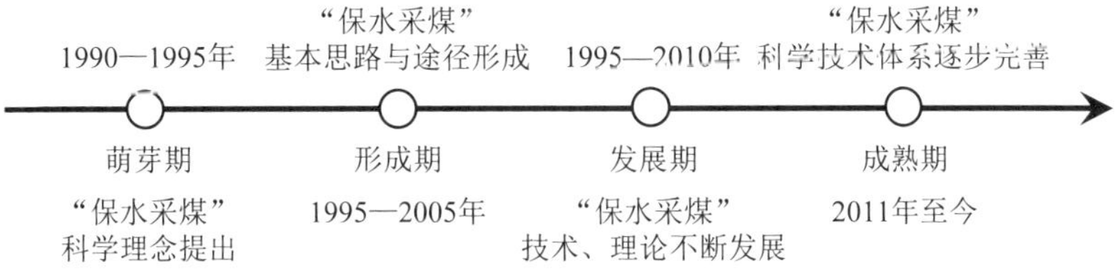

图 1.1 “保水采煤”发展历程示意图

1.2.2 保水采煤的科学内涵

保水采煤科学理念提出后，主要针对我国西北地区煤炭基地开展研究，旨在实现高强度煤层开采与地下水系统保护的统一，以保护西北煤矿区地下水系统的完整性和系统性。因此，保水采煤的概念是在干旱－半干旱地区煤层开采过程中，通过控制岩层移动维持具有供水意义和生态价值含水层的结构稳定或水位变化在合理范围内，寻求煤炭开采量与水资源承载力之间最优解的煤炭开采技术（范立民，2017）。

针对这一概念，保水采煤研究区主要在西北煤矿区，包括陕北、神东、黄陇、宁东、新疆 5 个大型煤炭基地，保水采煤着眼于西部干旱－半干旱地区具有供水意义和生态价值的含水层。除此之外的各类含水层均不在保水采煤研究的范畴之中。保水采煤实现途径是以岩层控制理论和技术为基础而研发具有抑制导水裂隙发育的采煤技术。保水采煤实现对象为含水层结构和水位埋深，要求含水层结构稳定，或短暂失稳后造成的水位下降在一定时间后能恢复至不影响其供水能力的范围。保水采煤实现结果可缓解优化煤炭资源开采和水资源供需平衡之间的矛盾，达到资源开发与水环境保护协调统一。

鄂尔多斯盆地北部第四系萨拉乌苏组（Q_3s）含水层、侏罗系烧变岩（J_2y）含水层、盆地南部奥陶系岩溶含水层、盆地西部及西南缘侏罗系洛河组含水层和盆地北部侏罗系直罗组含水层均是保水采煤的保护对象（范立民等，2022；孙魁等，2022；焦养泉等，2020）。在干旱–半干旱的其他矿区，以河水–地下水关系为基础，对维持河流基流有重要贡献的含水层，以植被地下水关系为基础，对维系地表植被演替具有明显控制作用用的含水层，以水资源供需关系为基础，确定为供水水源的地表水库和深部含水层保护均属于保水采煤研究的外延，也应纳入保水采煤研究体系之内。华北煤田如山西、河北、山东等地区的地下岩溶水系统是该地区地下水循环的重要组成部分，是当地最主要的供水水源之一，是地表泉域的重要补给水源之一，也应作为保水采煤研究体系的重要对象。总之，保水采煤就是要保护地下水系统的稳定，保护含水层结构的完整，保护煤矿区生态环境。

1.3 保水采煤技术体系及应用

2022 年 8 月 30 日，自然资源部发布了《矿产资源节约和综合利用先进适用技术目录（2022 版）》，范立民教授团队提出的“综合保水采煤技术”入选。主要包括采煤对含水层扰动评价技术、保水采煤地质条件分区技术、导水裂隙带发育高度预测技术、限高保水采煤技术、壁式条带充填保水采煤技术、连采连充保水采煤技术、注浆保水采煤技术、固体充填保水采煤技术 8 项技术，其技术体系框架如图 1.2 所示。

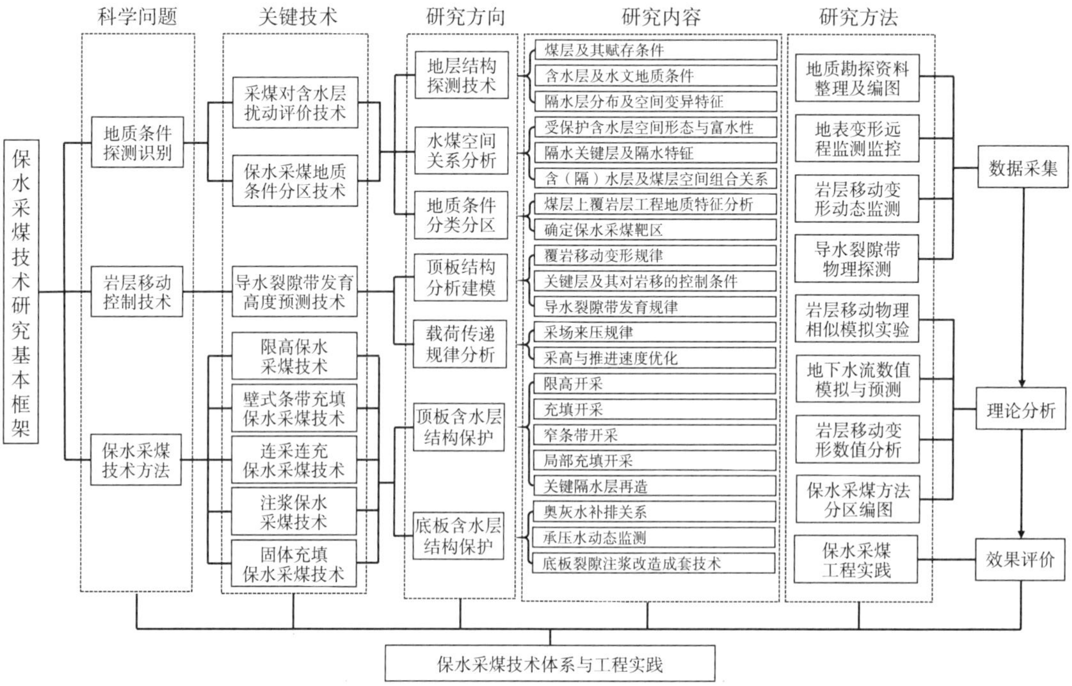

图 1.2　综合保水采煤技术体系框架示意图

1.3.1 采煤对含水层扰动评价技术

采煤对顶板含水层的扰动评价主要是通过“三图双预测法”进行的。“三图”为受保护潜水含水层等厚线图（富水性分区图）、开采煤层上覆隔水层（基岩）厚度等值线图和导水裂隙带预测高度等值线图。根据“三图”再结合煤层上覆岩石力学性质与煤矿开采技术方法，确定具有供水价值或生态价值保护的含水层，预测、评价煤层开采对上覆含水层结构的损伤方式和影响程度。为了更准确地评价采煤对含水层的扰动强度，笔者团队研发了“五图－三带－两分区保水采煤优选方法”，利用覆岩类型分区图、基岩厚度等值线图、含水层富水性分区图、隔水层厚度等值线图和煤层厚度等值线图（“五图”），结合导水裂隙带等采动岩（土）层渗流预测模型（“三带”），确定采煤对地下水影响程度分区及保水采煤技术适用性分区（“两分区”）的方法，为基于含水层保护的矿区规划和采煤技术优选提供了技术支撑。

1.3.2 导水裂隙带发育高度预测技术

1.3.2.1 预测方法

导水裂隙是煤矿突水的主要通道，也是煤矿开采损伤含水层和地下水系统的主要因素，导水裂隙发育高度预测一直是煤矿防治水研究的重点，也是保水采煤研究的热点与难点。目前，导水裂隙带研究的主要方法包括钻孔探测、经验公式预测、模拟实验等方法。

（1）钻孔探测法

钻孔可实测导水裂隙带发育高度，主要包括：

1）岩芯观察法。观察钻孔钻进过程中各个回次采取的岩芯完整性，包括裂隙发育的位置，裂隙形态及连通性，岩芯岩块长度和破碎程度等，据此计算岩芯完整性指标 RQD 值，从而判定裂隙发育段，换算出导水裂隙带发育高度。

2）钻孔冲洗液消耗量法。通过钻进过程中冲洗液漏失量大小判定裂隙发育程度。一般钻进到垮落带时，冲洗液会全部漏失。钻进到裂隙发育层段，冲洗液漏失量会显著增大。与开采前附近钻孔的冲洗液消耗量进行定量对比，可较准确判定出裂隙发育层段。

3）孔内窥视法。利用钻孔智能全景成像测井仪，在钻孔完井后，对钻孔内的岩壁拍摄 360° 数码彩色图像，裂隙发育层段在图像上有明显的显示，通过观察图像，识别裂隙发育段，确定导水裂隙带发育高度。

4）注水试验法。通过在煤矿井下巷道向采空区上方打仰斜钻孔并注水，测定钻孔各段水的漏失流量，以此了解岩石的破裂松动情况，确定导水裂缝带的上界高度，如中煤科工集团重庆研究院 2022 年在木坦坝煤矿采用注水试验法对 11083 工作面垮落带与导水裂缝带进行了实测。

5）地球物理测井。其原理是岩层裂隙发育后，地下水漏失，物性参数会发生显著改变，如电阻率增大等，据此判定裂隙发育层段。一般选用三侧向电阻率、密度（长短源距伽马）、自然伽马、自然电位、声波时差等参数进行解释。

（2）经验公式预测法

在鄂尔多斯盆地北部的侏罗纪煤田，煤层近水平展布，综采条件下，利用上百个钻孔进行统计分析，发现采高小于3m时，导水裂隙带高度发育规律符合以往规范推荐的经验公式；当采高为3 ~ 6m时，导水裂隙带发育高度一般为采高的22 ~ 28倍，平均26.5倍。在其他条件或重复开采时，导水裂隙带高度应在探测数据基础上综合确定。

（3）模拟实验法

主要包括相似材料模拟法和数值模拟法。相似材料模拟，是根据煤层及其围岩的物理力学性质，采用相似材料，模拟煤层开采全过程，并监测模拟条件下覆岩裂隙发育情况，确定导水裂隙带发育高度。数值模拟法是采用相关专业软件模拟开采条件，研究围岩损伤过程，判定导水裂隙带发育高度。

（4）物探解译法

主要是利用三维地震、瞬变电磁法等物探方法，在采空区进行岩层完整性、电导率等参数探测，并据此解译导水裂隙带发育层段。如袁峰等（2021）探查了2个煤矿工作面采空区的导水裂隙带发育高度，准确解释了采动覆岩裂隙发育规律；中煤科工集团重庆研究院2015年在新疆库车县榆树泉煤矿1013试采工作面采用井下瞬变电磁法对工作面开采前、后顶板岩层破坏产生的视电阻率变化进行对比探测，结合注水试验、数值模拟试验等，准确预测了该工作面导水裂隙带的发育高度。

1.3.2.2 发育形态

近年来，我国煤炭开采科技发展迅速，采煤工作面最大采高从20世纪80年代的3.5m增加到6m以上。一次开采8 ~ 10m的大采高工作面也正在实施。采煤工作面最大倾斜长度从150m左右发展到400 ~ 500m；最大推进长度从1500m左右发展到7000m以上。采掘空间的不断增大，造成煤层顶板损伤程度的成倍增加，导水裂隙带也会相应增大。以往根据当时开采空间、开采方法总结的经验公式，显然已不再适用。现有条件下，钻孔探测无疑是一种最直接、最准确的方法，尽管这种方法投资大、施工难，但仍无可取代。

陕西榆神矿区金鸡滩煤矿首采工作面（12-2上101工作面）斜长300m，采高5.5m，煤层埋深260m，开采2-2煤层。回采4个多月后进行钻孔导水裂隙带探测，此时，采空区地面及覆岩基本稳定。钻孔布置在开采工作面的采空区中心及靠工作面巷道内侧15m处。探测结果显示，导水裂隙带高度最大112.99m，为采高的20.54倍；垮落带最大高度23.14m，为采高的4.2倍。

目前榆神矿区已实施的100余个导水裂隙带高度探测钻孔，采高均小于6m。采高大于6m的综采工作面（8.8m大采高工作面已投产，10m大采高工作面也正在推进），还没有实测的导水裂隙带数据。另外，导水裂隙带高度预测并不能仅停留在统计分析和回归分析模型上，如何通过煤层开采条件下上覆岩体移动变形机理研究，建立导水裂隙带预测的理论模型，仍需要理论上的突破。

1.3.3 保水采煤地质条件分区技术

导水裂隙带发育规律研究的目的，是为划分保水采煤分区提供关键参数，以便合理选择开采区域、选择合适的采煤方法。

近年来，围绕煤炭开采区选择，有4种代表性的保水采煤地质条件分区方案（表1.1），而且均集中在陕北侏罗纪煤田，包括陕西境内的神木北部矿区、新民区、陕北煤炭基地的榆神矿区。陕北煤炭基地的榆横矿区部分矿井开展了保水采煤专题研究，进行了煤层开采对萨拉乌苏组潜水含水层影响程度分区。2022 年 5 月，神东煤炭基地内蒙古境内部分地下开采煤矿均编制了“保水采煤技术方案”，分煤矿划分了保水采煤地质条件分区，但没有进行全矿区（煤田）汇总。宁东煤炭基地至今未开展相关分区研究。

表 1.1　保水采煤主要分区方案表

研究区域	划分目的	划分类型	划分者及时间
神木北部矿区、榆神矿区部分	萨拉乌苏组地下水保护	保水采煤区、采煤失水区、采煤无水区	范立民、李文平等，1998
神木北部矿区、新民区、榆神矿区	水资源和生态环境安全	自然保水开采区、可控保水开采区、保水限采区和无水开采区	王双明、范立民等，2003 和 2010
榆神矿区	水资源及生态环境安全	正常开采矿井、保水采煤一级、二级、三级矿井	王苏健、李文平等，2016
榆神矿区	榆神矿区开发	自然保水区、保水采煤区（保水采煤影响小区、保水采煤影响大区）、采煤失水区、采煤无水区	李智学、申小龙等，2022

目前，保水采煤地质条件分区技术日益完善，但多数基础数据源于钻孔数据，采煤地质条件分区技术为不同区域保水开采方法和工艺选择提供了依据。

1.3.4　限高保水采煤技术

研究表明，采高越大，裂隙发育高度越大，导水裂隙带发育高度和煤层采高呈正相关关系。因此，限高保水采煤技术指通过限制煤层开采高度，抑制裂隙发育高度，使之不会发育到受保护含水层中，实现保水采煤目标。

限高保水开采适用于煤层厚度大（一般大于 10m）、一般无法一次采全高的区域，且煤层上覆含水层富水性较强，具有供水和生态价值，采用传统采煤技术难以达到含水层结构保护的需求。例如，煤层厚度较大的区域、垮落带偏高的开切眼地段、仰上开采的终采线地段及松散层底部局部强富水性的地段等。

陕西榆树湾煤矿侏罗系延安组含煤 5 层，其中 2^{-2} 煤层为主采煤层，煤层厚度 11m，如果采用综采一次采全高采煤法，虽然其生产效率较高，但对上覆岩层破坏严重，矿山压力较为明显，导致导水裂隙带持续向上发育，使含水层、隔水层不同程度破坏。该矿受保护的萨拉乌苏组含水层，其下部发育有黏土隔水层和侏罗系基岩弱富水含（隔）水层。萨拉乌苏组含水层平均厚度 14.5m，黏土隔水层平均厚度 89m，煤层上覆基岩厚度 115 ~ 160m（其中侏罗系直罗组 20.7 ~ 82.9m，风化基岩 11.60 ~ 23.64m，延安组 77.39 ~ 94.73m）。在此背景下，榆树湾煤矿通过试验不同采高导通萨拉乌苏组含水层后，采煤造成的地下水漏失程度来确定合理的采高。若一次采全高、全部垮落法管理顶板，榆树湾煤矿 45% 以上区域的萨拉乌苏组潜水将漏失，对含水层损伤程度严重。当采高为 5m 左右，大部分区域可实现含水层结构保护，达到保水开采目标。榆树湾煤矿设计采高为 5.5m，目前已开采 20 个工作面。现场实测结果表明，采空区只有部分下行裂缝，采动引发的导水裂隙带未发育到上部萨拉乌苏组含水层，实现了限高保水采煤。毗邻的杭来湾煤矿，301 盘区 10 个综采工作面，采用限高保水采煤技术，对于 10m 厚的 2^{-2} 煤层，只开采上部的 4.8m，实现了保水采煤目标。

榆神矿区 2^{-2} 煤层厚度大，其中厚度大于 10m 的区域约 1000km^2，限高（分层）保水采煤技术在榆神府矿区无疑是一种适宜的保水采煤技术。但煤层开采上部一部分后，下部留下来的煤层何时开采、如何开采，以及开采对萨拉乌苏组潜水含水层结构的影响，将是分层限高保水采煤技术面临的技术难题。

1.3.5　壁式条带充填保水采煤技术

壁式条带充填保水采煤技术是指根据巷道煤柱对顶板的约束条件、煤柱压力大小计算开采条带的极限跨度，采用极限平衡理论求解煤柱宽度，保证开采条带锚杆支护的可靠性，同时通过理论分析对开采可行性、条带采动影响进行试验，并在开采活动后对采空区进行充填。由此，通过减小工作面尺寸控制煤柱稳定性和岩层的长期稳定，达到保水采煤目的（图 1.3）。

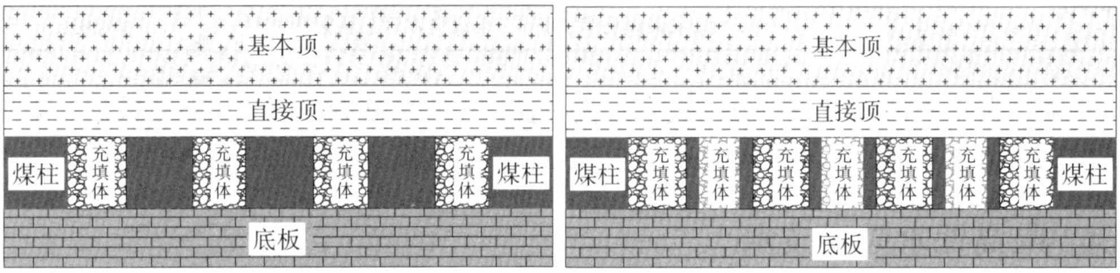

a. 第一次条带充填开采　　b. 第二次条带充填开采

图 1.3　壁式条带充填开采原理示意图

以榆神矿区某矿为例，井田面积 4.82km^2。矿井主采 3 号煤层，煤层稳定，结构简单，局部含一层厚度 0.09 ～ 0.6m 的泥岩夹矸，平均厚度 5.35m，煤层平均埋深 130m。基本顶为中细粒长石石英砂岩，厚 4.48 ～ 33.2m。直接顶以砂质泥岩为主，岩石空间分布连续性好，裂隙不发育，富水性及渗透性差，为抗拉、抗压强度大的半坚硬－坚硬岩石，属Ⅱ类中等垮落顶板。底板为泥岩、粉砂岩，厚 0.1 ～ 9.28m，岩石空间分布稳定，结构简单，抗压强度大，不易造成底鼓现象。萨拉乌苏组含水层是区内主要受保护含水层。按照采高为 5.35m，第一阶段“采 7m、留 13m”进行充填开采；第一阶段开采过后，对剩余 13m 煤柱，按“采 7m、留 3m”方案进行充填开采，实现了保水采煤目的。该方法既可以提高地方煤矿机械化、智能化水平，又可以保持采空区煤岩柱的长期稳定，开采损害程度小，矿压显现弱，将覆岩裂隙发育控制在一定范围，从而具有良好的含水层保护效果。

目前，榆神矿区东南部的地方煤矿开采区多采用该技术，一般是布置长壁综采工作面，在工作面内部采用条带开采，开采条带各煤矿有所不同，一般 10 ～ 20m 宽，留 10m 左右煤柱。待开采的条带采完后，进行膏体或膏体充填，充填体固结后再开采保留的煤柱。循环往复，煤炭资源的回收率可达 95% 以上，顶板围岩保持稳定，萨拉乌苏组含水层未受到采煤扰动，实现了保水采煤目标。

1.3.6　连采连充保水采煤技术

连采连充保水采煤技术，是将长壁开采体系和房柱式连续快速采煤技术相结合，建立了“多支巷布置、采充并行”的开采新模式。利用管路泵送充填，将充填材料密实充入始终受到保护的采场支巷约束空间内。在充填的同时，掘进另外一条充填巷，实现工作面“掘巷出煤，巷内充填”循环作业的胶结充填开采目的。该技术尤其适用于受保护目标含水层与煤层间距极近或开采“三下”等特殊条件下的煤层。

该方法在开采块段采用负压式通风，回采巷道按正常壁式采煤工作面布置，大断面宽巷掘进采煤，开采后的宽巷进行充填。该方法结合了旺格维利采煤法和宽巷充填采煤法的优势，将传统的柱式采煤法转变为高效的长壁连采连充采煤法，实现了高效采煤、整体支护和主动充填接顶一体化，解决了极薄阻隔层低损伤控制问题，可有效控制浅表水资源流失和生态环境保护。在长壁开采区段，开采支巷按照旺格维利法布置，进行多轮跳采，始终保持多条支巷充填和采煤同时作业的“连采连充”高效开采模式（图 1.4）。开采前，将回采块段沿倾斜或垂直于运输巷的方向划分为多个开采（采煤）支巷，并将支巷划分为多个开采阶段。按开采顺序间隔开采支巷，每条支巷开采后立即密实填充。下支巷在上支巷充填作业的同时开采，在采场内形成“连采连充”保水开采模式，直至采场内所有支巷采充完毕。

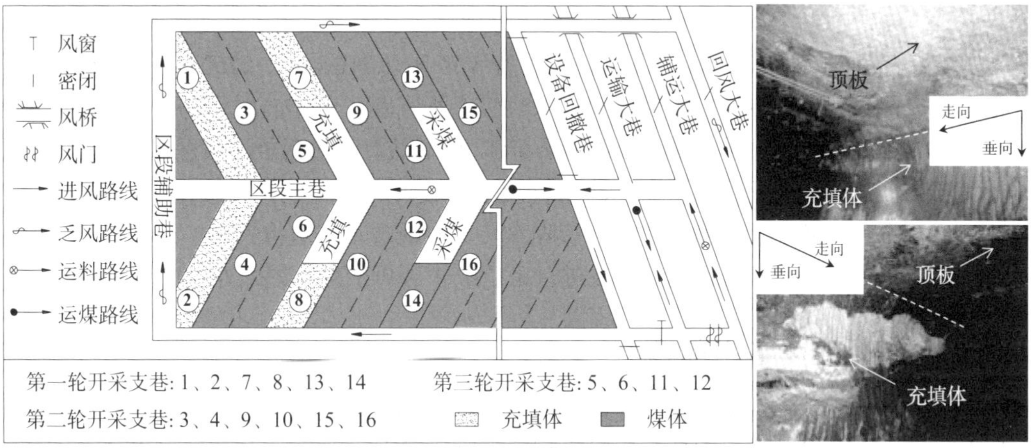

图 1.4　连采连充保水采煤技术模式示意图

（据马立强等，2018）

据不完全统计，采用连采连充采煤技术已在内蒙古裕兴煤矿、陕西金牛煤矿、山东孙村煤矿等多个矿区进行了成功应用。但由于该技术工作面产能较低、固废处理能力有限，在一定程度上限制了其在大型矿井的推广。

1.3.7　注浆保水采煤技术

当保护强富水性目标含水层或地表水体时，可以根据采矿地质条件，设计注浆钻孔参数，采用地面或井下充填泵及充填管路，以黏性土（黄土）、粉煤灰、水泥等不会对地下水造成污染的浆体材料进行离层、帷幕、底板注浆充填，最终实现目标含水层（水体）结构保护。以离层注浆为例，其充填如图 1.5 所示。

以澄合矿区董家河煤矿为例，5 号煤层下距奥灰顶界面 30 ~ 40m，奥灰水压约 1.0MPa。为防止工作面小断层、裂隙及采动影响对底板的破坏，22508 工作面针对底板富水异常区采用黄土 – 水泥充填材料注浆，水泥按水灰比 1 : 1 比例制成浆液后与黄土浆混

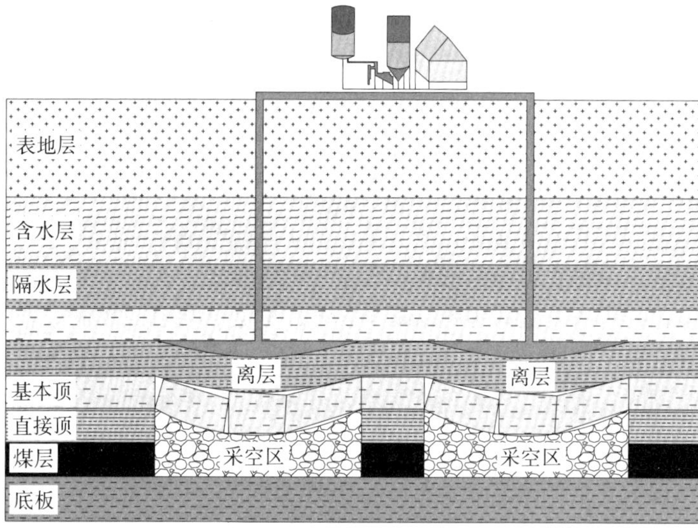

图 1.5　离层注浆充填示意图

合，其用量占黄土浆液的 20% ~ 30%，密度为 1.17 ~ 1.21g/cm³。22508 工作面施工钻孔 82 个，完成注浆量 52378m³。注浆结束后，经过工程实践，工作面回采过程未损伤煤层底板岩溶含水层，工作面的涌水量比预测量下降了 90% 以上，达到了注浆保水目的。

注浆保水采煤技术还可用于隔水层隔水性能再造，即在采前或采后，对采煤损伤的隔水层层位进行注浆，重塑隔水性，再造隔水层，实现含水层水位恢复，达到保水采煤目标。目前，榆神矿区曹家滩煤矿等正在进行采后隔水层再造保水的工业性试验。

1.3.8　固体充填保水采煤技术

固体充填保水采煤技术是目前充填开采技术中的典型代表，是在传统综合机械化采煤技术的基础上演化而来的，该技术可以实现采煤和充填并行作业。与传统综采技术不同的是，固体填充开采技术增加了固体垂直投料系统及位于填料支架后部的压实系统，可以安全高效地将地面充填材料输送到工作面的采空区。将煤矸石、粉煤灰、露天矿渣等矿山固废作为充填材料密实充填到采空区，通过控制上覆岩层移动变形，降低覆岩导水裂隙带发育高度，达到保水采煤的目的。近年来，随着煤矿开采条件的变化和保水采煤技术发展，先后形成了掘巷充填采煤技术、普通机械化固体充填采煤技术、综合机械化固体充填采煤技术、采选充一体化固体充填采煤技术等。最近笔者在编制榆神矿区四期规划区某煤矿"保水采煤技术方案"中，提出了"阶梯式固体充填保水采煤技术方法"，采用不同的充实率探索含水层结构保护效果，寻求最小充实率条件下保水开采途径。

固体充填采煤技术关键设备包括采煤设备与充填设备。其中采煤设备主要有采煤机、刮板输送机等；充填设备主要有多孔底卸式输送机、自移式充填转载输送机、充填采煤液压支架等。充填开采液压支架是综合机械化固体充填开采工作面核心装备之一（图 1.6），可实现在同一液压支架掩护下采煤与充填并行作业。

目前该技术已在大型河堤下、强富含水层下等多个矿区实现了安全保水采煤，其主要采用"等价采高模型"分析、评价充填岩层移动控制效果（图 1.7）。

图 1.6　固体充填采煤液压支架结构原理图

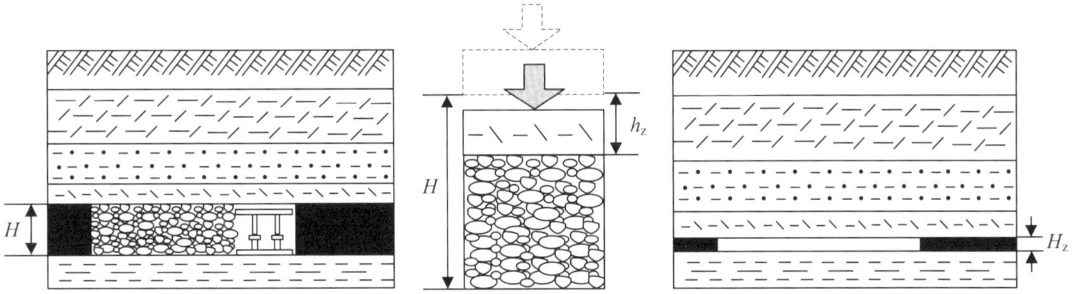

图 1.7　等价采高模型图

等价采高 H_z 的计算公式如下：

$$H_z = h_z + (k - k')(H - h_z) \tag{1.1}$$

式中：h_z 为充填采煤未充填高度，m；H 为实际采高，m；k 为充填体的松散系数；k' 为充填体的压实系数。

随着东部煤炭资源的日趋枯竭，对于该技术在西部高强度开采条件下，充填材料的高效运输、高效充填、保水采煤的适用性及工程效果需开展进一步研究。

1.3.9　保水采煤地质条件探查技术与采后效果评估技术

1.3.9.1　保水采煤地质条件勘探技术

地质条件的精准勘探是保水采煤地质条件分区及采煤技术方法选择的重要前提，目前常用的勘探方法有水文地质条件分析法、钻探法、物探法等。

1）水文地质条件分析法：主要根据矿区水文地质单元的补径排条件、地层发育特征（如向斜轴部、古河道等）、构造发育带（断层、陷落柱等控水因素）、岩层裂隙特征（孔隙、裂隙、岩溶等发育程度）等进行水文地质条件分析，确定保水采煤的目标区域和采煤方法。

2）物探法：主要通过地面或井下瞬变电磁法、高密度电法、音频电透视等物探方法对地层富水性进行区域性探测，本方法一般与钻探法进行综合勘探，如中煤科工集团重庆研究院 2022 年在陕西崔家沟煤矿采用瞬变电磁法对 2305 工作面上覆洛河组含水层富水条件进行了探测。

3）钻探法：主要是通过施工地面、井下钻孔，并开展相关抽水试验、测井、岩芯测试等方法，查明保水采煤区域含水层的富水性。本方法勘探精度高，但是工程量较大，成本较高。目前，采用地面、井下水平定向钻孔沿含水层钻进勘探，具有工程量小、覆盖面广的特点，对于富水性极不均一的灰岩、砂岩含水层具有较大的推广价值。

1.3.9.2 保水采煤采后效果评价技术

保水采煤采后效果评价技术主要通过地下水水位、地表植被变化、地表沉降、工作面涌水量变化、导水裂隙带发育高度观测等方法开展。如范立民（2017）通过对榆神矿区金鸡滩煤矿采煤工作面开采后导水裂缝带发育高度与隔水岩组厚度的比较分析、采空区潜水水位埋深探测、地表植被变化等方法，系统分析采煤对萨拉乌苏组潜水的影响。

1.4 大型煤炭基地地下水监测预警网

“黄河流域最大的矛盾是水资源短缺”“黄河流域最大的问题是生态脆弱”。2013 年开始，范立民教授团队就提出建设煤炭基地地下水监测系统的思路、方法和技术路线。2018 年，原陕西省国土资源厅组织开展了“陕西省首批矿山地下水监测井建设（煤矿部分）”项目，采取“政府指导、企业主导”的原则，促成省、市、县、矿山企业四级矿山地质环境监测体系建立。目前陕西境内煤矿区地下水智能监测预警网已运行四年多，是落实黄河流域生态环境保护与高质量发展国家重大战略的重要基础工程。

1.4.1 系统识别了具有供水、生态价值的含水层

系统识别了具有供水、生态价值的含水层，确定监测目标层位。以具有供水和生态意义且受煤炭开采影响为原则，根据各煤炭基地煤水组合类型及地下水流系统分析结果，结合各煤炭基地煤炭资源开采对地下水的扰动特征，识别出具有供水和生态意义且受煤炭开采影响的含水层，主要包括第四系萨拉乌苏含水层、第四系黄土孔隙裂隙含水层、侏罗系风化基岩含水层、白垩系洛河组含水层及奥陶系岩溶含水层。

研发了煤矿地下水监测网布网技术。以同一水文地质单元的矿井群为单位，构建了煤矿地下水监测网布网指标体系（图 1.8）。编绘煤炭开采强度分区图、含水层赋存条件分区图、地下水补径排条件分区图及采煤对地下水扰动分区图，通过叠加分析识别出不同的地下水动态综合分区。以不同类型的地下水动态分区为单元，结合矿井采掘规划，进行煤矿

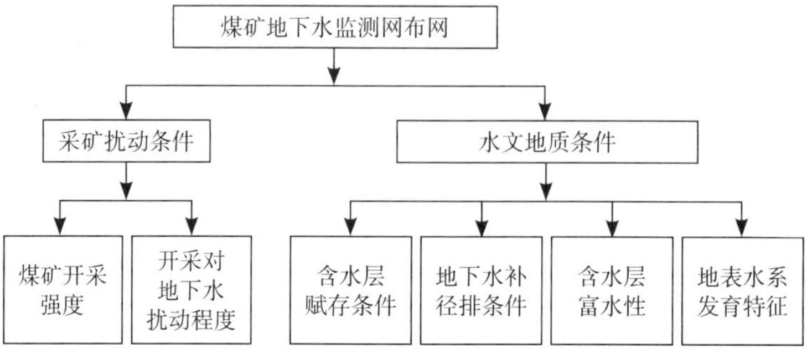

图 1.8 监测网布网指标体系示意图

地下水监测网布设。

研发了监测井的井位选择技术。以往的煤矿区水文观测孔，多是服务于勘探报告或矿井水害防治，且后期多遭到采掘影响的破坏而废弃。本书以煤矿区地下水长期监测为目标，综合考虑煤层开采对地下水的影响半径及地表沉陷影响半径，研发了监测井的井位选择技术（图 1.9）。

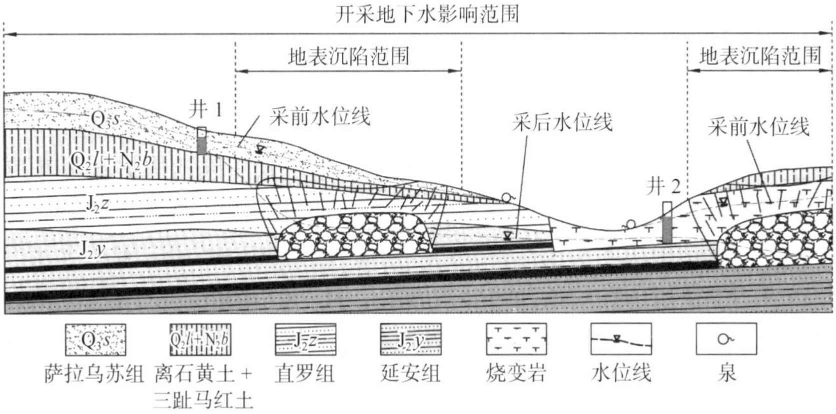

图 1.9　监测井井位选择示意图

（据范立民等，2019，有修改）

1.4.2　研发了大型煤炭基地地下水监测网布网技术

研发了复杂地质条件下煤矿地下水监测井施工技术。在对陕西省三大煤炭基地工程地质、水文地质条件和已有的监测井成井技术分析的基础上，分别针对第四系松散层、风化基岩、卵砾石层、烧变岩、灰岩及不同岩层组合等复杂地质条件，从选址、井深设计要求、钻孔结构、取芯及取样、孔深校正、孔斜要求、钻探施工要求、水温物探测井、扩孔、过滤管设计、沉淀管安装、下管技术要求、填砾要求、止水要求、洗井要求、封孔要求、抽水试验、水样采集等多个重点环节提出了技术施工的要点、难点和解决方案。

设计了煤矿地下水监测井井口保护装置。设计了煤矿地下水监测井井口保护装置以及水准点建设方案，并严格按照国家测绘标准建设，保障了监测的水位标高数据真实、准确。

建成了黄河中游（陕西段）大型煤炭基地地下水监测网。建成了由 586 口监测井组成的涵盖陕北、神东、黄陇三大煤炭基地的地下水监测网省、市、县、矿山四级矿山地下水监测网。省级控制性监测井 273 口，其中神东煤炭基地 81 座煤矿布置 87 口监测井，陕北煤炭基地 45 座煤矿布置 124 口监测井，黄陇煤炭基地 55 座煤矿布置 62 口监测井。

第四系孔隙裂隙潜水含水层井 90 口、第四系及基岩风化带含水层混合监测井 5 口、中侏罗统直罗组裂隙含水层监测井 12 口、中侏罗统延安组裂隙含水层监测井 102 口、二叠系含水层监测井 3 口、瓦窑堡组含水层监测井 10 口、烧变岩孔隙含水层监测井 3 口、奥陶系灰岩含水层监测井 10 口、下白垩统洛河组砂岩裂隙含水层监测井 38 口。

1.4.3　构建了煤矿地下水监测网信息平台

发明了地下水流速流向监测仪。针对地下水监测过程中各类信息识别精度不足、量程范围有限的难题，发明了地下水位和流速流向自动识别技术，通过钻孔内显微高速摄像捕捉水中微粒的运移影像，通过模拟和统计手段计算出流速和流向，可以准确、快速、低成本获取钻孔水文信息，地下水流速可以精确到 0.01μm/s。在此基础上发明了一种保水采煤 DCS 监测预警系统，通过构建大区域水文监测网，对潜在的生态退化区进行预警。

研发工作面突水预警关键技术。煤矿工作面突水与矿区地下水动态密切相关，工作面突水监测预警数据的准确采集，为煤矿区地下水动态预警提供了有效补充。基于实验室承载煤岩破裂破坏过程中的红外辐射演化特性，采用防爆红外热像仪，对采掘面顶底板煤岩体裂隙发育和微渗流的动态演变过程进行实时无损监测，确定煤岩体破裂渗水的红外辐射阈值，为采用红外辐射预测工作面裂隙发育和突水监测预警提供参考阈值。

构建了陕西省大型煤炭基地地下水智能监测预警平台。陕西煤矿地下水监测井信息平台由信息管理、数据分析、数据监控、预警阈值、数据权限、短信管理和一张图七大功能模块组成。信息管理模块主要包括各监测井建设过程中成井深度、监测含水层等基本信息；数据分析模块主要以图形和数据的形式展示监测井水位随时间的变化；数据监控模块从数据质量、数据连续性等多个方面监控各监测井的运行情况，准确发现有问题的监测井；预警阈值模块具备蓝色、黄色、红色三个级别的阈值设定，并设置了相对应的响应策略；数据权限模块主要为省、市、县、矿山企业多级用户挂接相对应的监测井和数据查看权限，目前已实现了省、市、县、矿山企业四级动态监测体系；短信管理模块主要记录预警短信的发送情况、回执情况和短信统计功能。一张图以标准地图为底图、以不同颜色显示了不同含水层监测井的分布位置，具备空间查询等功能，可通过一张图查询各监测井的基本信息等情况。

开发完成了矿山地下水智能监测预警 App。矿山地下水智能监测预警 App 具备陕西煤矿地下水监测井信息平台中信息管理、数据分析、水位预警等功能模块，能够通过手机端查看监测井建井信息，监测历史水位和实时水位数据，并自动生成水位等值线。在此基础上开发了监测井位置导航模块，界面包括我的位置信息、终点位置信息、驾车路线等信息，通过我的位置信息与终点位置信息来进行规划路线，并能实现实时导航功能。

1.5 保水采煤标准规范体系

多年来，陕西有关部门始终要求煤矿企业在生产中保护具有生态价值和供水意义的含水层。例如，基于对榆神一期、二期项目在开发建设过程中产生的水与生态环境负效应的担忧，国家相关部门在办理榆神三期新开工项目的审批时，格外强调“要加强矿区地下水位保护，防止生态环境退化”。尽管科研单位也提出了一系列技术方案来保护含水层，但煤矿企业在生产中都根据经验开展水与生态保护，具有一定的盲目性，而且往往会顾此失彼。出现这种状况的原因之一，就是没有可遵循的技术标准。

为此，范立民保水采煤科技创新团队 2018 年开始构建保水采煤标准规范体系，目前初步完成了体系框架和部分标准制定工作。2019 年制定颁布了《保水采煤技术规范》和《煤矿地下水监测规范》，2022 年制定颁布了《煤矿开采地质环境监测规范》《煤矿绿色矿山建设规范》，一共 4 项陕西省地方标准。2022 年以来制定颁布了《保水采煤技术规范》等 6 项团体标准，初步解决了保水采煤领域标准供应难题。已颁布和立项的标准如表 1.2。

表 1.2　保水采煤领域标准规范体系统计表

序号	标准名称	标准编号	发布机构	发布日期
1	煤矿地下水监测规范	DB61/T 1247—2019	陕西省市场监督管理局	2019.6.25
2	煤矿绿色矿山建设规范	DB61/T 1568—2022	陕西省市场监督管理局	2022.6.27
3	煤矿开采地质环境监测规范	DB61/T 1569—2022	陕西省市场监督管理局	2022.6.27
4	保水采煤术语	T/GRM 078—2023	中关村绿色矿山产业联盟	2023.11.29
5	保水采煤技术规范	DB61/T 1295—2019	陕西省市场监督管理局	2019.11.27
6		T/GRM 054—2022	中关村绿色矿山产业联盟	2022.12.30
7	煤矿隐蔽致灾地质因素普查技术规范	T/GRM 055—2022	中关村绿色矿山产业联盟	2022.12.30
8	煤矿采区含水层监测规范	T/GRM 077—2023	中关村绿色矿山产业联盟	2023.11.29
9	煤矿导水裂隙带探测技术规范	T/GRM 056—2022	中关村绿色矿山产业联盟	2022.12.30
10	煤－水双资源协调开采技术规范	T/GRM 081—2023	中关村绿色矿山产业联盟	2023.11.29

1.6　结论

1）针对我国西北部生态脆弱矿区高强度采煤区矿山开采活动对地下水环境的影响，需要控制含水层结构稳定，最终实现煤炭开采和环境保护之间的协调统一。

2）通过阐述“保水采煤”发展历程，总结并给出了其科学内涵，使保水采煤理论与技术体系不断完善。保水采煤是通过对目标含水层研究，针对不同地质条件分区采用不同的保水采煤技术手段，保护具有供水意义和生态意义的含水层。

3）建立了综合保水采煤科学技术体系和标准规范体系，包括采煤对含水层扰动评价技术、导水裂隙带发育高度预测技术、保水采煤地质条件分区技术等 8 项技术，初步建立了包含 10 项标准在内的保水采煤标准规范体系，为煤炭绿色开采面临的工程问题提供完善的技术体系。

本章作者是范立民、孙强、马立强、蒋泽泉、孙魁、李涛、王苏健、李成、陈建平、彭捷、高帅、陈海富等。

2 限高保水采煤技术在榆树湾煤矿的应用

2.1 项目背景

榆树湾煤矿位于榆神矿区一期规划区，是陕西榆林能源集团有限责任公司建设的大型现代化矿井，核定生产能力 12×10^6t/a，首采区 2^{-2} 煤层，煤层稳定性好，开采条件优越。由于 2^{-2} 煤层厚度大，如果一次开采全高，导水裂隙带将可能导通第四系萨拉乌苏组含水层，造成地下水位下降和地下水渗漏，并诱发一系列生态环境问题（韩树青等，1992；范立民，2005；范立民等，2019）。

为此，榆树湾煤矿采用限高保水采煤技术，抑制导水裂隙带发育高度，实现萨拉乌苏组含水层结构保护。通过对矿井生产过程中采空区导水裂隙带发育高度的探测、萨拉乌苏组潜水水位变化等相关指标的对比分析，检查保水采煤效果，将生态水位控制在了合理范围内，保护了萨拉乌苏组含水层的结构稳定，达到保水采煤目的。

榆树湾煤矿是榆神矿区第一批建设的大型矿井，也是首个采用限高保水采煤技术的煤矿，投产以来，截至 2022 年 7 月，已经完成 20 个工作面的开采，采高一直保持在 5.5m，实现了保水采煤目标。

2.2 地质及水文地质条件

2.2.1 可采煤层

榆树湾煤矿范围内可采煤层共 5 层，分别为 2^{-2}、3^{-1}（$3^{-1上}$）、4^{-3}、$5^{-3上}$ 和 5^{-3} 煤层。目前开采 2^{-2} 煤层。

2^{-2} 煤层埋深 152.58 ~ 323.55m，平均 264.42m，底板标高 1000 ~ 1085m，可采面积 85.256km^2，为全区可采煤层（图 2.1）。煤层结构简单 – 较简单，一般不含夹矸，局部含一至两层夹矸，厚度 0.07 ~ 0.48m，岩性为泥岩、炭质泥岩及粉砂岩。该煤层厚度变化较小，变化规律较明显，煤类单一，属稳定型煤层。

3^{-1}（$3^{-1上}$）煤与上覆 2^{-2} 煤层间距 24.24 ~ 38.46m，埋深 193.12 ~ 352.99m，平均 297.73m，可采面积 59.523km^2，属稳定型煤层。4^{-3} 煤层与上覆 3^{-1}（$3^{-1上}$）煤层间距 63.53 ~ 76.97m，埋深 261.28 ~ 424.69m，平均 369.01m，可采面积 85.256km^2，为全区可采煤层，属稳定型煤层。$5^{-3上}$ 煤层与上覆 4^{-3} 煤层间距 52.70 ~ 67.40m，埋深 321.86 ~ 487.19m，平均 428.81m，可采面积 72.852km^2，为大部可采煤层，属稳定型煤层。5^{-3} 煤层与上覆 $5^{-3上}$

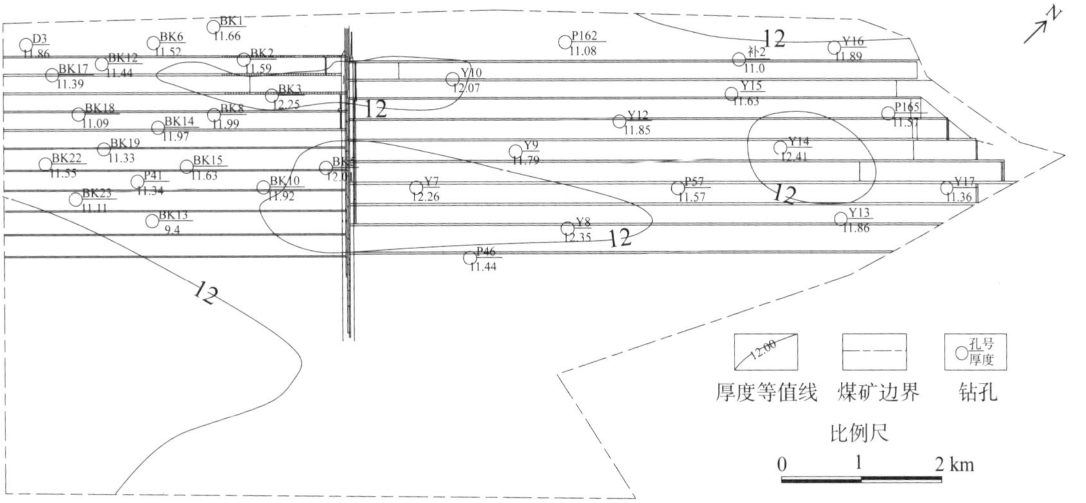

图 2.1　2^{-2} 煤层厚度（m）等值线图

煤层间距 3.37 ~ 17.53m，埋深 331.20 ~ 499.88m，平均 438.55m，可采面积 24.685km^2，为局部可采煤层，属较稳定型煤层。

2.2.2　含水层及隔水层

（1）萨拉乌苏组潜水含水层

萨拉乌苏组含水层厚度变化较大，一般为 0 ~ 19.20m（图 2.2），岩性主要为细砂，偶为中粗砂，局部夹有含泥及腐殖质粉砂条带和透镜体。水位埋深 0.73 ~ 2.86m。部分地段富水性强，大部分为富水性弱区。含水层主要接受大气降水的补给，降水入渗系数 0.6。据以往钻孔抽水资料，萨拉乌苏组含水层厚度 7.28 ~ 15.12m，水位埋深 0.73 ~ 5.58m，当降深 7.50 ~ 10.52m 时，涌水量 0.755 ~ 2.172L/s，统降单位涌水量 0.012336 ~ 0.047716

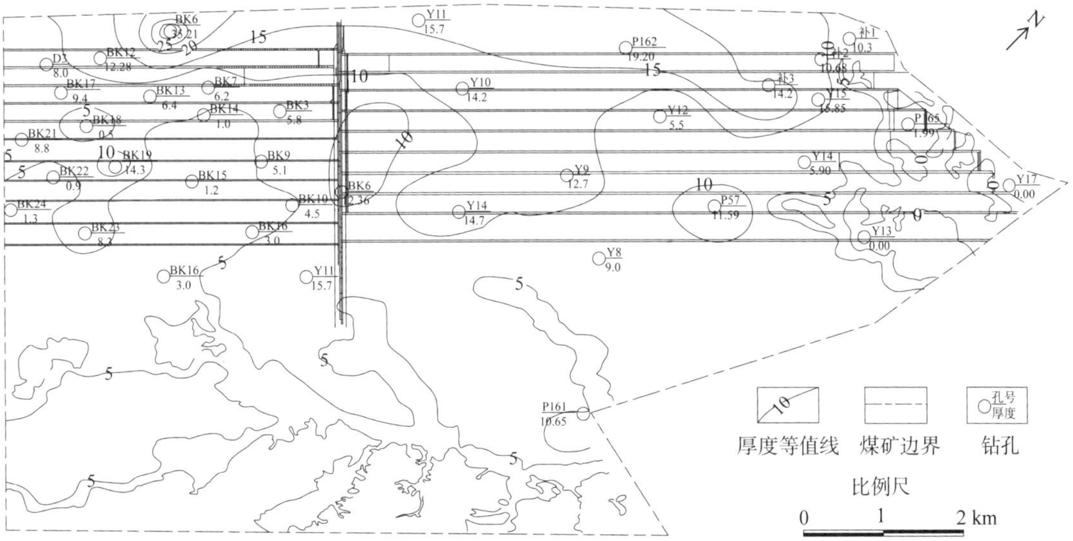

图 2.2　沙层厚度（m）等值线图

L/（s·m），渗透系数 0.0168 ~ 3.3856m/d，局部地区泉流量达到 12.2L/s，富水性弱－强。水化学类型为 HCO_3−Ca·Na、HCO_3−Na·Ca·Mg 型等，矿化度 231.9 ~ 346mg/L（表 2.1）。

表 2.1 萨拉乌苏组含水层抽水试验成果表

孔号	含水层	试段范围 m	含水层厚度 m	水位埋深 m	水位标高 m	抽水降深 m
BK5	Q_3s	5.58 ~ 12.86	7.28	5.58	1288.64	7.50
Y10	Q_3s	2.86 ~ 14.20	11.34	2.86	1291.62	9.45
Y15	Q_3s	0.73 ~ 15.85	15.12	0.73	1246.74	10.52
孔号	涌水量 $L \cdot s^{-1}$	统径统降单位涌水量 $L \cdot s^{-1} \cdot m^{-1}$	渗透系数 $m \cdot d^{-1}$	水化学类型		矿化度 $mg \cdot L^{-1}$
BK5	1.142	0.018254	3.3856	$HCO_3 \cdot SO_4$ − Na·Ca		231.9
Y10	0.755	0.012336	0.0168	HCO_3 − Na·Ca·Mg		346
Y15	2.172	0.047716	2.3315	HCO_3 − Ca·Na		262

（2）黄土孔隙裂隙潜水含水层

保德组及离石组全区分布，东南部有离石组黄土出露，北部有保德组红土出露，厚度 83.00 ~ 188.50m，平均 122.95m。受近现代风、水侵蚀，厚度变化较大，规律较明显。在 BK20 钻孔最厚，钻孔揭露厚度 188.50m（图 2.3）。岩性为一套浅红色－棕红色黏土，局部风化成鳞片状，含成层分布的钙质结核。与下伏地层呈不整合接触。

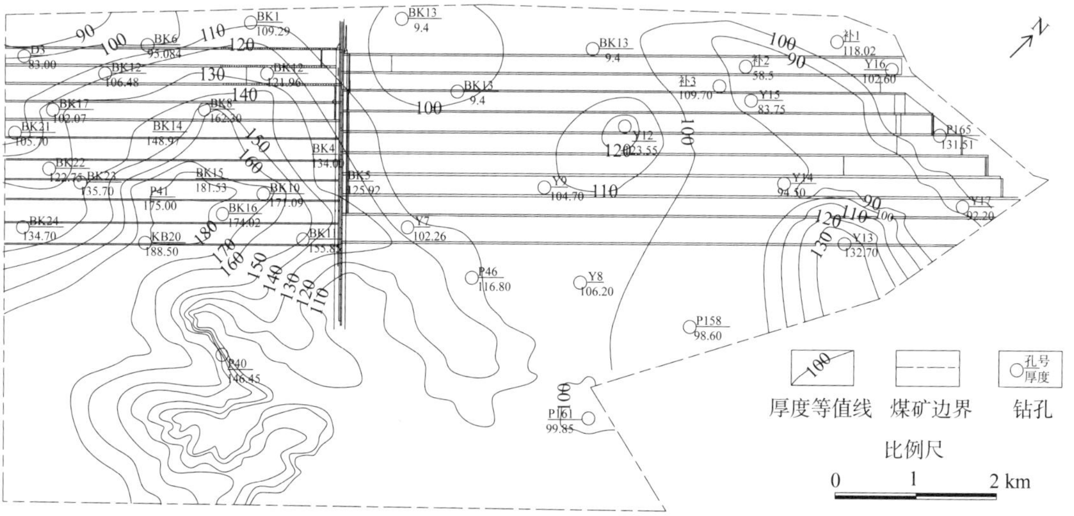

图 2.3 土层厚度（m）等值线图

离石组厚度 0 ~ 72.46m，平均 22.88m。离石组较厚处正好与下伏地层保德组红土较薄处相吻合。岩性为浅棕黄色亚砂土、粉土、含钙质结核。与下伏地层呈不整合接触。岩性为浅棕黄色亚砂土、粉土、含钙质结核。大孔隙和垂直裂隙较发育，垂向渗透性大于侧向渗透性。据 C52 号钻孔抽水试验，单位涌水量 0.000174L/(s·m)，渗透系数 0.0027m/d，富水性极弱，属弱透水层。

（3）直罗组碎屑岩裂隙承压含水层

该含水层主要指中侏罗统直罗组风化岩和正常岩含水层。

直罗组风化岩段含水层位于基岩顶部，基岩面以下数 30m 之内，基本全区分布。岩性以细粒砂岩为主，裂隙以层理、侵蚀面为特征。据补勘阶段 BK19 号钻孔抽水资料，含水层厚度 8.85m，水位埋深 72.67m，当降深 24.50m 时，涌水量 0.033L/s，统降单位涌水量 0.000791L/（s · m），渗透系数 0.01223m/d。水化学类型为 SO_4–Na · Ca 型，矿化度 231.9 ~ 346mg/L。

直罗组正常岩段含水层在大部分地区分布，厚度 0 ~ 57.52m，岩性以中、粗粒砂岩为主，层理裂隙发育。补勘阶段 BK3 号钻孔本层段抽水试验表明，该含水层水力特征具承压性，水位埋深为 63.27m，降深为 28.13m，涌水量为 0.400L/s，单位涌水量为 0.009729L/（s · m），渗透系数为 0.04546m/d。水化学类型为 HCO_3–Na · Ca 。

（4）延安组裂隙承压含水层

延安组为本区含煤地层，含水层岩性主要为中、细粒砂岩，局部粗粒砂岩，泥质胶结或钙质胶结，结构致密，裂隙主要为水平或波状层理面及稀少的岩体节理。裂隙密闭或被方解石充填。含水层厚度 54.14 ~ 131.81m，平均 98.36m。

延安组第五段含水层统降统径单位涌水量 0.000491 ~ 0.001496L/（s · m），渗透系数 0.001258 ~ 0.01223m/d，富水性较弱，水质由浅向深逐渐变差，水化学类型为 HCO_3 · SO_4–Ca、SO_4 · NO_3 · HCO_3–Ca · Na 型（表 2.2）。

表 2.2　延安组第五段含水层抽水试验成果表

孔号	含水层	试段范围 m	含水层厚度 m	水位埋深 m	水位标高 m	抽水降深 m
BK5	J_2y^5	180.00-257.30	39.90	69.80	1224.42	30.68
BK19	J_2y^5	223.00-290.30	59.09	79.93	1240.46	24.70

孔号	涌水量 $L \cdot s^{-1}$	统径统降单位涌水量 $L \cdot s^{-1} \cdot m^{-1}$	渗透系数 $m \cdot d^{-1}$	水化学类型	矿化度 $mg \cdot L^{-1}$
BK5	0.022	0.000491	0.00126	HCO_3 − Ca	296.3
BK19	0.054	0.001496	0.00267	SO_4 · NO_3 · HCO_3 − Ca · Na	314.1

2.3　受保护含水层

根据前述条件，结合区域水文地质条件，榆树湾煤矿受保护含水层为萨拉乌苏组含水层。直罗组及延安组风化基岩含水层暂未列入保护对象。

2.4　基于保水采煤的 2^{-2} 煤层分层开采高度

本次以导水裂隙带高度 140m 为圈定基准，划出了上覆基岩厚度小于导水裂隙带最大高度的范围，即 2^{-2} 煤开采后导水裂隙带发育至基岩顶面的范围（图 2.4）。由图可知 2^{-2} 煤开采后导水裂隙带发育至基岩顶面范围较大，主要分布于一盘区东北部、中部和南部，以及二盘区全区；尤其是一盘区东北部及二盘区各大沟谷上覆基岩只有几十米，且土层厚度也比较薄，且不排除有天窗存在的可能，在该范围内导水裂隙带全部发育至基岩顶面，基岩水将全部被导水裂隙导通。

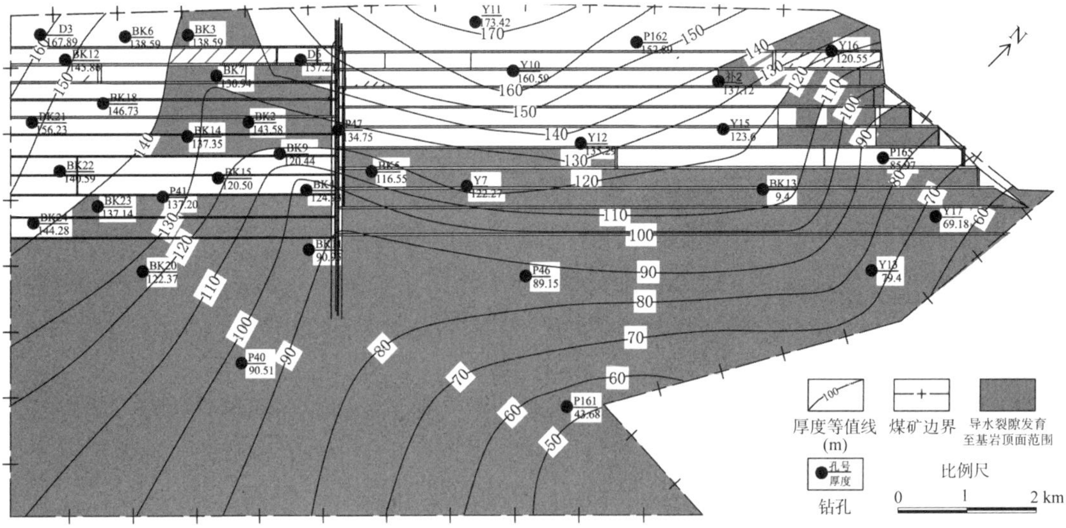

图 2.4　2^{-2} 煤开采后导水裂隙带发育至基岩顶面的范围示意图

在煤矿一盘区东北部尚家沟和田家沟、二盘区东南部西清水沟及其支沟和东清水沟一带，导水裂隙带发育至土层顶面（图 2.5），与第四系孔隙潜水及地表水沟通，易发生煤矿突水。

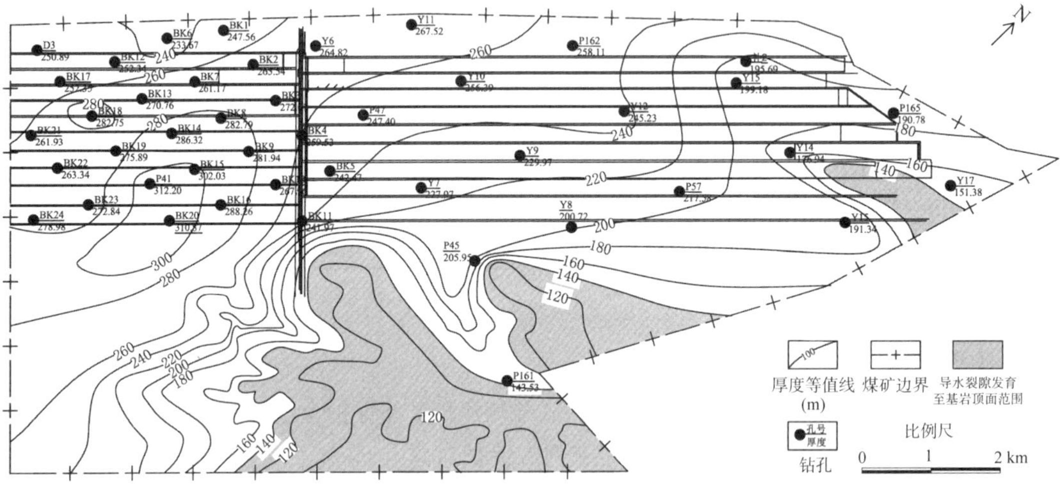

图 2.5　2^{-2} 煤开采后导水裂隙带发育至土层顶面的范围示意图

王悦（2012）预测了榆树湾煤矿 2^{-2} 煤层采高 3m、5m、7m 时，导水裂隙带发育到萨拉乌苏组底部（穿透土层）的区域，其中采高 7m 大部分区域导水裂隙带发育到萨拉乌苏组，无法实现含水层结构保护。因此，推荐按照 5m 采高，这样井田内大部分区域可实现萨拉乌苏组含水层结构保护，达到保水采煤目标。王悦（2012）的研究与本次导水裂隙带探测后实际预测的结果基本一致。

首采区开采 2^{-2} 煤层，煤矿投入生产以来，采用倾斜分层大采高再生顶板综合机械化采煤法开采 2^{-2} 煤层，分层采高 5m（实际达到 4.6m），对 20106 工作面、20108 工作面、20110 工作面、20112 工作面、20114 工作面边角煤采用房柱式开采，采高 4.3m、采宽 5.3m。其他工作面均采用 5.5m 的采高，开采上分层，以抑制导水裂隙带发育过度。现已形成采空区总面积 $1218.8 \times 10^4 m^2$，采动资源储量为 $9424 \times 10^4 t$，未采动的 2^{-2} 底煤 $9745 \times 10^4 t$，累计 $19169 \times 10^4 t$。

2.5 保水采煤实施效果

保水采煤效果检查，一是导水裂隙带未发育到应保护含水层中，保持了含水层结构的稳定，二是采空区地下水水位未发生明显下降或疏干，生态水位埋深基本稳定。

2013—2015 年，榆树湾煤矿 20104、20106 工作面及外围施工了 7 个“导水裂隙带发育高度”探测钻孔。探测结果，煤层采厚为 5m 时，导水裂隙带高度 117.8 ~ 138.9m，未发育到萨拉乌苏组含水层底部，实现了萨拉乌苏组含水层结构保护。

2.6 结论及建议

榆树湾煤矿已经开采十余年，矿井建设初期限于保水采煤的需求和煤炭开采技术，设计了分层限高保水开采方法，所开采的 19 个工作面水资源保护效果非常好，萨拉乌苏组地下水水位未发现下降现象，地表植被向好。因此，这种保水采煤方法是合适的。但随着采煤技术的进步，这样的开采效率较低，下分层何时开采及采用何种保水采煤技术，未开采区是否有新的保水采煤技术，在一次采全高（8 ~ 10m）条件下，是否可以实现保水采煤目标，都将是企业面临的重大难题，应尽早研究解决。

本项目由陕西榆林能源集团榆神煤电有限公司、榆林市榆神煤炭榆树湾煤矿有限公司实施，中国矿业大学协作，主要人员有白如鸿、范立民、李小龙、郑静、张印、万晓波等。

3 分层限高保水采煤技术及在杭来湾煤矿的应用

3.1 项目背景

杭来湾煤矿位于榆神矿区一期规划区，是陕西有色金属控股集团建设的大型矿井，矿井设计生产能力 8.00×10^6t/a。首采区 3 号煤层（即榆神矿区的 2^{-2} 煤层）厚度大（平均 8.36m），稳定性好，开采条件优越，如果一次开采全高，导水裂隙带将可能导通第四系萨拉乌苏组含水层，造成地下水位下降和地下水渗漏，并诱发一系列生态环境问题（韩树青等，1992；范立民，2005；范立民等，2019）。

为此，杭来湾煤矿 301 盘区采用分层限高保水采煤技术，限制采高，抑制导水裂隙带发育高度，实现萨拉乌苏组含水层结构保护。通过对矿井生产过程中采空区地表沉陷监测、采空区松散层潜水水位变化、采空区植被和农作物的生长状况等相关指示因素的长期观测和对比分析，验证保水采煤效果，将生态水位控制在合理范围内，从而保护了萨拉乌苏组含水层的结构稳定，达到保水采煤目的。

3.2 地质及水文地质条件

3.2.1 地层

杭来湾井田内地层由老至新依次为：上三叠统瓦窑堡组。侏罗系富县组。侏罗系延安组含煤地层，厚度 238.34 ~ 306.06m。侏罗系直罗组，厚度 13.49 ~ 152.63m。第四系，厚度 21.00 ~ 120.49m，东部 ZK204 钻孔一带最厚，向西南方向逐渐变薄。第四系包括午城组、离石组、萨拉乌苏组和全新统风积沙，其中萨拉乌苏组与风积沙构成统一的含水层。

3.2.2 煤层

延安组含煤及煤线 16 层，具对比意义有 9 层，自上而下编号依次为 3、3^{-1}、4^{-1}、5、6、7、8、9 号煤层。其中，3 号煤层厚度大，稳定性好，全区可采，是主采煤层；3^{-1}、8 号煤层厚度不大，但稳定性好，属次要可采煤层；4^{-1}、5、7 号煤层局部可采，其他煤层仅个别点可采（表 3.1）。

表 3.1　可采煤层特征及稳定性一览表

煤层编号	可采范围	煤层厚度 / m					变异系数 %	煤层结构	煤层稳定程度
		最小	最大	平均厚度	极差	标准离差			
3	全部可采	4.85	11.90	8.36	7.05	1.34	16.08	简单	稳定
3^{-1}	大部分可采	0.80	1.87	1.22	1.07	0.33	26.95	简单	较稳定
4^{-1}	局部可采	0.80	1.12	0.88	0.32	0.09	10.15	简单	不稳定
5	局部可采	0.80	1.31	0.91	0.51	0.15	16.65	简单至较简单	不稳定
7	大部分可采	0.80	1.05	0.87	0.25	0.07	7.93	简单至复杂	不稳定
8	大部分可采	0.80	1.35	1.02	0.55	0.16	16.07	简单	较稳定

其中 3 号煤全井田可采，可采煤厚度 4.85 ~ 11.90m，平均厚度 8.36m。埋深 115.90 ~ 268.05m。上覆基岩厚度 52.87 ~ 234.80m，由南向北、从西向东埋深逐渐增大，平均降深梯度为 5.18m/km。煤层结构简单，局部含 1 ~ 2 层厚度为 0.1 ~ 0.5m 泥岩、炭质泥岩和粉砂质泥岩夹矸。在西部 ZK105—ZK1845 一线以西出现下分叉，下分叉厚度小于 30cm。

3.2.3　水文地质条件

3.2.3.1　地表水系

井田内水系不发育，仅在南部发育一条河流，即砖窑河，年平均流量 1329m^3/h，流向自东而西，在距井田西南角 10km 处汇入榆溪河。井田西南部有石峁水库，库容 2509×10^4m^3，并且近年来该水库库容有所扩大。另外井田北部 301 盘区和 304 盘区范围内及其周边分布有多处地表水坝、人工湖和鱼塘。

3.2.3.2　含水层

井田地下水有全新统冲洪积层孔隙潜水、上更新统冲湖积层孔隙潜水、第四系中更新统黄土孔隙裂隙潜水、侏罗系碎屑岩类风化壳裂隙承压水、碎屑岩类裂隙承压水。

（1）第四系松散层含水岩组

1）全新统河谷冲积层孔隙潜水：分布于井田南部砖窑河的阶地及漫滩中，由于阶地宽度小，阶地中偶见基岩出露，砂砾石层堆积厚度薄，一般厚 1.50 ~ 7.85m。河谷两侧为贫水的黄土梁峁区，侧向补给条件很差。含水层岩性上部为粉砂土，下部为砂砾石及粉细砂，透水性较好，含水层厚度较小，故富水性弱。

2）萨拉乌苏组潜水：含水层呈面状连续分布于沙漠滩地区，地下水赋存条件严格受现代地貌、古地理环境及含水层厚度和岩性的控制（韩树青，1989；蒋泽泉，2010；范立民等，2019）。根据地下水赋存条件，把井田内萨拉乌苏组潜水划分为中等 - 强富水的及弱富水的两个区域。

中等 - 强富水区域：主要分布于井田北部及南部局部地段的滩地中，含水层主要由松散的粉细砂夹中粗砂组成，厚度较大，一般在 20 ~ 50m 之间。通过机井及钻孔抽水试验成果，水位埋深 1.88 ~ 6.30m，降深 0.71 ~ 12.19m，机井涌水量一般为 744.77 ~ 3129.41m^3/d，单位涌水量 0.688 ~ 4.065L/（s·m），渗透系数 2.821 ~ 54.20m/d。水化学

类型为 $HCO_3 \cdot Cl-Na \cdot Ca$、$HCO_3-Ca$ 型水，矿化度 207.67 ~ 299.00mg/L。

弱富水区域：主要分布于井田北部沙漠滩地区中，该区内砂层变薄，水位多在砂层以下；局部地段仅有较薄的含水砂层，地下水的储存条件变差，富水性变弱。井田内黄土梁峁中的小型滩地，分布面积不大，含水层厚度较小，四周为黄土梁峁，补给条件相对较差，富水性亦较弱。

3）黄土孔隙裂隙潜水：广布全区，厚度 9.80 ~ 120.49m，一般 40 ~ 80m。含水层岩性主要为粉土质黄土，局部地段中部夹有粉细砂层。其富水性差异较大，靠近滩地区，水位埋藏相对较浅，富水性相对较好。根据抽水试验成果，降深 33.43m，涌水量 $7.86m^3/d$，单位涌水量 0.00142L/（s·m），渗透系数 0.0079m/d，富水性弱。水化学类型为 HCO_3-Ca 及 HCO_3-Na 型水，矿化度 173.73 ~ 322.00mg/L。

第四系松散层潜水在全区分布广泛，水位深度 2.90 ~ 18.35m，补给主要为大气降水、区域性侧向补给及沙漠凝结水补给，受降雨影响，区域内地下水位年变幅为 1 ~ 3m。

（2）碎屑岩类裂隙水

根据水力特征划分为两个含水岩组，即侏罗系碎屑岩类风化带裂隙承压水及碎屑岩类裂隙承压水。

1）侏罗系碎屑岩类风化壳裂隙承压水：全区分布，基岩顶部的风化裂隙带，厚度 20m 左右，具有承压性。据周边煤矿调查，基岩风化裂隙带内最大涌水量 $20m^3/d$。据钻孔抽水试验，含水层厚度 18.42m，降深 23.26m，涌水量 $20.48m^3/d$，渗透系数 0.049m/d，单位涌水量 0.00843L/（s·m），富水性弱。水化学类型为 $HCO_3-Na \cdot Mg \cdot Ca$ 型，矿化度 260mg/L。

2）碎屑岩类裂隙承压水：以 3 号煤层为界分上、下两个含水岩段。

3 号煤上部碎屑岩类裂隙承压水：含水层主要由直罗组底部“七里镇砂岩”及延安组第四段底部“真武洞砂岩”等组成，构造、裂隙不发育，富水性较弱。据钻孔抽水试验，水位埋深 6.20 ~ 66.20m，含水层厚度 15.04 ~ 69.10m，当降深 31.25 ~ 50.88m 时，涌水量 1.607 ~ $32.31m^3/d$，单位涌水量 0.00049 ~ 0.00074L/（s·m），渗透系数 0.0013 ~ 0.014 m/d。水化学类型为 $HCO_3 \cdot Cl-Na$ 型水，矿化度 273 ~ 521mg/L。

3 号煤下部碎屑岩类孔隙裂隙承压水：埋藏深，岩石较完整，裂隙不发育，含水层较薄。据水文钻孔抽水试验资料，单位涌水量 0.001 ~ 0.0036L/（s·m），渗透系数 0.0025 ~ 0.0031m/d，故富水性弱。水化学类型为 Cl-Na 型，矿化度 877 ~ 1000mg/L。

3.2.3.3 隔水层

第四系黄土隔水层，岩性为粉质黏土及粉砂质黏土，301 盘区广泛分布，厚度 20 ~ 70m。

在基岩段，隔水层主要由侏罗系直罗组和延安组泥岩、粉砂质泥岩及粉细砂岩等组成。隔水性能与导水裂隙带的发育密切相关。在煤系中，隔水层为厚度较大且连续分布的泥岩、粉砂质泥岩、泥质粉砂岩及粉砂岩等，为层间裂隙承压水的隔水层，与含水层相间分布，厚度 10 ~ 40m。

3.2.3.4 地下水补给、径流和排泄

第四系松散层潜水以大气降水补给为主，地表人工水体的垂直入渗为辅，部分为沙漠

凝结水补给及灌溉回归水补给。径流主要受地形控制，流向从北东向南西由高至低与现代地形吻合。在井田南部排泄主要是以泄流的形式侧向补给砖窑河水，在井田北部主要是以片状渗出的形式作为二道河的源头。

基岩风化带裂隙水，在裸露区直接由大气降水渗入补给，其余地区靠上覆松散层潜水的下渗补给，在一个水文年内，潜水水位变化幅度为 0.55 ~ 0.83m。

3.3 应保护含水层

根据杭来湾煤矿水文地质条件，应保护的含水层为萨拉乌苏组含水层（韩树青，1989；范立民等，2019）。该含水层全井田分布，具有供水和生态意义，直接影响着矿区的植被发育与生态环境条件，也是矿区及附近村民的饮用水水源。

另外，井田内还发育有风化基岩带，厚度 20m 左右，虽然富水性较弱，但与井田西部广大区域联通，在榆神矿区，甚至在整个鄂尔多斯盆地中西部，分布面积大，地下水系统巨大（焦养泉等，2020；范立民等，2022；孙魁等，2022；吴立群等，2022；荣辉等，2022），“采动地下水资源”较丰富，也应受到保护。

3.4 分层限高保水开采对含水层影响分析

3.4.1 矿井开采对萨拉乌苏组含水层扰动分析

杭来湾煤矿开采的 3 号煤层，其煤层顶板直罗组底部砂岩及延安组第四段底部砂岩，富水性弱－中等，是矿井充水的主要来源，两者均在 3 号煤层开采形成的导水裂隙带范围内。根据钻孔揭露资料，在进入直罗组下段“七里镇砂岩”段时，冲洗液消耗量发生明显的增大，最大值可达 1m^3/h，表明其具有较好的储水空间。根据回风斜井掘进资料，揭露砂岩层时掘进面潮湿，具有明显的含水特性。

截至 2022 年底，杭来湾煤矿已经回采至第 8 个工作面，采动形成的导水裂隙带直接沟通了上覆的直罗组砂岩，造成回采工作面顶板不同程度地出现淋水现象，且随着开采面积的不断增大，涌水量也有显著增长。另外，由于矿井的三条斜井切穿了萨拉乌苏组潜水及煤层顶板裂隙承压水，造成井筒部分区域顶板的淋水较大。因此，萨拉乌苏组潜水在局部同样被认为是矿井的直接充水水源。但矿井开采一直未导通萨拉乌苏组含水层。

正常情况下，第四系松散含水层由于受到底部离石组黄土、黏土层、亚黏土及含煤地层中泥岩、粉砂岩等隔水层的阻隔而无法直接进入矿井。但是在基岩埋深较浅、隔水层缺失、采动裂隙发育的区域，第四系松散含水层以直接补给基岩风化壳的形式，间接地对下部含水层进行补给。

3.4.2 导水裂隙带发育高度及规律

目前针对导水裂隙带发育高度的预测没有统一标准，但在探测方面，2022 年颁布了团体标准《煤矿导水裂隙带探测技术规范》（T/GRM 056—2022），以规范导水裂隙带探测工作。杭来湾煤矿涉及的导水通道主要为导水裂隙带。导水裂隙带发育高度的准确计算，对评价矿井水文地质条件具有重要意义。

（1）经验公式法

2017 年对杭来湾井田及周边多个矿井的导水裂隙带发育高度进行研究，参照《保水采煤技术规范》（DB61/T 1295—2019）推荐的经验公式，结合钻孔探测结果，形成如下经验公式：

$$H_{裂} = 22.58M + 15.73 \tag{3.1}$$

式中：$H_{裂}$为导水裂隙带最大高度，m；M 为采厚，m。

按照杭来湾煤矿目前开采实际情况，在采高取 4.8m 的情况下，导水裂隙带高度 124.11m。通过对该区域内钻探实测验证，该拟合公式适合杭来湾煤矿实际条件。

（2）瞬变电磁探测法

正常情况下结构完整、裂隙不发育的砂岩岩层表现为高电阻率特征，如果砂岩裂隙发育且富水性较强，那么电阻率在岩层裂隙带发育的区域将明显降低，裂隙越发育，电阻率则越低。

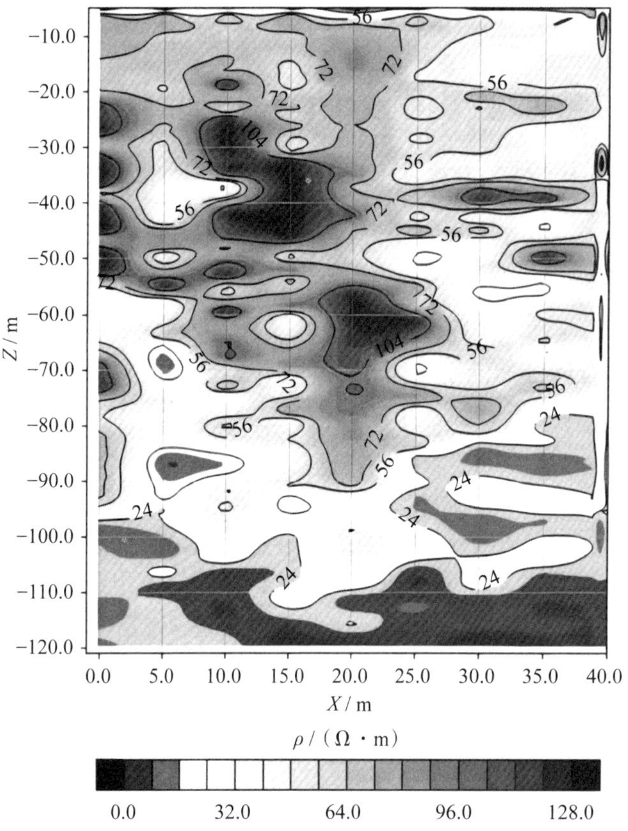

图 3.1　30103 工作面采空区裂隙探测视电阻率断面图

杭来湾井田符合瞬变电磁的探测条件。选取 30103 回采工作面采空区中心位置，距切眼 277.5m 的位置作为探测区，该位置回采完成距今已三年多，导水裂隙带发育程度较工作面刚回采时已趋于稳定，部分裂隙经过重新压实后已经闭合，同时以探测区附近的 B4 钻孔作为地层参照，通过钻孔柱状图，排除了导水裂隙带导通区域内泥岩的影响，大致预计该钻孔附近采空区导水裂隙带发育高度情况如图 3.1 所示。

从图中可以看出，深度 110 ~ 120m 范围内出现大面积低阻区域，由此判断导水裂隙在该范围内较为发育，导水裂隙带发育到了距离地表 110 ~ 120m 的深度，结合附近的钻孔，探测区域内煤层埋深大约为 232m，以此推断在采厚为 4.8m 的情况下，导水裂隙带最大发育高度为 122m，裂采比为 25.4。符合《保水采煤技术规范》（DB61/T 1295—2019）推荐的经验公式和上述拟合公式（3.1）。

（3）钻孔实测法

30101 工作面回采完成后，在采空区覆岩变形已完全处于稳定的情况下，分别在杭来湾煤矿 30101 工作面切眼、巷道内及采空区施工了 4 个“三带”探测孔，通过钻孔冲洗液消耗量、压水试验、电视测井及地球物理测井等方法综合判定后，将杭来湾煤矿 30101 工作面导水裂隙带发育高度统计如表 3.2 所示。

表 3.2　30101 工作面导水裂隙带高度实测成果表

钻孔编号	钻孔位置	裂采比	导水裂隙带高度 / m	采厚 / m
H3	巷道内 25m	24.07	115.54	4.8
H4	采空区中心	25.42	122.02	4.8
H5	巷道内 15m	23.96	115.01	4.8
H7	切眼内 25m	20.86	100.13	4.8

根据实测结果发现，导水裂隙带在工作面不同区域的发育高度也不尽相同，导水裂隙带发育高度整体规律为工作面采空区中心位置较大，工作面两侧靠近顺槽的位置相对较小，靠近切眼的位置导水裂隙带高度最低，因此认为工作面顺槽两侧和采空区中心导水裂隙带实测高度更接近实际情况。所以当工作面采高为 4.8m 时，以裂采比的平均值 24.48 来计算导水裂隙带高度，计算结果为 117.5m。

（4）综合分析

通过经验、瞬变电磁、钻孔实测等方法（表 3.3），对杭来湾煤矿导水裂隙带高度进行计算，从计算结果可以看出，经验公式法计算出的结果跟实际相差两倍之多，分析认为经验公式是在 20 世纪 80 年代煤炭开采工艺和开采条件相对落后，采高较低的特殊背景下总结出来的，随着煤炭开采技术的不断发展，长壁大采高综合机械化采煤方法在全国得到了普遍应用，以往开采技术条件下总结出来的经验公式已无法满足榆神矿区综合机械化采煤方法下导水裂隙带高度的计算。

表 3.3　导水裂隙带高度综合分析成果表

序号	确定方法	导水裂隙带高度 / m	裂采比
1	经验公式法	124.11	25.85
2	瞬变电磁法	122.00	25.42
3	钻孔实测法	117.50	24.48
4	综合分析结果	120.80	25.16

因此，杭来湾煤矿大采高综合机械化开采技术条件下，采厚为 4.8m 时，导水裂隙带发育高度为 120.80m，裂采比为 25.16，这一结果符合杭来湾煤矿 301 盘区导水裂隙带发育的实际状况。

据此，301 盘区 3 号煤层分层开采在采高为 4.8m 的情况下，开采后最大导水裂隙带高度 120.8m，仅导通中侏罗统直罗组和延安组承压含水层，未导通第四系潜水含水层。另外，萨拉乌苏组潜水与直罗组含水层之间无水力联系，萨拉乌苏组含水层结构保护效果良好，实现了保水采煤目标。

3.4.3 煤层开采影响的含水层

301 盘区煤层开采导水裂隙带导通到中侏罗统直罗组和延安组基岩裂隙水含水层，开采过程中工作面的充水强度主要决定于上覆直罗组和延安组基岩裂隙承压含水层的富水性。

另外，受采动裂隙影响，大气降水和地表水体在采空区范围内的垂直入渗强度较开采前明显增大，工作面上覆基岩含水层存在稳定补给来源的条件下，煤层顶板上覆基岩含水层在短时间内无法疏干，矿井涌水量将随着开采面积的扩大而持续稳定增长。

3.4.4 煤层开采对地表水的影响分析

地表水分布情况

（1）地面蓄水池

矿井开采初期，在 304 盘区西部建设了 3 处较大的临时蓄水池（图 3.2，图 3.3），其中一处直接位于首采区工作面上方，这些蓄水池均未进行有效的防渗处理。由于蓄水池本身地势较高，加之蓄水池隔水性能差，蓄水池中的水通过侧向渗流，间接抬升了周边区域地下水水位，导致蓄水池附近形成了多处大大小小的水洼，同时由于垂直下渗作用，蓄水池直接补给该区域萨拉乌苏组潜水。

图 3.2　蓄水池分布位置井上下对照图

图 3.3　蓄水池现场实拍图

由于蓄水池的垂直和侧向补给，在其影响半径内，抬升了该区潜水水位，首采工作面回采完成后，受地表沉陷作用影响，潜水出露地表，在采空区形成了积水区，随着塌陷裂缝的发育，采空区积水逐渐下渗和蒸发后，使得该区域土壤盐渍化，造成了一定的生态问题，矿井水外排管路建成后，该蓄水池被停止使用，目前仅有一处蓄水池有水，面积约 20719m^2，其余蓄水池已完全干涸。

（2）应急水池

在陕西有色榆林新材料产业园生活区南部约 1km 处建有一处应急水池（图 3.4，图 3.5），水池建设过程中在底部敷设了防渗膜，然后进行混凝土护坡，经现场调查发现，混凝土护坡出现了不同程度的开裂现象，推测局部可能存在渗漏现象。应急水池面积 65128m^2，与 30101 首采工作面直线距离 600m，如果存在渗漏现象，将对该区域潜水的补给条件产生较大影响；随着时间推移、防渗材料的老化，应急水池的防渗效果将逐渐变差，与第四系萨拉乌苏组潜水的沟通将会进一步加大，对矿井充水条件的影响程度也将进一步加深。

图 3.4　应急水池分布位置井上下对照图

图 3.5　应急水池现场实拍图

（3）采空区及周边鱼塘

30101 工作面和 30102 工作面上方及附近共有 6 处面积大小不等的鱼塘。其中 30101 工作面靠近回风顺槽一侧，距离切眼 2658m 的位置有 4 处相互连通的鱼塘，水域总面积 33424m^2。30102 工作面中部，距离切眼 2658m 的位置有 2 处人工鱼塘，水域总面积 2241m^2，经调查该鱼塘底部并未进行防渗处理，鱼塘中的水存在自然下渗和横向渗流现象，因此需要定期进行蓄水，才能保证鱼塘水位正常。

野外调查记录显示，2014 年 5 月 30102 工作面推进至鱼塘附近时，受地表沉陷作用和潜水埋藏深度等因素影响，潜水被抬升至地表，在鱼塘附近低洼处形成小范围的积水区，导致鱼塘外侧低洼处道路被淹没。

采空区范围内及周边的人工水体强烈的下渗作用，对浅层地下水的补给有一定的贡献，认为人工水体的下渗补给是 301 盘区除大气降水和农业灌溉回归补给外，另一种重要的补给方式，其补给强度仅次于大气降水，对矿井充水条件的影响程度不容忽视。

3.5　限高保水开采效果监测

3.5.1　浅层地下水监测

矿井开采初期在 301 盘区布置了 5 个浅层地下水长期观测点，其中 1 号点位于工业广场雨水泵站外围墙东南角的保安煤柱上方，经过长期观测发现，水位埋深基本不受采掘活动的影响，可以此作为参照点。另外 4 个观测点分别位于 30102 工作面、30105 工作面、30106 工作面和 30109 工作面上部。其中 5 号点目前不受开采活动影响，本次不做对比分析，其余观测点水位埋深直接受地表沉陷和采掘活动影响。

2 号点位于 30102 工作面上部，距切眼 2721m，回采时间为 2014 年 5 月。3 号点位于 30105 工作面上部，距切眼 1164m，回采时间为 2016 年 8 月。4 号点位于 30106 工作面上部，距切眼 2583m，回采时间为 2017 年 9 月。

矿井采用 KJ402 水文动态观测系统，对 301 盘区 3 个水文观测孔开采前后水位变化情况进行长期动态观测，1 号点近几年水位埋深变化较小，为参照点，其他观测点水位变化见表 3.4。

表 3.4 水位长期观测点回采前后埋深变化统计表

编号	埋深变化情况 / m		
	回采前	回采后	最大降深
2 号点	2.11	5.66	3.55
3 号点	13.56	19.98	6.42
4 号点	6.11	10.85	4.74

统计结果显示：位于 30105 工作面采空区中部的 3 号点回采前后水位降幅最大，最大达到了 6.42m，距离工作面顺槽较近的 2 号点和 4 号点，水位下降幅度相对较小，水位最大降深分别达到 3.55m 和 4.74m。

从水位埋深变化曲线可以看出，1 号观测孔作为对比孔，在矿井开采期间，除在雨季水位有小幅度波动以外，受矿井采空区含水层降落漏斗及地下水侧向径流影响程度较小，总体水位埋深有升有降，不受采掘活动影响。

2、3、4 号点位于采空区上部，在回采工作面推进过后，水位出现明显下降，最大降幅 6.42m，但并未下降至煤层底板，萨拉乌苏组仍然含水且具有供水意义，达到了“保水采煤”的要求。

由此可见，矿井采用限高分层式长壁保水采煤法，将导水裂隙带高度控制在了一个合理范围之内，在隔水层均匀分布的前提下，既保证了煤炭资源的合理高效开发，又避免了地下水水位严重下降，大部分民井原有的使用功能未受到影响。

萨拉乌苏组潜水径流方向与现代地形基本吻合，整体上由东北向西部及西南径流。

3.5.2 采空区地表水体监测

经过野外调查在 30102 工作面采空区上方有两个村民自建的鱼塘，占地面积分别为 $1138m^2$ 和 $1103m^2$，从 30102 工作面回采完成后一直存在至今。通过向村民了解得知，该鱼塘底部并未进行防渗处理，鱼塘中的水存在自然下渗和横向补给现象，因此鱼塘需要定期进行蓄水。据调查，30102 工作面回采后并未发现鱼塘水位明显下降，蓄水次数也没有因工作面回采而变得频繁。

在实际观测中发现，受地表水的横向补给和地形因素的影响，鱼塘附近和地形低洼区域潜水位埋藏深度较浅，该区域经过采空区地表沉陷后，潜水位被抬升至地表，在小范围内形成积水区，可见地表沉陷未严重破坏第四系松散层潜水层导致鱼塘水向下渗漏，因此不会对生态水位产生较大影响。

3.5.3 采空区农作物影响监测

通过对煤矿采空区和采空区塌陷影响半径以外的未采区范围内地表典型植被和农作物的长势情况监测，可以看出典型植被和农作物的长势情况良好，并未出现明显差异，可见采空区和未采区的生态水位均保持在植被和农作物正常生长的范围之内，采煤造成的地表沉陷和地表裂缝，虽在一定程度上造成局部水位下降，但没有突破植被和农作物的生长极限，植被的生存环境未发生根本性变化。

3.6 结论

1）萨拉乌苏组含水层在301盘区分布广泛，且水量丰富，采煤引起的地表沉陷虽然导致第四系松散层潜水位的下降，但未完全导通午城组和离石组隔水层，第四系松散层潜水含水层的稳定结构完整性未受到破坏，未造成采空区范围内水井干涸、河水断流、植物大面积枯死、水土流失和土地沙漠化等生态问题。

2）杭来湾煤矿301盘区分层开采条件下，采厚4.8m时，导水裂隙带最大发育高度120.8m，裂采比为25.16，导水裂隙带直接导通直罗组承压水，但未波及萨拉乌苏组含水层。随着基岩裂隙承压水逐渐被疏干，含水层之间原始的补给和排泄平衡被破坏，导致采空区全区萨拉乌苏组潜水垂直入渗量增加、浅层地下水水位明显下降，水位最大降幅6.42m。当水位下降到一定程度后，包气带厚度明显增大，在厚包气带对降水的涵养和滞后分配作用下，补给和排泄之间的平衡再次建立，水位再次出现稳定，既实现了降水入渗的均匀分配，又维持了潜水位的长期稳定，达到了保水采煤的目的。

本项目由陕西有色榆林煤业有限公司实施，中国矿业大学协作，项目组主要人员有姜万明、吴立军、薛雄飞、辛建帝、张博龙、马立强、范立民、孙魁等。结合项目实施，姜万明、张博龙完成研究生阶段学习，并分别取得中国矿业大学、西安科技大学的硕士学位。

4　东部草原区敏东一矿采动含水层影响与导水裂隙带预测及应用

4.1　项目背景

东部草原区位于我国“三区四带”之北方防沙带，是我国重要的煤炭供应基地和生态安全屏障。聚焦东部草原区酷寒、干旱－半干旱、土壤瘠薄等脆弱生态环境及煤电基地开发引起的生态损伤问题，国家能源集团作为牵头单位，联合中科院生态中心、中国矿业大学等 20 家单位联合实施了“十三五”国家重点研发计划项目“东部草原区大型煤电基地生态修复与综合整治技术及示范”，提出了开采源头减损和水－土－植生态系统修复的理念，首次量化揭示了东部草原区大型煤炭基地开发生态影响规律与程度，研发并创建了生态减损型采－排－复一体化、水资源保护利用和土壤－植物－景观生态一体化修复技术体系，建成 27000 余亩❶示范工程，植被覆盖度提高 35%，多采煤炭 622×10^4t，增加利润 3.94 亿元，节约生态修复费 3.37 亿元，为煤电基地开发与生态修复相协调和保障东部草原区大型煤电基地区域生态安全提供了科技支撑。其中，软岩富水区敏东一矿井工开采示范区面积 4998.3 亩，示范区废迹地治理率 100%，植被覆盖度 67.7%，实现了节地减损开采、生态系统修复和水资源跨时空保护利用。

敏东一矿位于内蒙古自治区呼伦贝尔市鄂温克族自治旗，北距呼伦贝尔市海拉尔区约 60km，南距伊敏河镇 20km，海拉尔至伊敏煤电公司的海伊铁路和 S202 省级公路从矿区西侧 7km 处通过，场外道路与 S202 省道相连，矿区范围内有多条牧区公路可通行汽车，交通便利。

该区属大兴安岭西坡伊敏煤田东北隅的低山丘陵区，地势东南高，西北低，井田内地面高程最高 770m，最低 675m，相对高差 95m。地貌景观由西至东为河滨沼泽带、风成沙丘带、低山丘陵带和沙丘松林带。井田草原广布、环境良好。植被类型是低山丘陵草甸草原向高平原干草原过渡的起伏丘陵草原，植被盖度 50% ~ 70%。

4.2　地质及开采煤层

该区可采煤层为伊敏组 16 煤组，其中 16−3 和 16−3 上、16−3 中、16−4 为主采煤层。

❶ 1 亩 ≈ $666.67m^2$。

1）16-3 上煤层：煤层总厚最大 20.45m，最小 0.35m，平均 7.50m，可采厚度最大 15.20m，最小 1.55m，平均 7.17m。煤层结构简单至极复杂，夹矸 0 ~ 10 层，夹矸岩性多为泥岩，粉砂岩或炭质泥岩，煤层顶板岩性主要为砂砾岩，少数为泥岩、粉砂岩、细砂岩，底板岩性主要为粉砂岩、泥岩等。

2）16-3 中煤层：煤层总厚最大 4.30m，最小 0.60m，平均 2.08m，可采厚度最大 3.45m，最小 1.50m，平均 2.58m（图 4.1）。煤层结构简单，夹矸 0 ~ 1 层，夹矸岩性多为泥岩、粉砂岩或炭质泥岩，煤层顶板岩性主要为粉砂岩，底板岩性主要为粉砂岩、泥岩等。

图 4.1　16-3 中煤层分布范围示意图

3）16-3 煤层：为大部可采煤层。煤层总厚最大 43.90m，最小 1.10m，平均 22.71m，可采厚度最大 40.50m，最小 1.80m，平均 21.50m。煤层结构简单至极复杂，夹矸数层 0 ~ 18 层，夹矸岩性主要为泥岩、粉砂岩，少量炭质泥岩、细砂岩等，顶板岩性主要为砂砾岩，少数为泥岩、粉砂岩等，底板岩性为粉砂岩、泥岩、少数中砂岩、细砂岩。

4）16-4 煤层：煤层总厚最大 4.30m，最小 0.60m，平均 1.76m，可采厚度最大 4.30m，最小 1.60m，平均 2.29m。煤层结构简单，夹矸 0 ~ 1 层，夹矸岩性多为泥岩、粉砂岩或炭质泥岩，煤层顶板岩性主要为泥岩、粉砂岩，底板岩性主要为粉砂岩、泥岩等。煤层分布情况如图 4.2 所示。

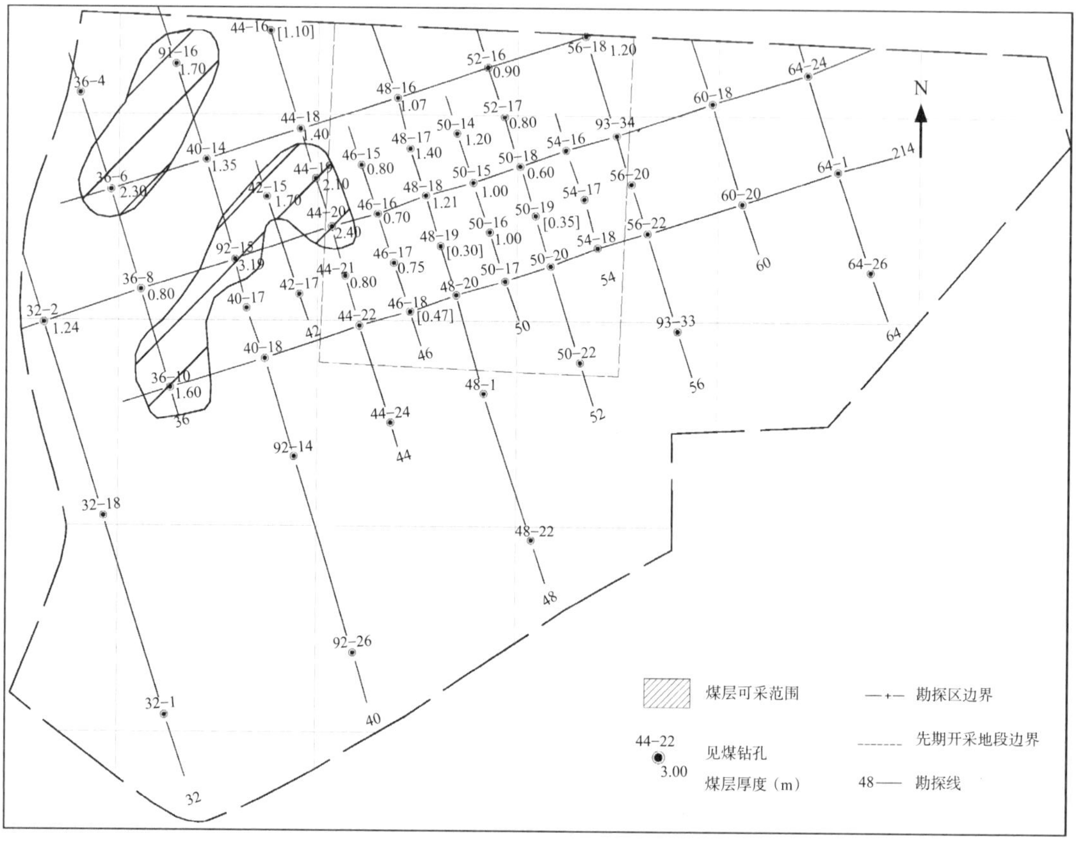

图 4.2　16-4 煤层分布范围示意图

4.3　水文地质条件

伊敏煤田位于新华夏系第三沉降区之呼和湖坳陷的东北部，为一轴向北东的向斜盆地，盆地两侧为低山、丘陵，南为台地且地势较高，制高点海拔 906.50m；盆地中部地形较为平缓，南高北低，海拔一般为 644 ~ 781m，相对高差 137m，受构造形态、地貌条件的影响，为地表水及地下水的汇集、赋存与排泄创造了有利条件。河东区位于伊敏含煤盆地北部的孟根楚鲁向斜中部，本区位于河东区的南部、伊敏河阶地之上。河东区南高北低，为低山丘陵区，中部地势平缓，伊敏河和锡泥河分别从井田西部和东部流过。

4.3.1　地表水体

区域内发育主要河流为伊敏河。其次为锡尼河、苇子坑河等，均为伊敏河支流。

伊敏河：全长 200km，流域面积 9000km^2。伊敏煤田位于伊敏河中游冲积平原，据五牧场水文站资料，区内河床宽 50 ~ 100m，水深 0.5 ~ 2.5m，流速一般为 1.48 ~ 2.05m/s，最大 2.57m/s，流量平均在 1.5 ~ 47.8m^3/s 之间。

锡泥河：全长 100km，流域面积 200km^2。据水文地质测绘资料，河床宽 15 ~ 20m，水深 0.5 ~ 1.0m，流量 5.45m^3/s。每年 4 月中、下旬的冰雪融化和雨季时，地表水一部分渗入地下，成为地下径流，补给各含水层；另一部分以地表径流的方式汇入伊敏河。

湖泊：区内低洼处原有大小湖泊 12 个，伊和诺尔、巴嘎诺尔、哈尔呼吉尔诺尔、泉流湖、柴达敏诺尔、无名湖常年积水，近年来受伊敏露天煤矿疏干的影响，除柴达敏诺尔和无名湖以外，已全部干涸，其余皆为季节性湖泊。

4.3.2 含水层

区内含水层由上而下分别为第四系含水层和伊敏组煤层、煤层间砂岩含水岩层。通过敏东一矿的井下掘进生产，煤层不是主要含水层。

（1）第四系粉中、粗砂，砂砾石孔隙含水层

本区第四系孔隙含水层由中、粗砂和砂砾石等组成，上部为浅黄色－浅褐黄色的粉、细砂层，分选均匀；下部为浅灰－杂色的砂砾石层，分选性差，砾石一般为圆－次圆状，砾石直径一般 0.5 ~ 4cm 不等。第四系含水层主要分布于伊敏河冲积平原，与下伏煤系地层直接接触，含水层厚度 0 ~ 99.65m，平均 57.77m，呈条带状分布，由中西部向两侧逐渐变薄。该含水层富水性好，导水性强，为本区主要含水层，单位涌水量 0.582 ~ 23.669L/（s · m），渗透系数 58.168 ~ 114.09m/d，矿化度为 0.224 ~ 0.897g/L，地下水类型为潜水，地下水水位标高 +655.36m。本井田阶地之上松散层透水不含水；在伊敏河冲积平原及漫滩区，含水量丰富。

（2）白垩系伊敏组煤系地层含水层

本区主采煤系地层为白垩系伊敏组，煤层顶板及煤层间的砾岩和砂砾岩发育，厚度较大，构成了煤层的直接和间接充水含水层，由上而下分为 4 个含水岩组。

1）15 煤层顶板砂砾岩、砂岩含水岩组：岩性组成为砾岩、砂砾岩、中粗砂岩等，为灰白色－深灰色，凝灰质胶结，全区发育，含水层厚度 10 ~ 40m，平均 30.50m，井田北部和中部较厚，其他部分较薄。

2）15 煤层及煤层间砾岩、砂砾岩含水岩组：岩性以煤层、砂砾岩、中粗砂岩为主，岩石为灰色－深灰色，凝灰质胶结，厚度 30 ~ 85m，平均 59.88m，在河东区范围内，由东北部向西南部逐渐变薄。该含水岩组为 15 煤层的直接充水含水层；经 05- 水 2 抽水试验获得其水文地质参数：单位涌水量 2.152L/（s · m），渗透系数 3.72m/d，水位标高 +650.157m，地下水类型为承压水。为 15 煤层直接充水含水层，富水性强。

3）16 煤层顶板砾岩、砂砾岩含水岩组：岩性组成为砾岩、砂砾岩、中、粗砂岩等，灰白色－深灰色，凝灰质或泥质胶结，含水层厚度 30 ~ 80m，平均 59.48m，井田北部和西部较厚，向东南变薄。经水 1、05- 水 1 抽水试验获得其水文地质参数：单位涌水量 0.562 ~ 2.296L/（s · m），渗透系数 1.47 ~ 2.972m/d ，水位标高 +659.727m，地下水类型为承压水。

4）16 煤层、煤层间砾岩、砂砾岩含水岩组：岩性组成为煤层、砾岩、砂砾岩、中、粗砂岩等，灰白色－深灰色，凝灰质或泥质胶结。含水层厚度 30 ~ 100m，平均 69.90m，分布规律与 16 煤层顶板砾岩、砂砾岩含水岩组相似，为 16–3 煤层直接充水含水层，富水性强。根据水 1、水 2、05- 水 2 抽水试验资料，单位涌水量 0.562 ~ 2.296L/（s · m），渗透系数 0.188 ~ 2.972m/d，水位标高 +659.727m，地下水类型为承压水。

4.3.3 隔水层

该区分为第四系黏土、亚黏土类隔水层和白垩系煤系地层的泥岩、粉砂岩类隔水层。

（1）第四系黏土、亚黏土类隔水层

该层分布于冲积平原内第四系砂砾石含水层之下，由西向东逐渐变厚到逐渐尖灭，台地之上为第四系地层无水区，台地之下的冲积平原区第四系黏土、亚黏土层厚度 0 ~ 93.55m，平均 5.72m，在矿区南部较厚，向北部变薄，在阶地前缘黏土层连续发育，阻断了该部位第四系含水层与煤系地层的水力联系，大部分地区第四系细砂层裸露，大气降水可直接渗入补给。

（2）煤系地层隔水层

煤系地层中的隔水层系指煤层顶、底板间的泥岩、粉砂岩层。由钻孔资料可知，本区泥岩、粉砂岩厚度一般 5 ~ 57m，主采煤层直接顶、底板隔水层分布不均匀。本区煤系地层隔水层可分为 4 层，具体描述如下：

1）15 煤层组顶板隔水层：该层岩性为煤层顶板的泥岩、粉细砂岩层，厚度 0 ~ 122m，平均 7.79m，仅在矿区东北部分布，其余部位缺失，为不稳定隔水层。

2）15 煤层组层间隔水层：该层岩性为 15 煤层层间的泥岩、粉细砂岩层，厚度 0 ~ 214.3m，平均 43.48m，其分布规律为东北部较厚、向西南逐渐变薄直至尖灭，为不稳定隔水层。

3）16 煤层组顶板隔水层：该层岩性为 16-1 煤层顶板的泥岩、粉细砂岩层，厚度 0 ~ 66.3m，平均 19.98m，其分布规律为中部较薄向两侧逐渐变厚，西北部部分缺失该层。

4）16 煤层组层间隔水层：该层岩性为 16-1 至 16-3 煤层层间的泥岩、粉细砂岩层，厚度 1.83 ~ 131m，平均 54.6m，其分布规律为中南部厚、向北部逐渐变薄。

4.4 受保护含水层

矿井首采区位于南一盘区，其中盘区左翼开采 16-3 上煤层、右翼开采 16-3 煤层，2012 年 2 月 7 日试生产。截至目前矿井已回采南一盘区 01、02、03、04、05 共 5 个工作面，正在回采 06 工作面。该矿开采煤层上覆基岩中赋存有 3 层厚度大、富水性强的含水层（简称 Ⅰ 含、Ⅱ 含、Ⅲ 含），这些含水层应受到保护，同时，也是矿井的主要涌水水源。

例如，首采的 Ⅰ-0116^{3上}01 工作面运输顺槽累计推进 10.6m、回风顺槽累计推进 22.1m 后因涌水量较大被迫停产。自首采工作面顶板涌水后，在回风顺槽、切眼、泄水巷、西大巷共施工放水钻孔 95 个，工作面及采空区探放水涌水量达到 950m^3/h 左右，矿井总涌水量达到 1055m^3/h，给首采面的生产造成极大影响，采煤工艺被迫由综采放顶煤法改为限制采厚的综采法，降低了原煤产量，损失了部分煤炭资源（而后的 02、04、05 面均未出现顶板出水，03 面涌水量仅 50m^3/h 左右）。根据矿方曾开展的采动覆岩“三带”发育规律实测结果，上述 01 首采工作面开采引起的覆岩导水裂隙已沟通上覆 Ⅲ 含，最终造成了上述突水事件。

因此，本书所涉及的井工煤矿采动裂隙预测的含水层保护技术正是基于敏东一矿面临的实际工程问题开展的。

4.5 采动含水层影响与导水裂隙主通道预测技术及工程验证

4.5.1 覆岩含水层受采动破坏程度评价

根据敏东一矿南一采区回采情况，现场曾开展了南一采区东翼 I-0116^{3}02 工作面覆岩“两带”高度的工程探测，施工采前孔与采后孔两个钻孔进行观测，目的是进行对比验证，更为准确地确定“两带”高度。“两带”高度确定标准通常采用钻探法确定导水裂隙带最高临界面位置（即导水裂隙带起点或顶界面）时的钻孔冲洗液矢量值。但由于不同区域、不同井田、不同采区，甚至是同一工作面不同位置，地质条件都不尽相同，实际判定必须因地制宜。本次观测确定顶板“两带”临界面判断标准为：顶板导水裂隙带临界面钻孔冲洗液消耗量明显增大且随钻进有继续增大的趋势，或漏光（不返水），冒落带临界面钻孔冲洗液消耗量突然增大，孔内水位急剧下降或降至孔底；存在卡钻、跳钻、掉钻严重的现象。

根据采后孔观测结果，在孔深 293.35m 处，冲洗液漏失量突然增加，水位急剧下降，孔内水位未降至孔底的原因是软弱岩层破坏后经长期稳定下部裂隙闭合，孔内水位与采空区未沟通，推测此处为冒落带顶点，距离 16–3 煤层顶板为 36.65m，冒高采厚比为 4.76。根据采后孔冲洗液漏失量及水位观测结果，推测孔深 246.22m 处为导水裂隙带顶点，此处距离 16–3 煤层顶板为 83.78m，裂高采厚比为 10.88。

根据上述探测结果，结合南采区目前已采的 6 个工作面的顶板涌水情况，目前的主要涌水出现在 01 工作面；由上覆含水层的赋存情况可以推测，井下涌水主要来自上覆Ⅲ含、部分来自Ⅱ含。因此，01 工作面采空区覆岩Ⅱ含和Ⅲ含是需要修复的含水层区域。

4.5.2 采动覆岩导水主通道分布辨识

4.5.2.1 覆岩导水裂隙演化的模拟实验

采用物理模拟方法，研究覆岩导水裂隙的演化规律，并与前述理论判别结果形成印证，从而为矿井地下水保护实践提供设计依据和数据支撑（鞠金峰等，2019）。模拟实验模型按照敏东一矿已回采的一盘区 56–22 号钻孔柱状（图 4.3）为参照进行构建，并对相关岩层进行适度的简化，凸显覆岩关键层在其中的控制作用。

根据敏东一矿 56–22 号钻孔柱状及关键层判别结果可知，开采煤层上覆岩层中存在 3 层关键层，关键层间软岩厚度小且分层多，在模型铺设时，对软岩层进行均化设计，铺设如图 4.4 所示的物理模拟模型。物理模拟实验采用长、宽、高分别为 1.2m、0.1m、1.3m 的小型实验模型架，设计几何相似比 1∶200，密度相似比 1∶1.6，应力相似 1∶320。模拟岩层采用河砂为骨料，以石膏和碳酸钙为胶结料，按照配比进行不同岩层的铺设，不同岩层间铺设云母模拟岩层的交界弱面。

实验过程中采用摄影测量系统监测煤炭开采过程中上覆岩层垮落和移动变形情况，以此判断煤炭开采后上覆岩层最大导水裂隙带发育高度。通过对模型开采后的覆岩裂隙分布照片进行素描分析发现（图 4.5），煤层临近上覆两层软岩层破碎程度高，部分破断块体粉化成渣随开采煤层漏失；在煤层至亚关键层 1 之间，软岩层破断充分，尤其是开采

层号	厚度 / m	埋深 / m	岩层岩性	关键层位置	岩层图例
45	52.07	52.07	松散层		
44	3.13	55.20	泥岩		
43	3.47	58.67	粗砂岩		
42	5.4	64.07	泥岩		
41	10.5	74.57	中砂岩		
40	7.4	81.97	粉砂岩		
39	2.8	84.77	泥岩		
38	12.29	97.06	中砂岩		
37	9.54	106.60	粉砂岩		
36	15.27	121.87	泥岩		
35	2.36	124.23	粗砂岩		
34	6.1	130.33	泥岩		
33	23.98	154.31	粉砂岩		
32	9.07	163.38	泥岩		
31	4.65	168.03	粉砂岩		
30	13.31	181.34	中砂岩		
29	12.5	193.84	泥岩		
28	28.8	222.64	中砂岩	主关键层	
27	25.5	248.14	泥岩		
26	22.8	270.94	粉砂岩	亚关键层	
25	4.4	275.34	中砂岩		
24	9.1	284.44	粉砂岩		
23	1.6	286.04	粗砂岩		
22	4.3	290.34	粉砂岩		
21	4.4	294.74	粗砂岩		
20	14.2	308.94	粉砂岩	亚关键层	
19	4.1	313.04	泥岩		
18	0.35	313.39	煤层		
17	2.5	315.89	泥岩		
16	0.4	316.29	煤层		
15	2.65	318.94	泥岩		
14	0.6	319.54	煤层		
13	1.8	321.34	泥岩		
12	0.8	322.14	煤层		
11	7.41	329.55	泥岩		
10	1.2	330.75	煤层		
9	2.5	333.25	泥岩		
8	0.6	333.85	煤层		
7	8.39	342.24	泥岩		
6	1.3	343.54	煤层		
5	7.63	351.17	泥岩		
4	1.4	352.57	煤层		
3	0.47	353.04	泥岩		
2	0.55	353.59	煤层		
1	0.41	354.00	泥岩		
0	8.29	362.29	煤层		

图 4.3　敏东一矿 56–22 号钻孔柱状及关键层位置判别图

边界岩层破断角较明显，裂隙相互贯通且均为肉眼可见裂隙；亚关键层 1 在采动影响下破断成 3 个块体且破断裂隙贯通该关键层，破断裂隙发育为导水裂隙；亚关键层 1 控制的软岩层由于随其同步发生破断变形，层间产生的肉眼可见裂隙较少；亚关键层 2 和主关键层在采动影响下，顶界面在开采边界处形成两个小裂隙，底界面在开采中间形成一个小裂隙，但产生的裂隙均未贯通；亚关键层 2 上覆岩层移动变形值较小且裂隙发育程度弱。

综合模型采后效果图和岩层采动裂隙素描图分析结果可知，在采宽 100cm 即对应实际工作面采宽 200m 时，上覆岩层采动裂隙发育至亚关键层 2 底界面，且采动裂隙可以相互贯通，由此可初步推断煤层采后上覆岩层最大导水裂隙发育至亚关键层 2 底界面，对应导水裂隙带高度为 41.5cm，按照 1∶200 的相似比换算为实际“导高”为 83m。

4.5.2.2　覆岩导水主通道分布判别

受煤层采高与顶板岩层赋存等因素变化的影响，工作面沿推进方向的覆岩导水裂隙发育状态并非完全一致，含水层也并未在工作面所有开采范围都被裂隙破坏，工作面开采范围常常在局部区域存在导通含水层的裂隙通道，即为顶板主要导水通道。准确判别覆岩导水主通道的分布区域对于顶板水害防控显得尤为重要（范立民等，2015，2019）。一般而言，导水裂隙主通道的分布区域可由工作面涌水量变化直观判断。即在工作面涌水量持续上升的区域，覆岩导水裂隙通道不断增加；而若涌水量不变或出现下降趋势，则相应区域未出现新导水通道。如图 4.6 所示，为导

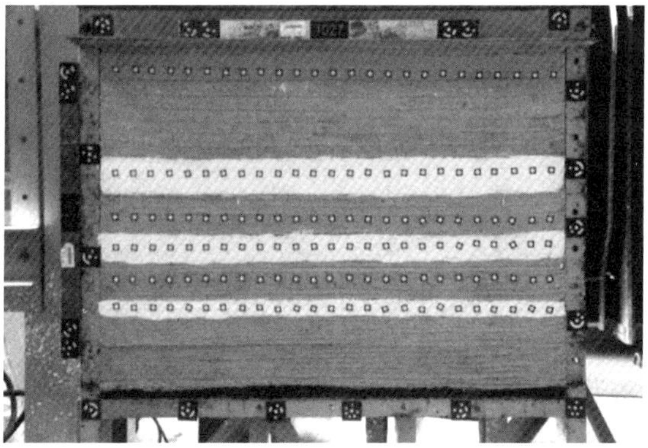

图 4.4　物理模拟模型图

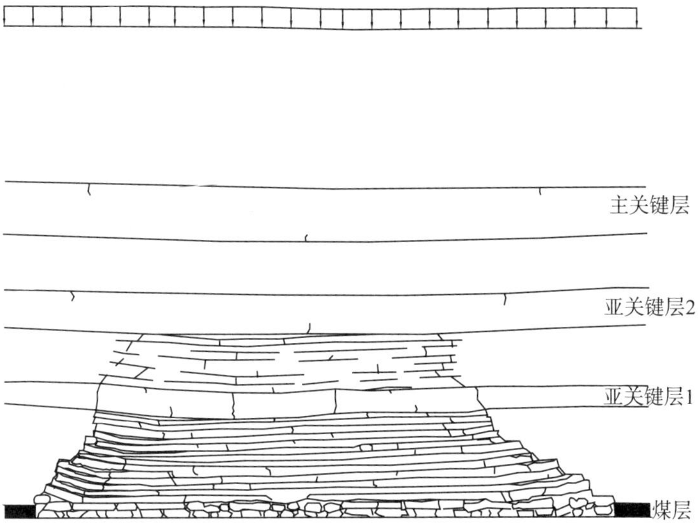

图 4.5　物理模拟模型采动覆岩裂隙分布素描图

水裂隙通道发育的大概区域。为了确定覆岩导水裂隙带的具体范围，以辨识导水主通道的分布区域，利用工作面开采区域的地质钻孔，采用研究形成的“基于关键层位置的导水裂隙带高度预计方法”进行了导水裂隙带高度的判别（曹志国等，2019）。

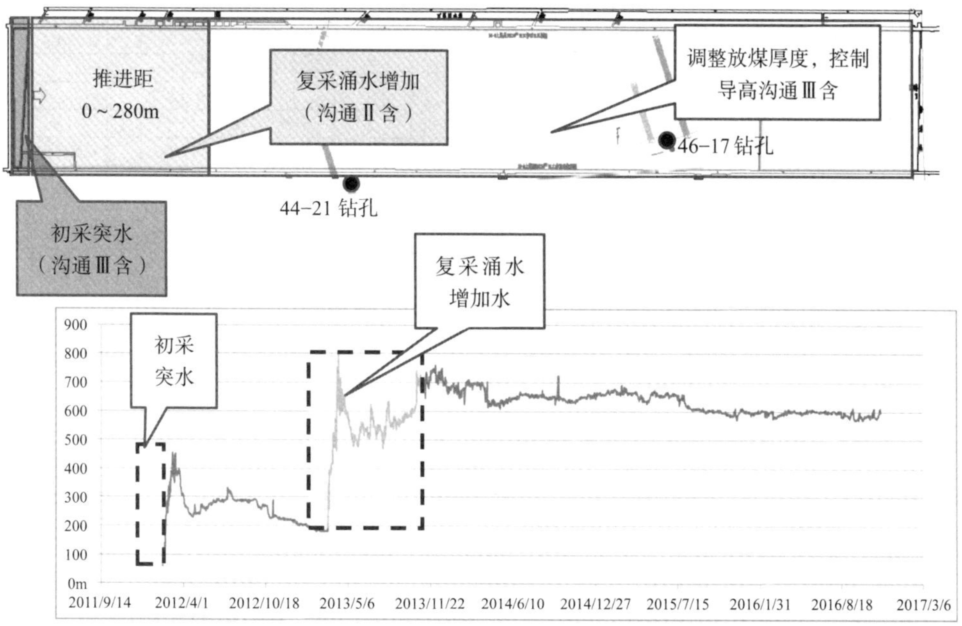

图 4.6　敏东一矿Ⅰ $0116^{3上}01$ 工作面涌水量变化曲线图

如图 4.7a 所示的 44–21 钻孔柱状及其关键层位置判别结果，初采阶段工作面采高 3m，取 10 倍采高进行判别，则导水裂隙带高度发育至 No. 11 的 8.95m 厚的粉砂岩亚关键层底界面，对应导水裂隙带高度为 36m；根据覆岩含水层的赋存位置，此时导水裂隙带沟通上覆“Ⅲ含”含水层。而后工作面发生突水，经过长时间处理后恢复生产，加大采高为

5.7m，同样按照 10 倍采高判别，则导水裂隙带高度发育至 No. 18 的 72.4m 厚的中砂岩主关键层底界面，对应导水裂隙带高度为 60m，已沟通覆岩“Ⅱ含”含水层，由此造成工作面复采时的涌水量显著增大。而后，工作面采取了调整放煤厚度以避免导水裂隙沟通“Ⅱ含”含水层的方式，控制了采空区涌水量的走势。根据后续开采区域 46-17 钻孔柱状，按照后续阶段平均 5m 的采高判断，导水裂隙带发育至 No. 21 的 12.6m 厚的粉砂岩亚关键层底界面，对应导高为 83m，仅沟通“Ⅲ含”含水层（图 4.7b）。相比而言，“Ⅱ含”含水层富水性明显高于“Ⅲ含”含水层，因而沟通“Ⅲ含”含水层并未造成井下涌水量的显著增加。

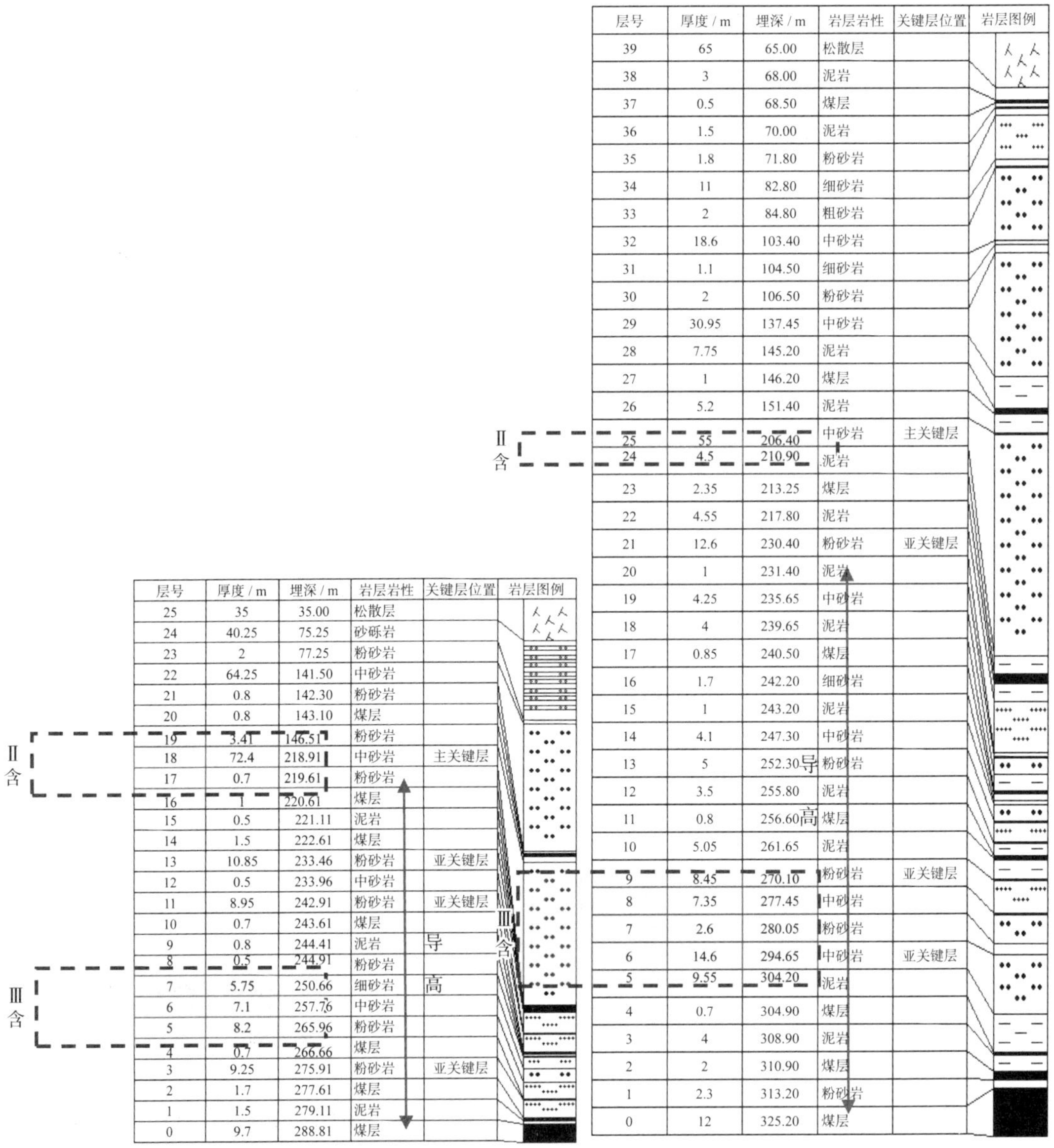

层号	厚度 / m	埋深 / m	岩层岩性	关键层位置	岩层图例
25	35	35.00	松散层		
24	40.25	75.25	砂砾岩		
23	2	77.25	粉砂岩		
22	64.25	141.50	中砂岩		
21	0.8	142.30	粉砂岩		
20	0.8	143.10	煤层		
19	3.41	146.51	粉砂岩		
18	72.4	218.91	中砂岩	主关键层	
17	0.7	219.61	粉砂岩		
16	1	220.61	煤层		
15	0.5	221.11	泥岩		
14	1.5	222.61	煤层		
13	10.85	233.46	粉砂岩	亚关键层	
12	0.5	233.96	中砂岩		
11	8.95	242.91	粉砂岩	亚关键层	
10	0.7	243.61	煤层		
9	0.8	244.41	泥岩		
8	0.5	244.91	粉砂岩		
7	5.75	250.66	细砂岩		
6	7.1	257.76	中砂岩		
5	8.2	265.96	粉砂岩		
4	0.7	266.66	煤层		
3	9.25	275.91	粉砂岩	亚关键层	
2	1.7	277.61	煤层		
1	1.5	279.11	泥岩		
0	9.7	288.81	煤层		

a. 44-21 钻孔

层号	厚度 / m	埋深 / m	岩层岩性	关键层位置	岩层图例
39	65	65.00	松散层		
38	3	68.00	泥岩		
37	0.5	68.50	煤层		
36	1.5	70.00	泥岩		
35	1.8	71.80	粉砂岩		
34	11	82.80	细砂岩		
33	2	84.80	粗砂岩		
32	18.6	103.40	中砂岩		
31	1.1	104.50	细砂岩		
30	2	106.50	粉砂岩		
29	30.95	137.45	中砂岩		
28	7.75	145.20	泥岩		
27	1	146.20	煤层		
26	5.2	151.40	泥岩		
25	55	206.40	中砂岩	主关键层	
24	4.5	210.90	泥岩		
23	2.35	213.25	煤层		
22	4.55	217.80	泥岩		
21	12.6	230.40	粉砂岩	亚关键层	
20	1	231.40	泥岩		
19	4.25	235.65	中砂岩		
18	4	239.65	泥岩		
17	0.85	240.50	煤层		
16	1.7	242.20	细砂岩		
15	1	243.20	泥岩		
14	4.1	247.30	中砂岩		
13	5	252.30	粉砂岩		
12	3.5	255.80	泥岩		
11	0.8	256.60	煤层		
10	5.05	261.65	泥岩		
9	8.45	270.10	粉砂岩	亚关键层	
8	7.35	277.45	中砂岩		
7	2.6	280.05	粉砂岩		
6	14.6	294.65	中砂岩	亚关键层	
5	9.55	304.20	泥岩		
4	0.7	304.90	煤层		
3	4	308.90	泥岩		
2	2	310.90	煤层		
1	2.3	313.20	粉砂岩		
0	12	325.20	煤层		

b. 46-17 钻孔

图 4.7　敏东一矿 01 工作面不同开采区域覆岩柱状及关键层位置判别结果图

基于以上分析，可以对 01 工作面覆岩导水裂隙主通道分布范围进行划分。根据采动覆岩导水裂隙主通道分布特征的研究结果，导水裂隙主要通道基本分布于开采边界附近区域，如图 4.8 所示。导水通道的平面分布大约处于开采边界内侧 50m 至开采边界外侧 10 ~ 20m 的区间范围。其中，初采阶段的 280m 范围对应回风顺槽附近区域是导水裂隙沟通Ⅱ含和Ⅲ含的区域，是人工修复堵水的重点区域。

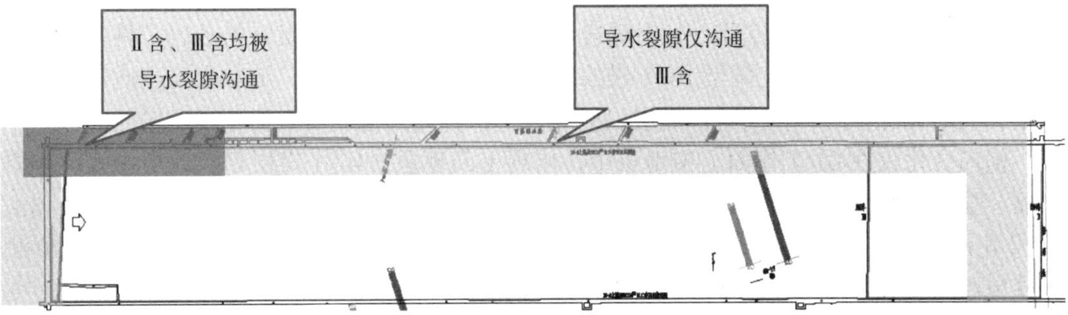

图 4.8　01 面采动覆岩导水裂隙主通道分布范围图

4.5.3　采动含水层影响与导水裂隙主通道工程验证

4.5.3.1　覆岩采动富水性电法现场勘探

采用地面瞬变电磁方法和井下直流电法相结合的方法，对受开采影响的主要含水地层的富水情况进行探测。本次地面瞬变电磁勘探区位于敏东一矿南一、北一采区，面积约为 5.58km^2，井下直流顶板测深位于敏东一矿 16-3 上层煤层首采的 01 工作面两顺槽，施工巷道长度 2.7km。根据电法勘探获得了勘探区含水区分布特征及首采工作面含水区分布特征。

（1）含水区分布特征

含水区分布是依据瞬变电磁法探测获得低阻异常区，结合井下电法在 01 工作面发现 3 处低阻异常区，获得探放水试验结果，重点分析测区（图 4.9）及部分测点的视电阻率拟断面图，以及 16-3 上煤层顶板 50m、100m 及 150m 距离深度的低阻异常分区，研究采动覆岩含水层的赋水性。

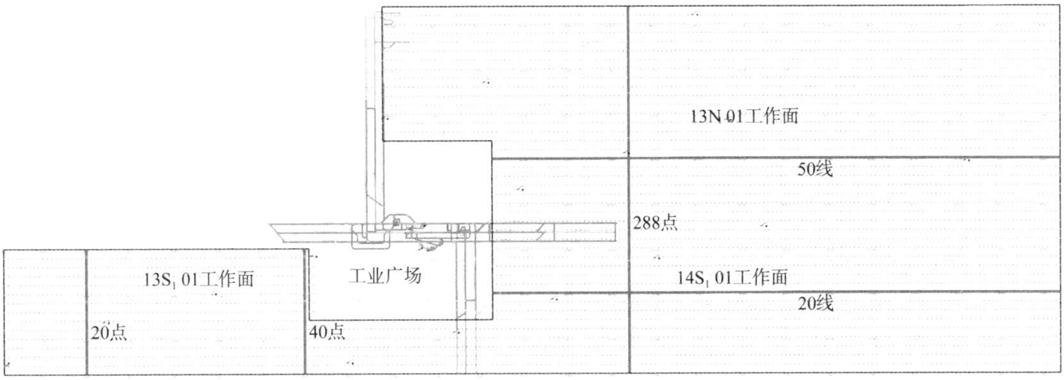

图 4.9　测区范围及断面图在测区中的相对位置示意图

正常情况下，煤系地层的电性变化有一定的规律性，反映在拟断面图上为视电阻率值变化稳定，等值线呈似层状分布，变化平缓；当存在低阻富水区域或含导水构造时，则视电阻率值降低，等值线发生扭曲、变形或呈密集条带状等。

01 工作面区域视电阻率探测剖面研究表明，低阻异常区与富水区较为吻合。其中，20 测点视电阻率变化（图 4.10）显示浅部视电阻率值较高，16 煤组附近视电阻率值较低，随着深度增加视电阻率值呈现降低的趋势，附近钻孔证实是采动覆岩岩层变化引起。16−1 煤顶板 100m 范围内岩层以砾石、中砾岩为主，局部夹杂薄层的煤、粉砂岩，具有相对较高的视电阻率值。16−3 上煤至 16−1 煤的区域内，岩层以粉砂岩、细砂岩及炭质泥岩互层为主，局部夹有中砂岩。同时，煤层以褐煤为主，相对其他变质煤而言具有较低的电阻率值；横向变化仅在 01 工作面上覆地层中，出现上凸现象，16−1 煤层顶板地层中变化相对明显，显示为相对低阻异常区，经 01 工作面回风顺槽施工探放水孔 44 个，其中 37、38、39 号孔位于异常区右侧，出水量较大，表明低阻异常区与富水区较为吻合；东侧 140 测点视电阻率变化（图 4.11）显示，在纵向上与 20 测点断面及验证情况类似，但横向上变化明显，2 ~ 20 测线附近区域视电阻率等值线在横向上有明显的抬升，在 16−1 煤层顶板地层中等值线变化明显，表明该区域为低阻异常区。

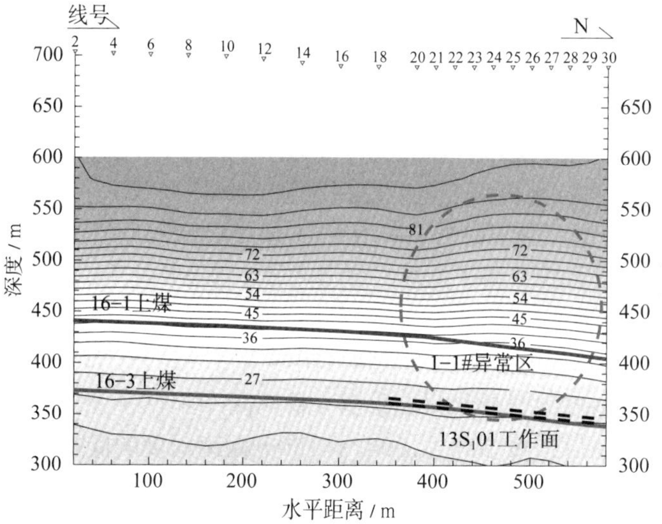

图 4.10　20 测点断面图

在低阻异常平面图上，若层位分布稳定、不受富水区域和含、导水构造控制和影响的情况下，电性分布稳定，视电阻率值不会产生明显畸变，地层含有相对低阻富水区，存在含、导水构造时呈现视电阻率值异常（异常值减小，等值线扭曲、圈闭或呈密集条带状等形态异常）。根据异常强度分为一级、二级、三级异常区，推断解释一级异常区为富水性较强的区域；二级异常区为富水性较弱的区域；三级异常区为富水性弱的区域。

以 16−3 上煤层顶板各主要含水层异常分布为例说明（图 4.12）。

煤层顶板 50m 附近视电阻率异常分布显示，测区中部发育一近西北—东南方向的宽缓背斜构造，在其两翼均发育一宽缓向斜构造。根据低阻异常的分布情况可知，以背斜轴部为界，东、西两方各有一低阻异常区，分别将其称为 2# 异常区、1# 异常区，两处主要

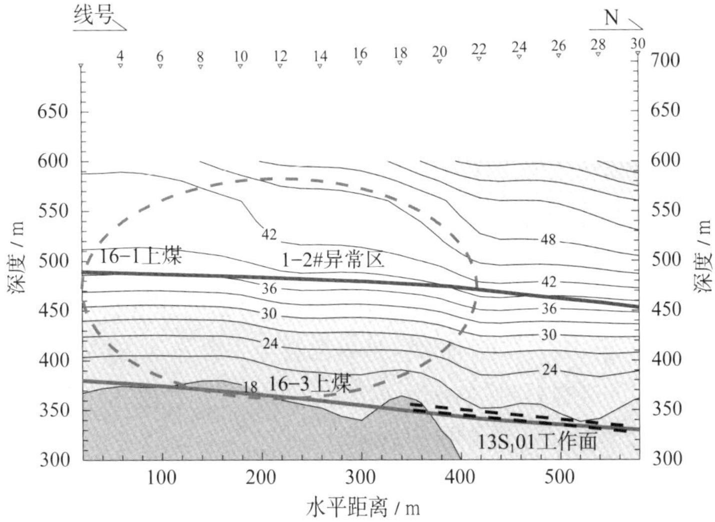

图 4.11　140 测点断面图

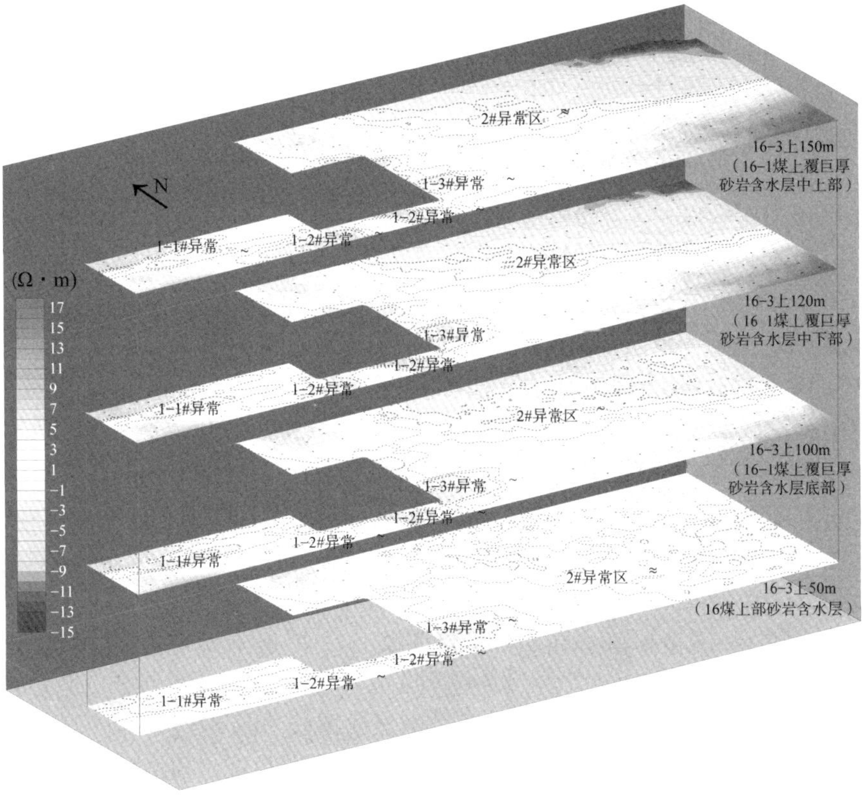

图 4.12　视电阻率平剖图

异常区均分布在宽缓向斜的轴部，呈条带状分布，与构造发育情况相吻合。其中，1-1#异常主要发育在 $13S_101$ 工作面的西部区域、运输顺槽附近及其南部区域，区域一级异常较为发育，推断在回风顺槽靠近切眼附近局部有较强的富水性，且有向测区西北方向发育的趋势。结合回风顺槽顶板探放水孔大部分出水量较大的情况，表明异常区分布与实际情况比较吻合；2# 异常区主要分布在测区的东部区域，呈西北—东南方向条带状分布，以二级、三级异常为主，表明其富水性相对较弱。

煤层顶板 100m 附近主要是在 16-1 煤层上覆巨厚砂砾岩层的下部附近，视电阻率异常区分布与顶板上 50m 类似，以测区中部的宽缓背斜构造为界，东、西两方各有一低阻异常区，包括 2# 异常区、1# 异常区。其中，1# 异常区分布在测区的西部区域，呈条带状分布，二级异常区分为 1-1# 异常、1-2# 异常、1-3# 异常。与顶板上 50m 平面相比，1-1# 异常发育范围有所增大，覆盖 01 工作面，同时，一级异常范围由回风顺槽向运输顺槽延伸，回风顺槽与切眼交汇点的异常幅值更强，表明其局部富水性增强。根据探放水的水量及其变化情况，推断 01 工作面涌水应是局部裂隙发育连通该层位的砂砾岩层水所致，推断 01 工作面顶板 100m 附近砂砾岩层富水性强。而 1-2# 异常区、1-3# 异常区与顶板上 50m 平面图中异常区分布形态、范围较为类似。

同理，煤层顶板 120m 附近层位中，1-1# 异常发育范围有所减少，发育在 01 工作面的西部区域，表明该层位富水性有所减弱，但在工作面切眼附近区域富水性依然很强。结合 50m 和 100m 两个平面结果，推断其 16-1 煤上覆地层富水性较强。

煤层顶板 150m 附近层位中，即相当于 16-1 上覆巨厚砂砾岩含水层中部区域，该层位以测区中部的宽缓背斜构造为界，东、西两方各有一低阻异常区，将其命名为 2# 异常区、1# 异常区。与顶板上 120m 相比，一级异常范围基本没变，发育在 01 工作面的西部区域 1-1# 异常发育范围有所减少，显示富水性有所减弱，但工作面切眼附近区域的富水性依然很强。

（2）首采工作面含水区分布特征

以 01 工作面两顺槽视电阻率异常断面图及顶板上方 30m、50m 低阻异常趋势变化为例说明首采工作面含水区分布特征。

回风顺槽视电阻率低阻异常剖面，起点位于切眼外推 30m 处，终点在工业广场保护煤柱附近；纵向为回风顺槽顶板上方 15 ~ 105m 范围。剖面显示在 100m 范围内有 3 处低阻异常区，分别位于 0 ~ 600m、660 ~ 960m、1020 ~ 1380m，依次编为 1#、2#、3# 异常区。其中，1# 异常区主要发育在工作面里段，异常范围较大，视电阻率值相对较低。在距离切眼 100m 和 400m 附近由两处低阻异常中心组成，特别是在距离切眼 60m、400m、550m 附近低阻异常有向上发育的趋势，推测为裂隙发育带。钻孔资料对比发现，该异常是由于煤层顶板较为破碎和裂隙比较发育，导致隔水层被破坏，连通上覆地层强含水层所致。工作面切眼附近布设 44 个探放水孔（深度为顶板上方 20 ~ 60m），出水量约 500m^3/h。验证该异常可靠性及推断分析合理性；2# 异常区分布范围相对较小，中心主要分布在顶板 35m 附近，附近钻孔资料推知，异常主要是由煤层顶板 30m 附近的薄砂岩层局部弱含水所致；3# 异常区主要发育在工作面的外段，分布范围相对较大和值较低，该异常区距离工业广场保护煤柱 300m 和 30m 附近有两处低阻异常向上发育，推断该区域裂隙较为发育。结合 1# 异常区的验证情况，初步分析认为 3# 异常区较为重要，特别是裂隙带发育区，含水性较强。

运输顺槽视电阻率低阻异常断面显示，顶板 100m 范围内亦存在 3 处主要低阻异常区，自切眼往外分别位于 0 ~ 660m、780 ~ 930m、1000 ~ 1380m，依次编为 1#、2#、3# 异常区。与回风顺槽类似，1# 异常区推断主要是由于煤层顶板较为破碎，裂隙比较发育，导致隔水层被破坏，连通上覆地层强含水层所致。2# 异常区主要是由煤层顶板锚网、锚杆等低阻异常体引起。3# 异常区推断可能是裂隙带发育区，含水性较强。

井下直流电法验证表明，1# 异常区与瞬变电磁 1-1# 异常区相对应，水平方向上发育在自切眼往外 0 ~ 600m 的区域，在距切眼 60m、360m、530m 附近垂向上有与 16-1 煤顶板较厚砂岩含水层连通的趋势。异常范围较广、幅值较强，结合实际情况推断煤层顶板裂隙发育、隔水层破碎，具有较强的富水性以致探放水孔涌水量较大；2# 异常区主要发育在工作面的中段，水平方向上发育自切眼往外 800m 左右的区域，垂向上主要发育在煤层顶板 40m 附近，异常范围及幅值均较小，推断为顶板砂岩局部富水所致；3# 异常区主要发育在工作面的外段，工业广场保护煤柱附近区域，局部与瞬变电磁的 1-2# 异常区相对应。水平方向上发育在自切眼往外 1000 ~ 1380m 的区域，在距切眼 1050m、1350m 附近垂向上有与 16-1 煤顶板较厚砂岩含水层连通的趋势。异常范围较广、幅值较强，推断为煤层顶板裂隙发育、隔水层破碎并且富水所致。

4.5.3.2 覆岩导水裂隙发育现场探测

（1）现场探测方案

考虑到敏东一矿目前井下采空区涌水区域主要集中于 16-3 上煤层Ⅰ 0116^3 上 01 工作面，为此选取该工作面为试验区域开展采后覆岩导水裂隙发育高度探查。探查工作共施工 3 口两带探查孔（图 4.13），导高探测后两个孔兼做水文监测孔。钻孔分别位于 01 面中部（导高探测 MD1#）及回风顺槽两侧（导高探测 MD2#、MD3#），MD2# 孔距顺槽 20 ~ 30m，MD3# 孔距顺槽 10m。采用钻孔冲洗液漏失量法和钻孔电视相结合的方法进行导水裂隙带发育高度的探测，MD2# 孔需钻进至覆岩垮落带范围，以进一步验证采空区的水渗流能力及其注水性；MD1# 和 MD3# 孔根据理论判别结果设计施工深度为 230m，预估可进入导水裂隙带范围。对冲洗液漏失量、孔内水位、冲洗液循环中断、异常现象、岩芯鉴定等方面进行严格观测，并记录记全相关数据。

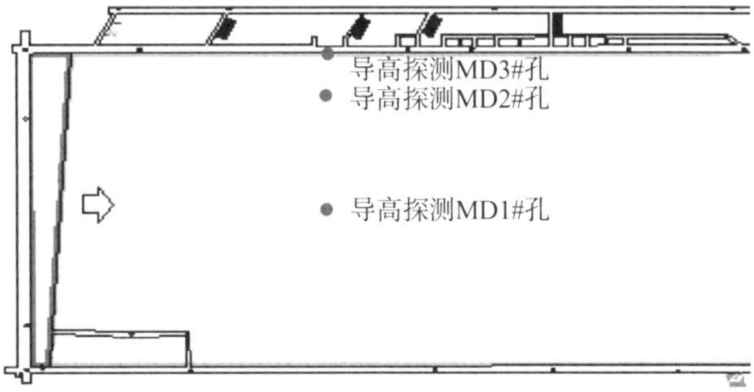

图 4.13　覆岩导水裂隙发育探测钻孔布置图

（2）现场探测结果与分析

敏东一矿Ⅰ 0116^3 上 01 工作面覆岩导水裂隙发育高度的现场工程探查工作于 2021 年 5 月 27 日开始，首先施工位于工作面开采边界内侧附近的 MD-2# 孔，后续陆续开展 MD-1# 孔和 MD-3# 孔的施工工作。3 个钻孔施工过程中均开展了岩芯钻取、冲洗液漏失量观测、钻孔水位观测等工作，并在成孔后进行常规测井和超声成像观测。依据取芯柱状和常规测井，编制覆岩柱状图，依据冲洗液漏失量、钻孔水位及超声成像观测，获得覆岩导水裂隙发育及孔壁围岩破坏情况。

MD-1# 孔和 MD-3# 孔均已施工至终孔 230m 位置，并完成了相关观测工作，正在进行水文孔的改造施工工作（扩孔并布设花管）。MD-2# 孔已施工 240m 左右，因出现卡钻现象，取芯钻具未能顺利取出，故该孔被迫放弃，封孔后在原先钻进位置平移孔位后重新钻进探测。该孔在 240m 的钻进过程已进行了相关取芯、测井及冲洗液漏失量观测，并在孔深 215m 范围进行了套管固井工作，以封闭Ⅰ、Ⅱ含水层。钻孔虽未钻进至 290m 的设计孔深，但在 240m 钻进过程中也获得了一些反映覆岩破坏特征的重要数据。

如图 4.14 所示为 3 个钻孔钻进过程中的冲洗液漏失量和钻孔水位变化曲线，由图中可知，除 MD-2# 孔外，处于工作面中部和边界外侧的钻孔均未见明显的冲洗液漏失和孔内水位变化现象。

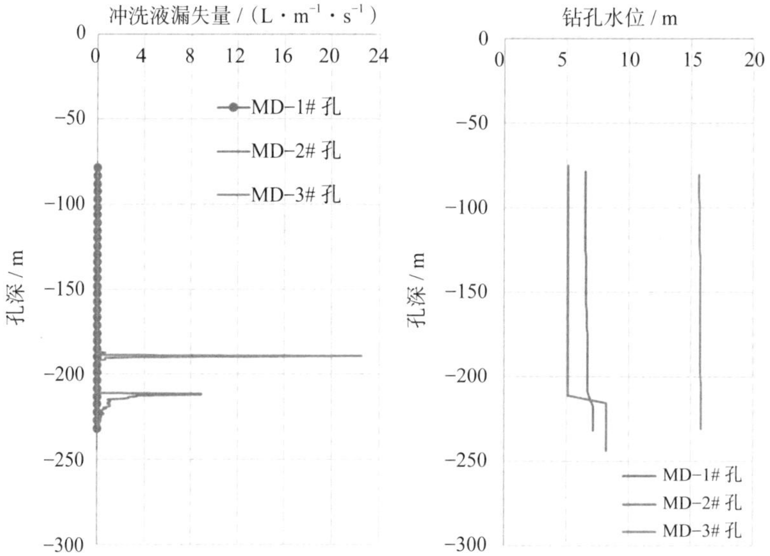

图 4.14　3 个探测钻孔的冲洗液漏失量和孔内水位变化曲线

工作面中部的 MD-1# 孔，在整个 230m 的钻进过程中一直未呈现出明显的冲洗液漏失现象，而孔内水位也仅在孔深 208m 位置出现轻微下降，其余区段均未见明显变化。可见，该孔钻进位置对应采动覆岩中裂隙并不发育，这应与采空区中部对应覆岩的长期压实作用有关（中部处于充分采动状态，覆岩压实性好）。

工作面开采边界内侧附近的 MD-2# 钻孔，在钻进至孔深 211m 左右位置曾出现孔口不返浆现象，对应冲洗液漏失量达 8.9L/(m · s)；同时，在钻孔钻进至 225m 左右时，曾进行了套管固井工作（固井范围 215m 孔深），在此过程中注入前置液出现了套管外环孔腔不返浆现象；结合这 2 个信息可推测从孔深 211m 位置应已进入采动裂隙发育区。固井结束后，钻孔自孔深 225m 位置继续向下钻进，在钻进至 240m 孔深出现卡钻，此时向孔内泵入护壁泥浆仍不见孔口返浆现象，推测护壁泥浆已流入裂隙岩体中，更进一步证实对应区段已进入覆岩导水裂隙发育区。由以上现象及观测数据可以判断，MD-2# 孔位置揭露的覆岩导水裂隙带顶界面为孔深 211m 位置，结合该处对应煤层底板标高可确定，覆岩导水裂隙带高度为 70m。

工作面开采边界外侧附近的 MD-3# 钻孔，钻进过程表现的冲洗液漏失状况与 MD-1# 孔类似，仅在钻进至孔深 189m 左右位置附近时出现瞬时偏大的漏失现象，冲洗液漏失量 22.5L/(m·s)，但孔内泥浆仍能正常返浆，表明钻孔可能揭露微小裂隙。因裂隙的渗透性不佳，表现出的冲洗液漏失程度不明显。

4.6 存在问题及建议

煤层开采引起的覆岩导水裂隙是造成含水层破坏和水资源漏失的主要通道，采取相应措施促使其自我修复闭合或直接人工封堵是解决敏东一矿井下大量涌水的有效途径之一。该治理措施的实施思路即是从地面或井下向覆岩导水裂隙发育的区域实施人工注浆，以封堵裂隙通道，促进采动破坏岩体的自我修复，逐步恢复其隔水功能，实现地下保水采煤目标。

未来，我们将基于敏东一矿地下水泄流空间关系和重点地段，结合已有研究成果，以地下含水层保护和煤矿安全开采的协调开采为目标，以地下水渗流均衡控制为准则，按照地下水位动态调控原理，采用地质 + 开采数值模拟定区、高精度电法定段、钻探控制泄流点，地下水位监控的技术思路，通过可行性研究和重点地段方法钻探验证，探索获得适用于敏东一矿软岩区采动导水通道注浆封堵的保水开采模式，实现矿井水的近零排放。

本项目由国家能源集团有限责任公司李全生教授级高级工程师和煤炭开采水资源保护与利用国家重点实验室方杰、赵勇强、杨英明等完成。

5　连采连充保水采煤技术在内蒙古丁家渠煤矿的应用

5.1　项目背景

丁家渠煤矿地处内蒙古自治区鄂尔多斯市境内。自2022年4月开始，内蒙古自治区鄂尔多斯市、乌海市的井工煤矿全面推广保水采煤技术（鄂能源局发〔2022〕76号）。2022年11月23日内蒙古自治区人大常委会发布的《内蒙古自治区煤炭管理条例》第十四条明确指出：鼓励采用保水开采、充填开采等绿色开采技术。

丁家渠煤矿隶属内蒙古伊泰同达煤炭有限责任公司，矿井位于鄂尔多斯市南东58km处，行政区划隶属鄂尔多斯市伊金霍洛旗纳林陶亥镇。井田东西长7.1km，南北宽2.9km，面积17.3908km^2，开采方式为地下开采，核定生产能力1.5×10^{6}t/a。其四邻关系图见图5.1。

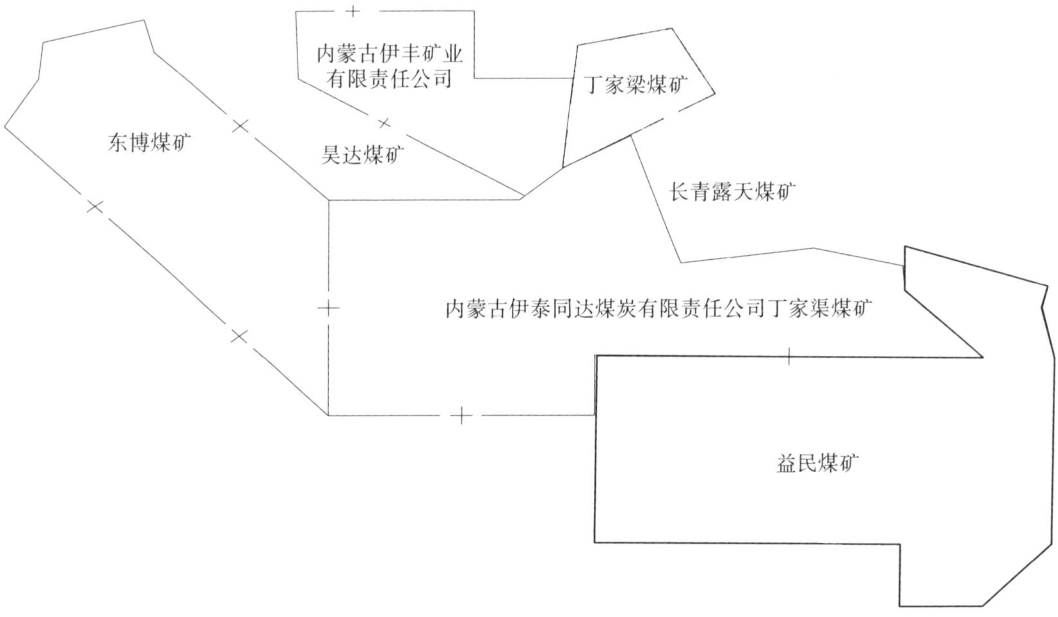

图5.1　丁家渠煤矿四邻关系图

对于丁家渠煤矿，含水层位于煤层顶板，保护难度大，尤其是矿区煤层埋藏较浅，长壁工作面开采后，导水裂隙带发育到顶板含水层底部，势必造成顶板含水层地下水的渗漏和水位下降，诱发生态环境问题（范立民，1992；范立民等，2019）。为此，近年来，我国学者提出了保水采煤的理念，研发了保水采煤技术（范立民等，2023），实现了高强度煤炭开采与含水层结构同步保护，为浅埋煤层顶板含水层结构保护提供了理论依据和实践基础。

为了保护丁家渠煤矿煤层顶板萨拉乌苏组含水层结构，4^{-2} 煤层布置两个充填保水开采工作面，分别为 4 煤二盘区充填开采工作面和 4307 充填开采工作面。矿井采区活动主要集中在 5^{-2} 煤层，回采 5^{-2} 煤一盘区第 6 个工作面。5106 综采工作面，掘进工作面分别为 5111 辅运顺槽综掘工作面和 5110 运输顺槽综掘工作面。主要保水采煤目标层为第四系松散岩类孔隙潜水含水岩组及地表水体（毕鲁图沟为季节性的沟谷洪水）。

5.2 地质及水文地质条件

5.2.1 自然地理

丁家渠煤矿位于鄂尔多斯高原与陕北黄土高原的交接处，属干旱、半沙漠的高原大陆性气候，多年最高气温 38.3℃，最低气温 −30.9℃，平均气温 6.1 ~ 8.8℃。年平均降水量 273.7mm，年平均蒸发量 2108.2mm。属黄河水系，矿区附近较大的沟谷为勃牛川（窟野河上游东支流），其余为勃牛川的支沟，为季节性沟谷，平均流量 0.0249m³/s。煤矿生活用水取自第四系含水层，在工业广场建有大口井一座，水量基本可以满足煤矿生活和生产用水的要求。煤矿正常涌水量为 16.5m³/h，最大涌水量为 25.5m³/h。

5.2.2 地层构造

丁家渠煤矿地层从老至新有：

1）上三叠统延长组，钻孔揭露厚度 7.35 ~ 250.22m，平均 60.30m。岩性为灰绿色粗 – 中粒砂岩，局部地段为含砾砂岩。

2）中侏罗统延安组，厚度 72.90 ~ 274.69m，平均 171.52m，可划分为 5 个岩段。第一岩段厚度 24.47 ~ 73.55m，平均 45.07m，含 6^{-1}、6^{-2} 煤层，基本不可采，只在 ZK6403 孔处有 6^{-2} 煤层厚达 2.13m。第二岩段厚度 16.40 ~ 32.75m，平均 24.64m，含 5 煤组，含煤 1 ~ 2 层，可分为 5^{-1}、5^{-2} 两个煤层，其中 5^{-1} 煤层位于上部，不可采，5^{-2} 煤层为全区可采的稳定煤层。第三岩段厚度 11.55 ~ 47.08m，平均 37.52m，含 4 煤组，即 4^{-2} 煤层，为全区大部分可采的稳定煤层。第四岩段厚度 2.95 ~ 49.67m，平均 35.66m，含 3^{-2} 煤层，为局部可采煤层。第五岩段厚度 4.15 ~ 45.35m，平均 24.14m，不含煤。

3）第四系，按成因可分为风积沙、黄土和冲洪积物。厚度 0 ~ 29.93m，平均 12.38m，最厚处分布于井田中部 ZK4805 钻孔处。

丁家渠煤矿整体构造形态与东胜煤田整体构造形态基本一致，为一向南西倾斜的单斜构造，中部较平缓，地层倾角 1° ~ 2°。褶曲与断层均不发育，无岩浆活动，属于构造简单地区。

5.2.3 水文地质条件

5.2.3.1 含（隔）水层

根据井田地质勘探资料，将含水岩组划分为两大类，即新生界第四系松散岩类孔隙潜水含水岩组和中生界碎屑岩类孔隙、裂隙潜水－承压水含水岩组。现叙述如下：

（1）松散岩类含（隔）水层

主要由第四系全新统表土、风积沙、冲洪积物及上更新统马兰组黄土组成。风积沙主要分布于各沟谷边坡及地形较高的平缓处，形成成沙垄或沙丘，为透水层，在沟掌地形低洼处有水渗出。冲洪积物分布于各大沟谷中，局部含水性较好。马兰组黄土在区内均有分布，一般不含水。矿区内钻孔揭露第四系厚度 0 ~ 29.93m，平均 12.38m，富水性弱。

（2）碎屑岩类含（隔）水层

据 YD9、YD12 号水文孔资料，延安组含水岩段水位标高 1253.96 ~ 1258.66m，单位涌水量 0.00422 ~ 0.00866L/（s·m），富水性弱，水化学类型为 HCO_3–Ca 型及 HCO_3–Ca·Na 型水，矿化度 0.25 ~ 0.26g/L，pH 7.1 ~ 7.7。

5.2.3.2 地下水的补给、径流和排泄

该区松散层分布较广，含有少量孔隙潜水，补给源以大气降水为主，延安组在各大沟谷两侧均有出露，部分地段被沟谷切割较深，被切割地段含水岩组为潜水，在沟谷地带也可接受地表水的补给。延安组下部含水岩组为承压水，其补给方式一方面接受上部潜水的下渗补给，另一方面则接受侧向径流补给。

该区地形切割强烈，为排泄大气降水、地表水和地下潜水的主要通道，故潜水径流条件较好。承压水主要沿倾向或层面方向径流。由于各地层岩性不同，各岩层的渗透性能及径流速度有所不同，但径流方向与区域地形及构造特征相一致。

松散层潜水的排泄主要为蒸发排泄、井泉排泄和下渗排泄。碎屑岩类承压水的排泄方式主要有井泉排泄、矿井疏干排泄和地下径流排泄。

5.2.4 煤层

丁家渠煤矿延安组厚度 72.90 ~ 274.69m，平均 171.52m。含煤 1 ~ 7 层，煤层总厚度 1.70 ~ 11.60m，平均 5.60m，可采煤层总厚度 1.05 ~ 9.85m，平均 3.92m。自上而下分为 4 个煤组，即 3、4、5、6 煤组，能对比成层的煤层无论其是否可采，均对比后给以编号。自上而下分为 7 层煤，即 3^{-2}、4^{-2}、4^{-3}、5^{-1}、5^{-2}、6^{-1}、6^{-2} 煤层，其中 3^{-2}、4^{-2} 煤层局部可采，5^{-2} 煤层全区可采，4^{-3}、5^{-1}、6^{-1}、6^{-2} 煤层均不可采。

4^{-2} 煤层位于延安组（J_2y）第三岩段的中部，煤层厚度 0.70 ~ 3.45m，平均 2.57m，可采厚度 1.30 ~ 3.30m，平均 2.47m。含 1 ~ 2 层夹矸，层厚 0.30 ~ 0.50m。煤层大部分可采（除剥蚀区和采空区外），可采面积约 10.22km²，属稳定煤层。煤层顶板岩性为粉砂岩、砂质泥岩、泥岩、细砂岩。底板岩性为泥岩、砂质泥岩、细砂岩。与 4^{-3} 煤层层间距为 11.35 ~ 25.68m，平均 15.23m。

5.3 丁家渠煤矿保水采煤方案

5.3.1 目标保护含水层

根据丁家渠煤矿水文地质条件和开采条件，按照鄂尔多斯市能源局文件（鄂能局发〔2022〕76 号）要求，参照《保水采煤技术规范》（DB61/T 1295—2019）第 5 条要求，丁家渠煤矿主要保水采煤目标层为新生界第四系松散岩类孔隙潜水含水岩组及地表水体（毕鲁图沟为季节性的沟谷洪水）。另外，对以中生界碎屑岩类孔隙、裂隙潜水－承压水含水岩组为主的矿井水进行资源化利用。

5.3.2 保护方案

矿区内较大的沟谷为毕鲁图沟，为季节性沟谷，由北向南东穿越矿区，最高洪水位标高为 1194 ~ 1157m，实测流量 0.0249m^3/s（2006 年 5 月 27 日，水量受上游水库排水量控制）。其他沟谷均为其支沟，均为季节性沟谷，旱季多为干沟，雨季可形成地表溪流和洪流，水流汇入勃牛川，最终注入黄河。矿井对毕鲁图沟实施留设保护煤柱保水方法。

井田地表大部分被第四系松散层覆盖，形成典型的堆积地貌，只在沟谷地形切割较深处有基岩出露。由于强向源侵蚀作用，致使矿区内冲沟极为发育，多呈树枝状分布，也是排泄矿区地表水和地下潜水的主要通道。本矿井 4^{-2} 煤层剩余开采区域采用连采连充保水采煤技术，共划分 7 块区域，连采连充的充填量为 146.39×10^4t，充填材料是矸石、粉煤灰、水泥和水。通过连采连充保水技术控制导水裂隙带发育高度，实现保水采煤目标。5^{-2} 煤层较薄，平均可采厚度 1.24m，导水裂隙带高度不发育，不扰动含水层，可实现自然保水开采。

5.3.3 方案合理性

5.3.3.1 技术合理性

考虑到毕鲁图沟已留设煤柱，能够实现地表水系保护和水害防治的双重目的，保水采煤技术成熟有效。4^{-2} 煤层剩余开采区域实施充填保水开采方案，实施保水采煤。5^{-2} 煤层较薄，导水裂隙带高度不发育，未能切入地表，实施自然保水法。

因此，在技术方面，丁家渠煤矿保水采煤方案是合理可行的。

5.3.3.2 经济合理性

采取自然保水与充填保水开采相结合的保水开采技术，在保障水资源安全的条件下增加了一定的资金投入，每吨煤成本增加约 100 元。实施充填保水开采后，煤炭资源回收率大幅度提高，总体上经济效益显著。因此，在经济方面，丁家渠煤矿保水采煤方案是合理的。

5.3.3.3 环境及社会效益合理性

通过留设煤柱实现地表水保护。4^{-2} 煤层剩余开采区域实施充填保水开采方案，实施保水采煤。5^{-2} 煤层较薄，导水裂隙带高度不发育，未能切入地表，实施自然保水法。该方案不仅能够保护地下水的生态功能、供水功能，实现保水采煤目的，而且对周边及相似条件矿井具有一定的借鉴意义。

因此，在环境及社会效益方面，丁家渠煤矿保水采煤方案是合理的。

5.4 连采连充保水采煤技术及应用效果

5.4.1 连采连充采煤技术

连采连充工艺，井下使用综掘机出煤。将待开采区域圈出，布置好通风、运输、供电、排水、压风等各生产系统，工作面从切眼向外每 5m 布置一个支巷，由里向外先开采 2、4、6 等偶数支巷，采完后对支巷两头封堵，进行充填，待已采支巷充填完毕、膏体凝固稳定后，再从里向外依次开采 1、3、5 等奇数支巷，采完后全部充填。采煤和充填可以平行作业，最终实现充填体完全替换采面煤层。

5.4.2 充填保水方法的选择

可供选择的、比较成熟的充填保水采煤方法有 3 种类型，即膏体充填、超高水材料充填和固体充填采煤法（表 5.1）。

膏体充填采煤法指的是把矸石、粉煤灰、风积砂或黄土等物料加工制作成“无临界流速、不需脱水”的膏状浆体，通过充填泵和重力作用，经管道输送到井下，适时充填采空区，形成凝固体支承控制采空区上覆岩层结构的采煤方法（图 5.2，图 5.3）。

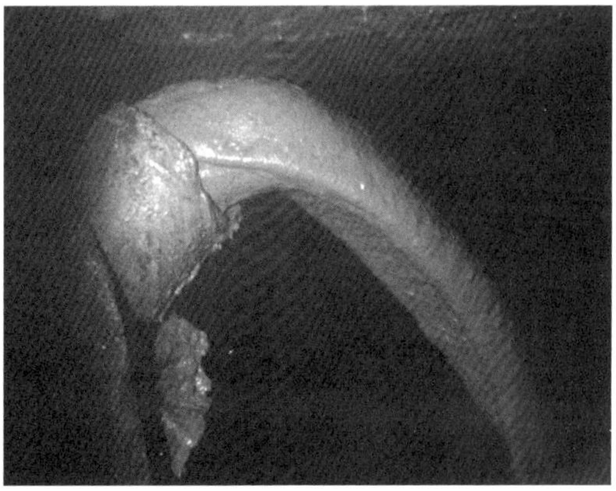

图 5.2 井下膏体充填实景图

图 5.3 井下膏体充填实景图

超高水材料充填采煤法则是用超高水材料制成水体积比占 95 % 以上的低浓度浆体，在泵压和重力作用下，经过管道输送到井下，适时充填采空区，形成凝固体支承控制采空区上覆岩层结构的采煤方法。目前主要应用的超高水材料水体积比为 95% ~ 97%，具有早强快硬、初凝时间可在 20 ~ 90min 之间调节等特点，水体积 97 % 时凝固体最终强度可达 0.66MPa。

固体充填采煤法指的是把矸石等固体物料，用机械的方式输送到井下，适时充填采空区，固体材料充填物在顶板下沉压实过程中支承控制采空区上覆岩层结构的采煤方法。

上述 3 种充填采煤法在我国部分煤矿都得到了成功应用，获得了国家有关部门认可。

表 5.1 对上述 3 种充填采煤方法进行了对比固体充填体密实度低，只适合地表沉陷控制要求较低的开采条件。丁家渠煤矿开采厚度大、采深小，固体充填难以保证地表建筑物安全；4^{-2} 煤层厚度较大，固体充填难以实现，如果使用分层开采，固体充填做假顶的下行开采顶板控制难度很大。

超高水材料充填采煤法成本高、强度低、易风化，无法满足丁家渠煤矿开采要求。膏体充填能够做到不泌水，一次充填保证接顶，具有膏体凝固体压缩率低、抗风化、材料费用少、强度根据工程需要可调、适用范围广、采出率高等技术经济优势，能够满足丁家渠煤矿工厂煤柱与一、三盘区剩余煤柱回收要求。因此，丁家渠煤矿采用膏体充填开采。

表 5.1　充填采煤技术对比表

序号	比较项目	膏体充填	超高水材料充填	固体充填
1	充填材料组成	固体废物、粉煤灰、胶结料、水	超高水材料、水	固体废物、粉煤灰
2	充填体压缩率 /%	1 ～ 3	1 ～ 3	20 ～ 40
3	充填体强度	高	低	低
4	相同充填体强度胶结料成本	较低	较高	0（机械压实强度小于 1 ～ 2MPa）
5	充填料运输方式	单一管道输送	双管道输送	皮带输送
6	充填系统投资	大	少	大
7	充填体构筑方法	隔离要求高	隔离要求高	隔离要求低
8	减沉效果	好	好	较差
9	采出率	高	高	较低
10	长期稳定性	好	差	一般
11	适应性	各种条件	低强度条件	减沉要求低

5.4.3　膏体充填开采方法的选择

通常情况下，膏体充填开采可分为以下两种方法：一种是综采长壁膏体充填开采法，另一种是条带膏体充填开采法。

5.4.3.1　连采连充膏体充填

所谓连采连充开采，就是使用连续采煤机或者综掘机每采完一个适当长度和适当宽度的窄条带，在形成的窄条带两端头用移动式隔离装置将开采后的采空区封闭，再用膏体材料充满该采空区。采完一个条带，间隔一定宽度的煤柱再开采下一个条带并充填，当完成一轮开采后再返回到起点处对剩余煤柱实施下一轮开采并充填，直至采出所有煤炭资源。工作面布置形式如图 5.4 所示。

此方法类似于条带式开采，所有预留煤柱分数轮采出并充填，工作面采煤设备一般为连采机或综掘机。掘进工作面在未掘通回风巷前采用局部通风，掘通后采用全风压自然通风。

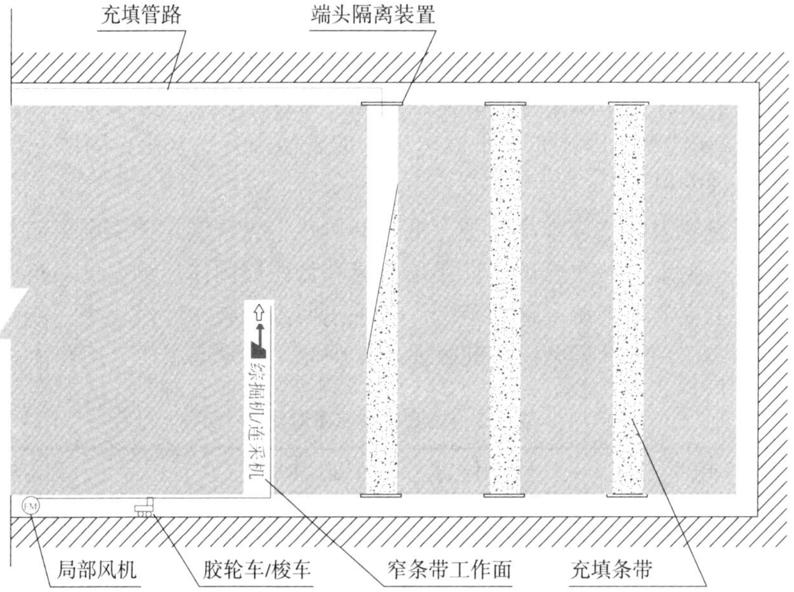

图 5.4　连采连充膏体充填工作面布置形式示意图

5.4.3.2　连采连充条带膏体充填的缺点

1）支护成本增加，通常需对顶板和两帮进行锚网支护，支护成本高。如地质条件好，两帮可不支护，支护成本可降低。

2）综掘机或连采机对工作面瓦斯浓度要求严格。

3）条带工作面采煤效率不如综采工作面，充填产量要求高时需要布置多个条带工作面，如地质条件好，条带工作面采煤效率也较高。

2019 年 12 月，编制完成了《内蒙古伊泰同达煤炭有限责任公司丁家渠煤矿充填开采方案》，方案设计结合井田范围内地表建筑物分布，确定在主水平 4^{-2} 煤工业场地南侧区域进行试验开采。内蒙古自治区能源局批复同意矿井在主水平 4^{-2} 煤工业场地南侧区域布置 42207 试采工作面进行试验开采，已完成试采和总结报告。

42207 工作面试采期间，开展了充填开采区地面岩移观测，观测时间自 2020 年 2 月开始，至 2022 年 9 月结束。经试采总结，2020 年 1 月至 2021 年 4 月 42207 试采工作面开采期间，地表最大下沉 5.87mm，倾斜变形值最大为 0.33mm/m，曲率变形值最大为 0.03mm/m^2，水平移动值最大为 6mm 左右，水平变形值小于 0.26mm/m。2020 年 1 月至 2021 年 4 月 42207 试采工作面开采期间观测数据获得的水平变形、曲率变形及倾斜变形值均小于《建筑物、水体、铁路及主要井巷煤柱留设与压煤开采规范》（2017 年版）中建筑物破坏等级 1 级要求，满足后期充填开采保护要求。

基于上述连采连充采煤工艺在本矿井 42207 试采工作面的应用及总结情况，本次设计对主要工业场地压煤区域，以及主水平各盘区大巷煤柱和遗留边角煤区域残煤资源进行回收。

该采煤方法符合自然资源部《矿产资源节约和集约利用先进适用技术目录（2022 年版）》“综合保水采煤技术”和国家煤矿安全监察局《煤矿安全生产先进适用技术装备推广

目录（第四批）》（2020 年）第十三条：全负压短壁联采密室充填分步置换“三下”采煤法，属于推广应用先进适用技术。

5.5 保水采煤效果监测

5.5.1 地下水监测方案

依据《矿区地下水监测规范》（DZ/T 0388—2021）附录 A 中相关要求，结合陕西省地方标准《煤矿地下水监测规范》（DB61/T 1247—2019），本矿区基本特征分级为二级、地下水环境敏感程度为一级，据此综合评定矿区地下水监测级别为Ⅱ级。

依据矿区地下水监测级别为Ⅱ级，本矿设置了 8 个地下水监测点，新增 5 个钻孔监测点，加大对第四系、侏罗系水文动态监测力度，监测点布置情况如图 5.5 所示。

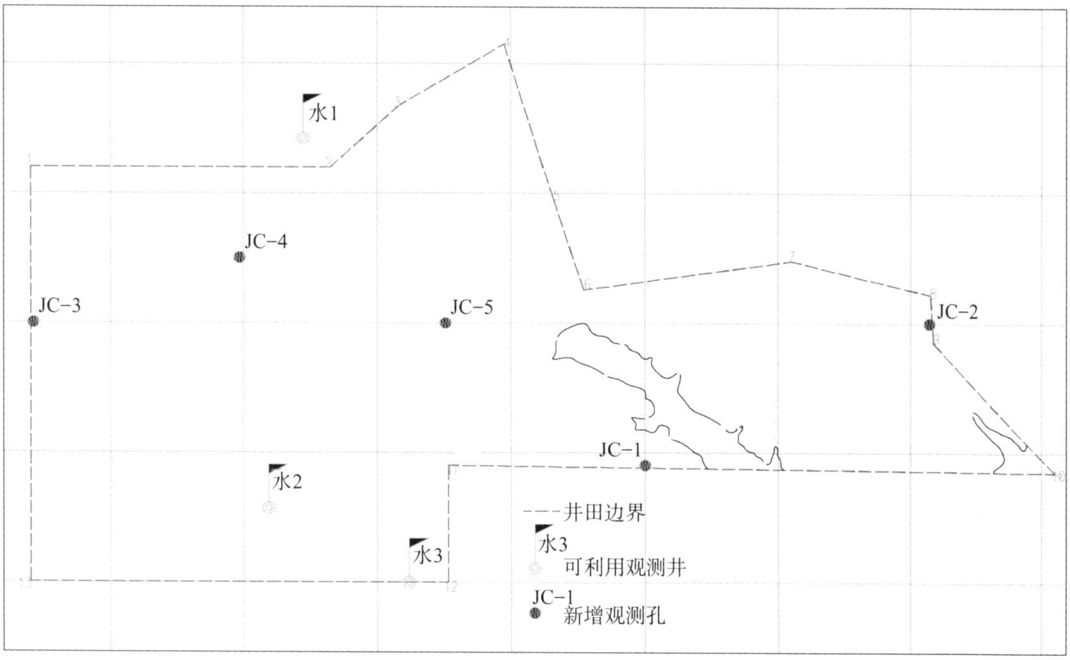

图 5.5　丁家渠煤矿地下水监测点布置图

5.5.2 监测结果

为密切关注开采对矿井不同区域地下水量的影响，首先针对自然保水开采区与可控保水开采区分别进行了监测点的布置，准确掌握地下水位等参数动态变化，分析造成水量变化的内在原因，进而决定是否需要采取相应措施减少地下采煤作业对地下水的影响。本次设计监测点的监测层位为第四系、侏罗系，主要监测内容为水位、水温、水质等。经监测，采用连采连充保水采煤技术的工作面地下水位未发生明显的下降，达到了保水采煤目标。

5.6 结论及建议

5.6.1 结论

1）丁家渠煤矿主要保水采煤目标层为新生界第四系松散岩类孔隙潜水含水岩组及地表水体（毕鲁图沟为季节性沟谷洪水）。

2）井田地表大部分被第四系松散层覆盖，形成典型的黄土地貌，只在沟谷地形切割较深处有基岩出露。由于强向源侵蚀作用，致使矿区内冲沟极为发育，多呈树枝状分布，也是排泄矿区地表水和地下潜水的主要通道。本矿井 4^{-2} 煤层剩余开采区域实施充填开采方案，通过充填保水开采技术控制导水裂隙带发育高度，实施保水采煤目标。

3）矿井井下涌水量小，井下涌水经净化处理后作为矿井生产用水水源，矿井水利用率 100%。实践证明，综合采用自然保水采煤技术和充填开采保水采煤技术的方案合理可行。

5.6.2 建议

1）完善水资源监测系统，实时监控地下水、地表水动态。

2）开展矿区水文地质补充勘探，同时探测每个开采区“三带”发育高度，结合采煤技术和保水开采技术的发展，随着开采活动的延续适时对保水采煤方案进行调整与优化。

本项目由内蒙古伊泰同达煤炭有限责任公司实施，项目组成员主要有漆仲银、戴奇虎、赵磊、谢宏生等。

6 新疆皮里青露天矿地表水注浆保水采煤技术及应用

6.1 项目背景

新疆伊宁矿区北区位于伊犁盆地北部伊宁县境内，水资源缺乏，区内分布有皮里青露天煤矿、再就业煤矿等（图 6.1）。皮里青露天煤矿位于伊宁市北 15km、伊宁县城北 4km 处的皮里青河东岸。

皮里青露天煤矿面积 1.9469km^2，生产规模 1.5×10^6t/a，含煤地层为中侏罗统西山窑组中段，露天开采范围内含煤 7 层，自下而上依次编为 C1、C2、C3、C4、C5、C6 和 C9 煤层，全层平均总厚度 37.76m。区内地表广泛覆盖第四系松散堆积物，局部地段零星出露有中侏罗统头屯河组，矿坑西侧有皮里青河自北向南流过，是矿坑附近的主要地表水系，为保护矿区水资源和生态环境，避免矿坑开采对皮里青河生态系统造成影响，皮里青露天煤矿在矿坑西帮与皮里青河之间进行帷幕注浆治理，减少皮里青河河水向矿坑的渗入量，实现矿区内河流水资源的保水开采。

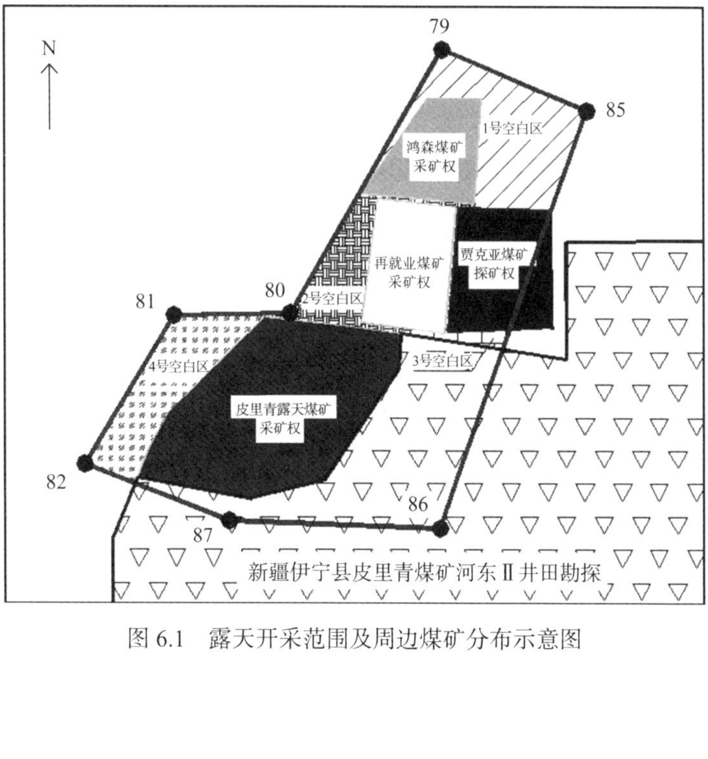

图 6.1　露天开采范围及周边煤矿分布示意图

6.2 地质及水文地质条件

皮里青煤矿地层由老至新依次为下侏罗统三工河组（$J_2 s$），中侏罗统西山窑组、头屯河组，第四系上更新统、全新统洪积层及冲积层（图 6.2），其中煤系地层为中侏罗统西山窑组，露天开采范围内含煤 7 层，局部可采煤层为 C1（图 6.3）和 C9 煤层，大部分可采煤层为 C2 煤层（图 6.4），全区可采煤层为 C3（图 6.5）、C4（图 6.6）、C5（图 6.7）和 C6 煤层。C6 煤层已经开采完毕，目前开采北边的 C1—C5 煤层。

皮里青露天煤矿采煤直接充水水源为大气降水、地表暂时性流水、西帮剥离露出的第四系松散层孔隙潜水、西山窑组含水层。大气降水多年年平均降水量为 348.4mm，第四系松散层孔隙潜水含水层厚度 11.40 ~ 25.10m（图 6.8），单位涌水量 0.692 ~ 1.792 L/（s·m），富水性中等到强（图 6.9）；西山窑组含水层单位涌水量 0.00183 ~ 0.0566 L/（s·m），富水性弱（图 6.10）。皮里青煤矿西帮剥离出露的第四系松散层孔隙潜水、西山窑组弱含水层从边帮直接渗流入矿坑。

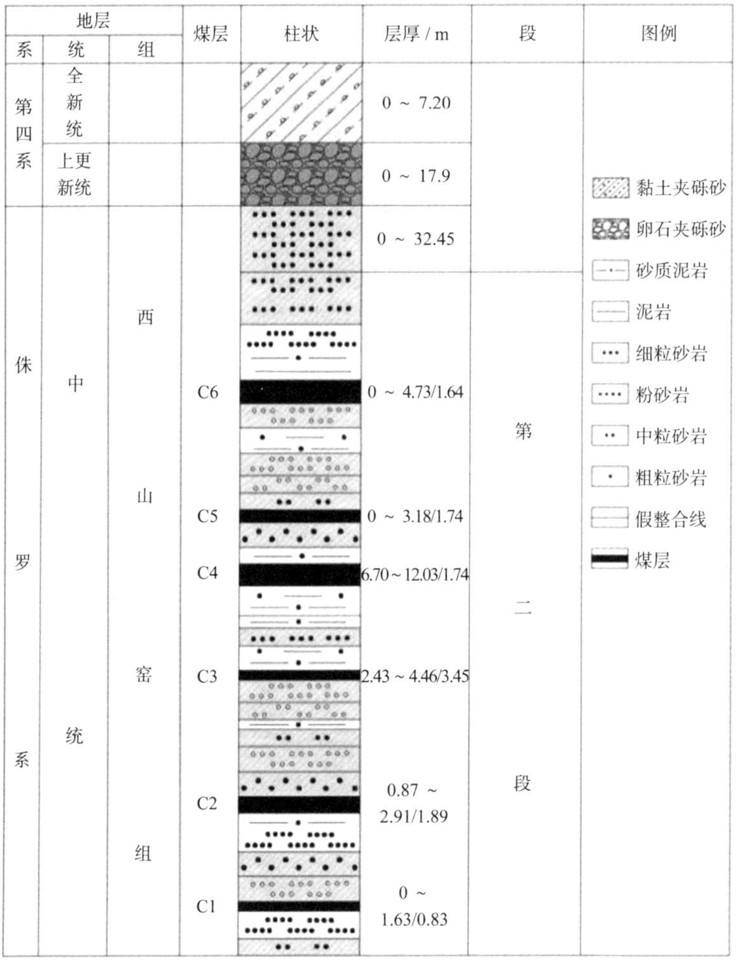

图 6.2　研究区地层剖面示意图

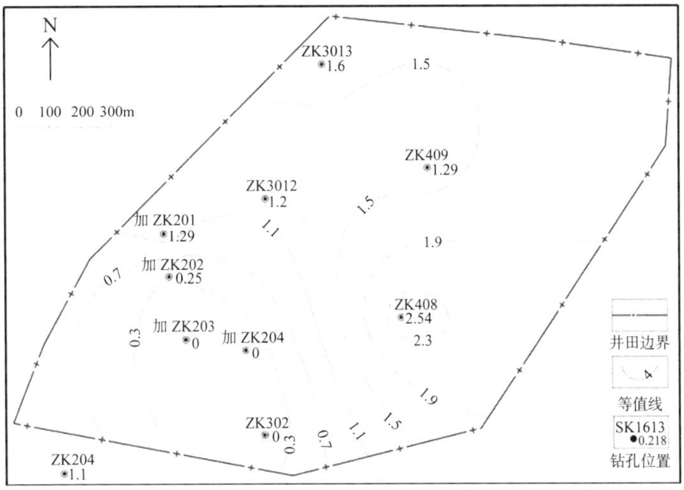

图 6.3　C1 煤层厚度（m）等值线图

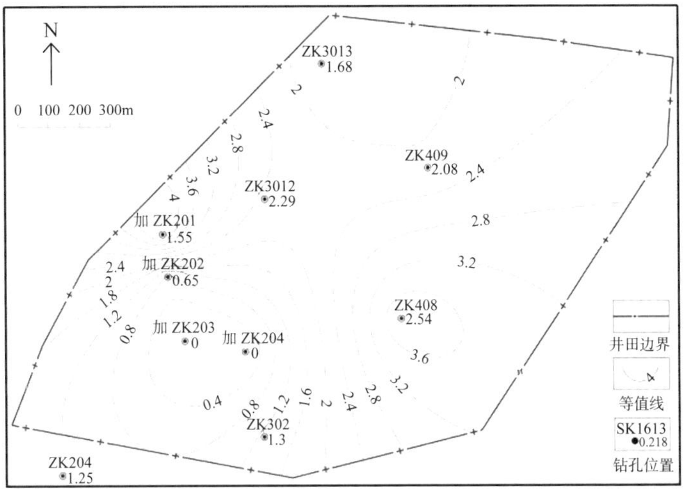

图 6.4　C2 煤层厚度（m）等值线图

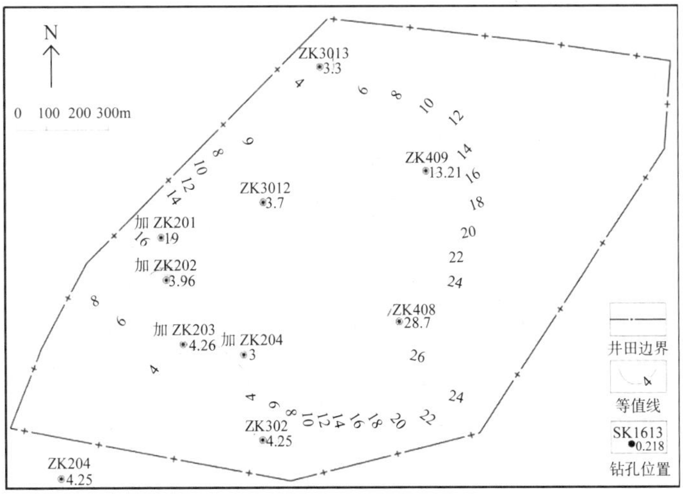

图 6.5　C3 煤层厚度（m）等值线图

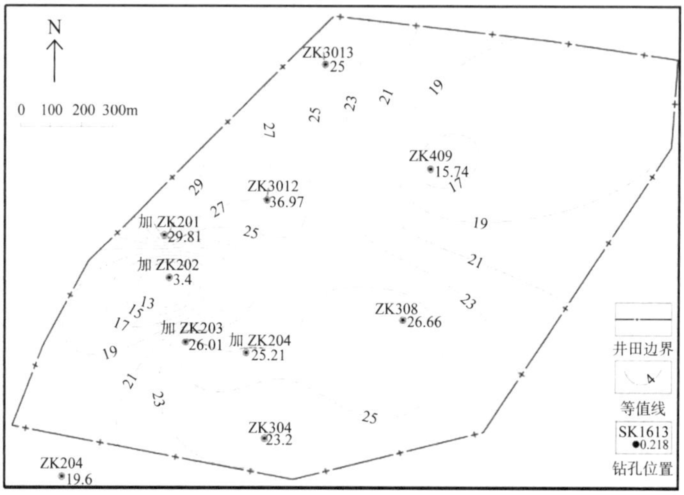

图 6.6　C4 煤层厚度（m）等值线图

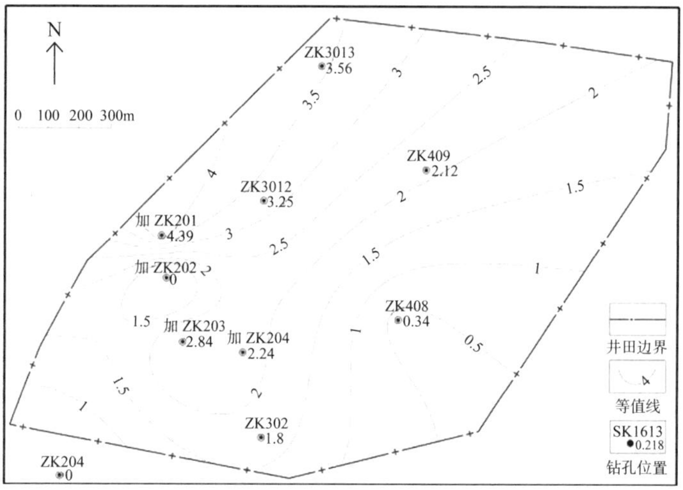

图 6.7　C5 煤层厚度（m）等值线图

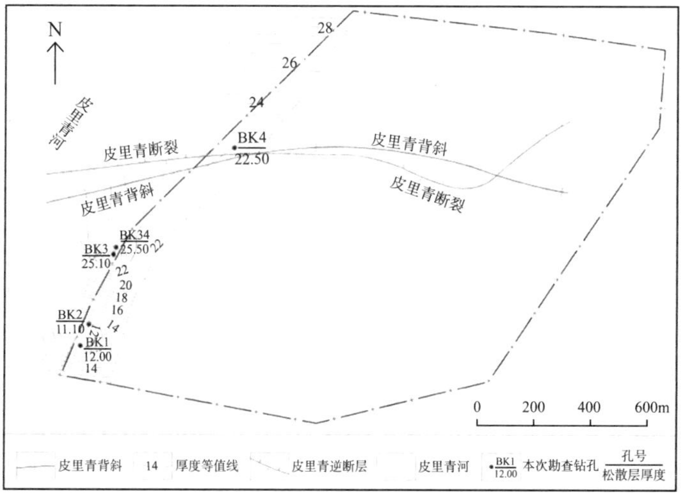

图 6.8　西帮第四系松散层孔隙潜水含水层厚度（m）等值线图

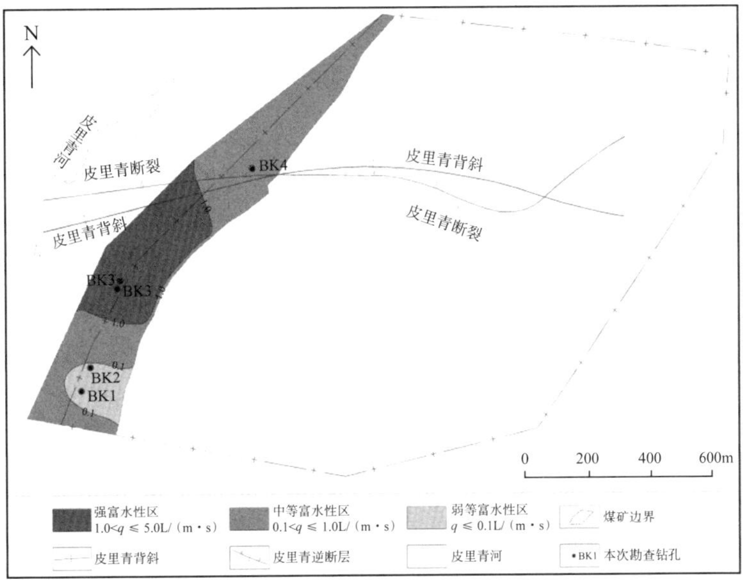

图 6.9　西帮第四系松散层孔隙潜水含水层富水性分区图

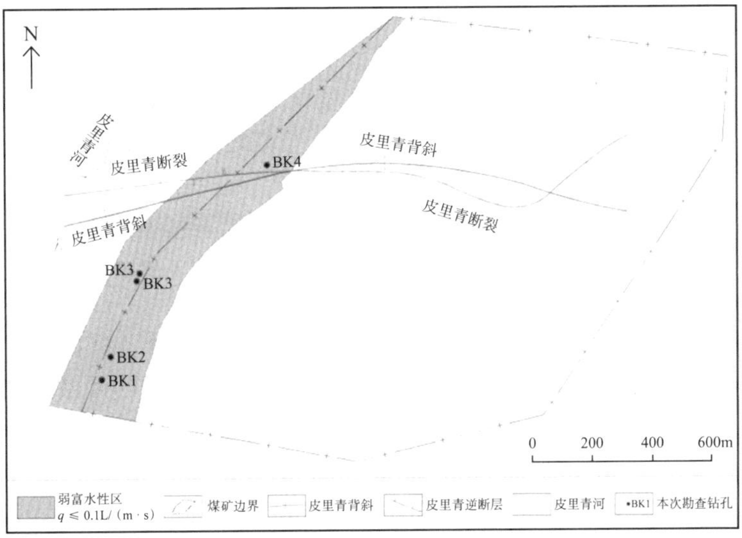

图 6.10　西帮西山窑组砂岩裂隙含水层富水性分区图

6.3　矿坑面临水资源保护问题

露天煤矿在开采过程中需对回采煤层上覆地层进行剥离，这使得地下水直接在矿坑边帮涌出。皮里青露天煤矿西帮的西侧发育有皮里青河，多年平均流量 5.52m^3/s，平均年径流量 1.74×10^8m^3。最大年径流量 3.43×10^8m^3，矿坑西帮采剥边界距离皮里青河 350m 左右。目前，皮里青露天煤矿矿坑涌水主要来自西帮，西帮矿坑入口至矿坑北边界端帮出水量为 1600m^3/d 左右，主要为矿坑西侧皮里青河通过第四系底部砾石层向矿坑侧向补给（图 6.11，图 6.12）。

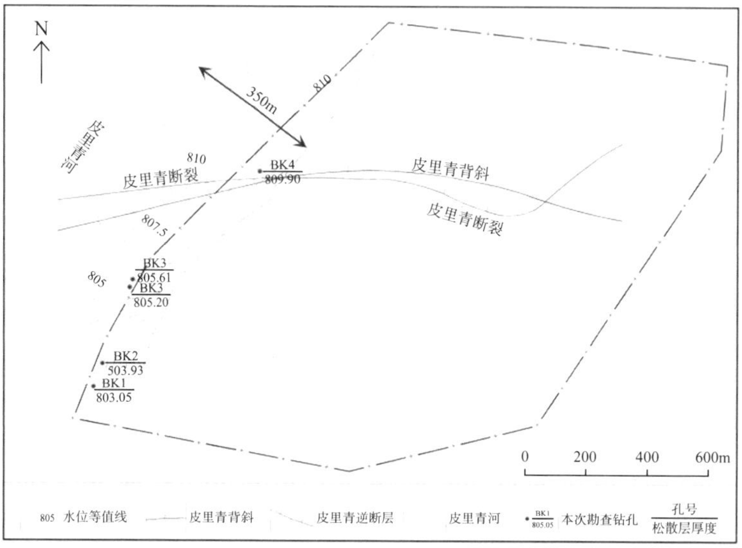

图 6.11　西帮第四系松散孔隙潜水天然流场图（单位：m）

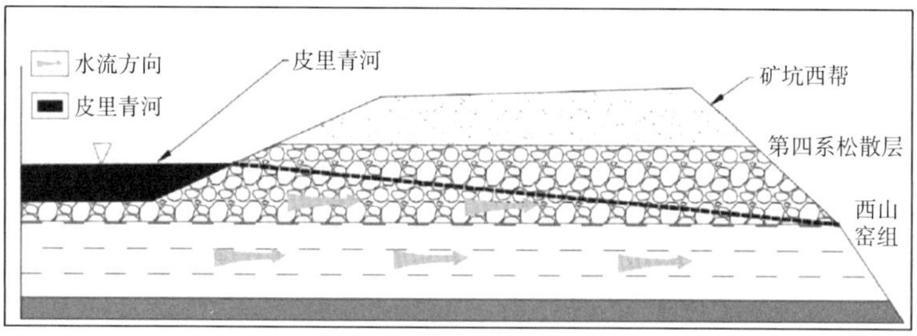

图 6.12　矿坑主要充水含水层及其充水方式示意图

根据坑内观测，现在矿坑 3 个水仓主要涌水来源为西帮涌水，其次为其余边帮、大气降水、汇水等。其中西帮涌水水源为西帮松散层，约占 90%，而西帮松散层补给源为皮里青河水。皮里青露天煤矿生产导致皮里青河水资源大量流失。因此，为保护皮里青河水资源，在皮里青河与矿坑西帮之间进行帷幕注浆工程。同时，西帮第四系松散层孔隙潜水也大量涌入矿坑，为本次注浆保护的含水层。

因此，皮里青露天煤矿保水采煤受保护的含水层是第四系松散层含水层，同时保护皮里青河地表水。

6.4　砂卵石地层帷幕注浆保水开采参数确定

本次注浆保护的含水层第四系松散层孔隙潜水主要分布于井田西侧，皮里青河一二级阶地上，主要由卵砾石、砂砾石与砂土组成（王汝恒等，2006；张誉等，2008；何建平等，2010）。在砂卵石地层注浆缺乏现成的指导理论，难度较大（刘睦峰等，2010；宁博等，2011）。为了提高浆液的阻水效果和注浆质量，通过 COMSOL 数值模拟和室内物理实验，获得不同孔隙度、渗透率条件下，不同水灰比浆液的结石率、抗压强度等基本性能试验，得出一种具最佳使用性能的水灰比浆液。

6.4.1 基于 COMSOL 的注浆孔浆液扩散数值分析

为进一步确定受注地层不同渗透系数条件下，不同水灰比在地层中的扩散半径，本次采用 COMSOL Multiphysics 有限元软件中的流体力学模块模拟浆液在地层中的扩散。根据皮里青煤矿西帮第四系抽水试验资料可知，该含水层渗透系数 0.093 ~ 19.31m/d，不同工况和计算参数如表 6.1 所示。

表 6.1 不同工况及其计算参数表

工况	水灰比	渗透系数 / ($m \cdot d^{-1}$)	浆液黏度 / ($Pa \cdot s$)	浆液密度 / ($kg \cdot m^{-3}$)	动力黏度 / ($Pa \cdot s$)	孔隙度
工况 1	1.5 : 1	0.093	1.43	1430	0.00442	0.2
	1.2 : 1	0.093	1.43	1430	0.00442	0.2
工况 2	1.5 : 1	0.754	1.43	1430	0.00442	0.3
	1.2 : 1	0.754	1.43	1430	0.00442	0.3
工况 3	1.5 : 1	13.34	1.43	1430	0.00442	0.35
	1.2 : 1	13.34	1.43	1430	0.00442	0.35
工况 4	1.5 : 1	19.31	1.43	1430	0.00442	0.35
	1.2 : 1	19.31	1.43	1430	0.00442	0.35

本次模拟过程中，浆液对地下水进行驱替，根据其占比确定浆液扩散范围，模拟结果显示当渗透系数为 0.754m/d、13.34m/d 和 19.31m/d 时，浆液水灰比在 1.2 : 1 时扩散半径超过 8m；当渗透系数为 0.093m/d 时，浆液水灰比在 1.5 : 1 时扩散半径超过 8m。这表明浆液在不同工况条件下需用不同水灰比来满足其一定的扩散半径，最终才能达到阻水目的。

6.4.2 砂卵石地层注浆浆液性能测试实验

6.4.2.1 结石率实验

浆液的含水量或颗粒浆液的水灰比是影响其结石率的主要因素。将不同水灰比的浆液分别灌入试模中，浆液与试模齐平，待浆液固结后拆模，然后用游标卡尺测量试件的平均高度，计算结石体的体积，该体积与浆液原始体积的比值就是结石率。试件试验采用的水灰比为 1.2 : 1 ~ 1.7 : 1，无水玻璃，结石率可达 0.70% ~ 0.92%，抗压强度达到 3.44 ~ 95.7MPa。

6.4.2.2 抗压强度实验

水泥浆的浓度（即水灰比）是影响水泥 – 水玻璃浆液抗压强度的关键因素，水玻璃的浓度（波美度）也是一个影响因素。事实上，浓的水泥浆需要与浓的水玻璃配合使用，稀的水泥浆需要与稀的水玻璃配合，水玻璃的量过多将对浆液的抗压强度产生不良的影响。综合考虑凝胶时间和结石率，本实验在水灰比为 1.7 : 1、1.5 : 1、1.2 : 1 的情况下测定其各组浆液试件的 28d 抗压强度。

实验结果表明：随着水灰比减小，抗压强度逐渐增大；当加入 6% 水玻璃时，抗压强度增加显著，特别是水灰比为 1.2∶1 时，抗压强度达到 81.27MPa；当加入 9% 水玻璃时，抗压强度反而降低，表明水玻璃的加入量在 6% 时为较佳的配比（图 6.13）。

<table>
<tr><td>试块形态</td><td>
</td><td>
</td><td>
</td></tr>
<tr><td>配比</td><td>未加入水玻璃情况下的试件，水灰比分别为 1.7∶1、1.5∶1、1.2∶1</td><td>加入 6% 水玻璃情况下的试件，水灰比分别为 1.7∶1、1.5∶1、1.2∶1</td><td>加入 9% 水玻璃情况下的试件，水灰比分别为 1.7∶1、1.5∶1、1.2∶1</td></tr>
</table>

图 6.13　抗压强度实验试件样本

6.4.2.3　室内原砂卵石实验

原地取 2 个砂卵石样品共 20kg，分别位于砂卵石层中部和底部。分别装入模具内，夯实并加入水，使其处于半饱和状态，尽量接近原始状态。两个模具分别加入水灰比为 1.2∶1 和 1.5∶1 的浆液，在重力作用下使其扩散，养护 28d 后卸模具，观察其扩散成型情况。实验结果表明，水灰比 1.5∶1 成型比水灰比 1.2∶1 成型要好，充填效果饱满，达到很好的封堵效果（图 6.14）。

<table>
<tr><td>试块形态</td><td></td><td></td></tr>
<tr><td>配比</td><td>水灰比 1.2∶1 成型</td><td>水灰比 1.5∶1 成型</td></tr>
</table>

图 6.14　原始砂卵石室内注浆实验

由于室内实验压力较小，不能真实反映其原始扩散情况，但研究结果表明，在水灰比为 1.2∶1 和 1.5∶1 情况下，浆液在皮里青砂卵石层内都具有很好的流动性。结合模拟实验结果，认为采用该比例是可行的，可以达到结石率 85% 等技术要求。

6.5 帷幕注浆施工工艺

为保护皮里青河水资源不在皮里青矿坑开采过程中大量流失，采用帷幕注浆方式形成隔水墙封堵过水通道，减少矿坑涌水量，保护皮里青河水资源。本工程北端起点为伊阿公路与资源路交叉处，沿原伊阿公路向南延伸至坑口锅炉房，治理段长度 800m。在皮里青河与矿坑之间建立帷幕墙，阻隔皮里青河河水沿砾石层及局部风化基岩层渗入矿坑。砾石层底界标高为 809m 左右，局部风化岩层底界标高为 807m 左右，皮里青河水位标高为 805.1 ~ 814.91m，由北向南变低。帷幕带布置单排注浆钻孔，钻孔间距 8m，注浆孔为 101 个，检查孔为 16 个，水位监测孔为 6 个，共计 123 个，孔深平均为 24m，钻探总进尺为 2952m。

6.5.1 钻孔布置及浆孔施工工艺

根据数值模拟结果与室内实验，帷幕带布置单排钻孔，注浆半径按 5m 计算，钻孔间距 8m，有效厚度为 6m。钻孔布置如图 6.15 和图 6.16 所示。

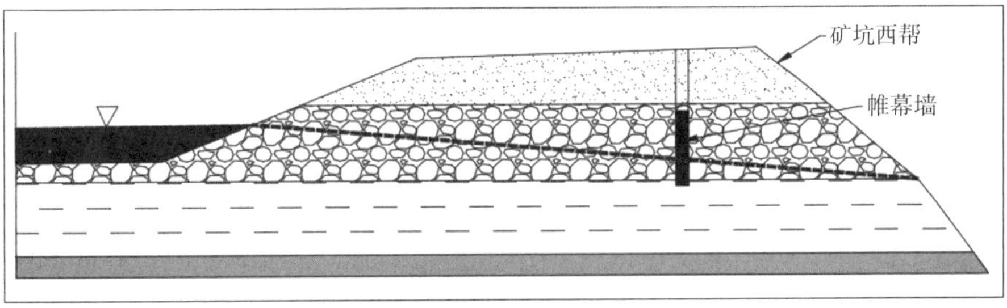

图 6.15 注浆帷幕剖面示意图

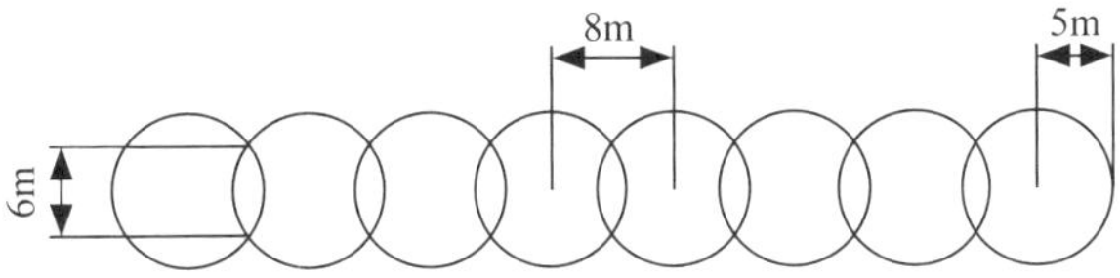

图 6.16 帷幕注浆孔布置示意图

钻孔开孔采用 Φ195mm 钻头钻进，钻进至注浆段顶部，下置 Φ133mm 套管，注浆、固管，待凝固后进行扫孔；进行洗孔、压水、注浆。注浆钻孔施工工艺流程如图 6.17 所示。

6.5.2 注浆材料的选取及浆液配比确定

本工程在试验阶段采用水灰比为 1.2 : 1 ~ 1 : 1 的水泥浆液进行注浆。在注浆过程中，水泥浆液在钻孔周围 4 ~ 6m 范围处出现地面冒浆现象，相邻钻孔注浆后也发现在 4 ~ 6m 范围处出现冒浆现象，证明两孔之间注浆扩散范围部分重叠，可以满足设计要求。

纯水泥浆液的配制按选定的施工配比进行浆液制作。按照水、水泥顺序投放在搅拌桶中，机械搅拌水泥浆需要将水泥充分搅拌均匀，并过筛清除杂物放入蓄浆池中，不配比材料形成的浆液相对密度为 1.30 ~ 1.65。浆液稠度的使用遵循由稀到浓、主机变浓的原

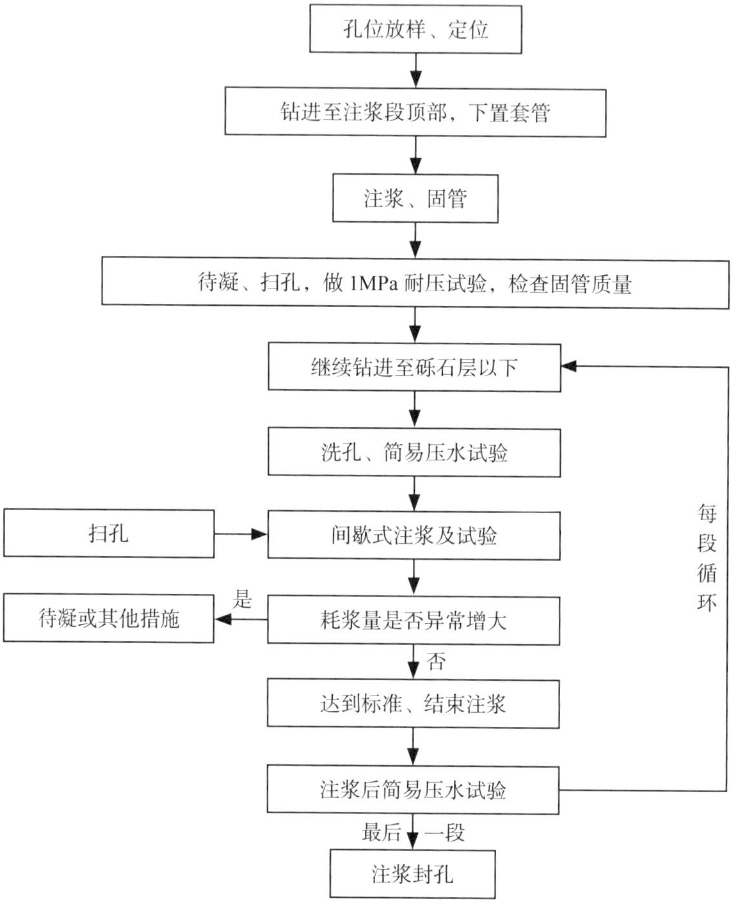

图 6.17　注浆钻孔施工工艺流程图

则。根据模拟结果和室内实验，在不同地段采用不同的初始浆液稠度，在渗透率 0.093m/d 和 0.754m/d 地段，初始浆液稠度为 1.7∶1，然后调整到 1.2∶1；在渗透率 19.31m/d 与 13.34m/d 地段，初始浆液稠度为 1.2∶1，然后调整到 1∶1 或 0.8∶1。

6.5.3　注浆压力确定及结束标准

注浆压力是指注浆段内所承受的压力。本次注浆压力是根据试验段结束后确定的，该工程实际的注浆压力为 0.8 ~ 1.2MPa。对于砾石、中粗砂层的注浆压力控制，以适应注浆介质的承受能力及表层地段吃浆量较大者采用逐级升压法控制注浆压力平稳提升。对于吃浆量小的，采用一次升压法，即注浆一开始将压力尽快地提升到允许的最大值，直至注浆结束。

注浆段注浆量在注浆压力达到设计压力后，继续注浆 30min 结束注浆。施工时需根据测试结果及现场情况进行动态调整。

注浆采用间歇式注浆，即在注浆段一次注入达到结束标准后进行养护，使浆液脱水、固化后再一次注浆，使受注裂隙一次又一次被充填，裂隙断面逐渐减小，直至达到终压、终量，持续稳定一段时间后注浆，使裂隙充填饱满、脱水、密实、硬化。

6.6 帷幕注浆保水开采效果检验

6.6.1 取芯检验充注情况

检查孔中，4 个孔全孔取芯，大致均匀分布，终孔在基岩底部 1m，从岩芯中看出，水泥浆液充填饱满，岩芯完整，反映了浆液扩散距离、注浆压力、凝固体强度较高，达到了设计要求（图 6.18）。

a. 检 1 孔岩芯充注情况

b. 检 2 孔岩芯充注情况

c. 检 3 孔岩芯充注情况

d. 检 4 孔岩芯充注情况

图 6.18　岩芯充注情况照片

6.6.2 压水实验检验

检查孔压水实验在二次复注，注浆孔结束 2 天后进行，压水试验高度取 10m，小于 10m 的按照实际长度进行压水试验。根据本次施工目的与要求，本次注浆后压水试验获得的透水率不大于 10Lu。经简易压水试验检查，试段的合格率不小于 90%，不合格试段的透水率不超过设计规定的 150%（15Lu），且分布不集中，注浆质量均为合格。

6.6.3 矿坑涌水量分析

根据 2021 年 8 月施工完毕前、后矿坑排水量变化（图 6.19），帷幕注后矿坑涌水量明显小于治理前，堵水率达到 88%，说明本次帷幕注浆工程施工的注浆钻孔较好地阻隔了地下含水层，说明帷幕质量较好，地下水水资源原位保护效果明显。

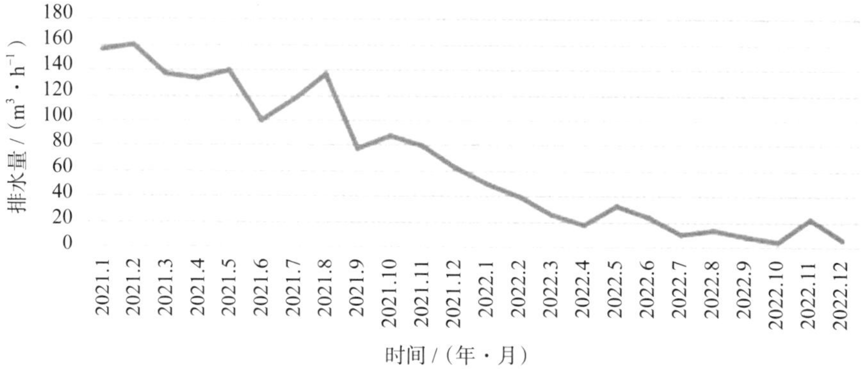

图 6.19　皮里青露天煤矿排水量曲线图

6.7　存在问题及建议

帷幕墙的构建通常需在一定压力下向地层中灌注浆液，在高压浆液压力下岩土存在形成劈裂缝的可能性，一旦裂缝形成贯穿将会对矿坑边坡稳定性造成巨大影响。再者帷幕墙建造后会对矿坑外侧地下水的渗流场形成较大的影响，地下水在帷幕墙外侧会产生壅水现象，地下水水位将持续升高，而帷幕墙内侧由于渗透性较强，地下水水位持续下降，帷幕墙内、外侧的水位差会越来越大，在高水压作用下，帷幕墙墙体将承受向矿坑内侧方向的巨大作用力，这将会加剧边坡位移，不利于边坡稳定。建议仍需对注浆压力、帷幕墙建造位置、力学参数及边坡稳定性进行研究，确保矿坑边坡的稳定。

本项目业主单位是新疆伊犁犁能煤炭有限公司皮里青露天煤矿，技术支撑及实施单位是中煤能源研究院有限责任公司、中煤西安设计工程有限责任公司。项目组主要成员有新疆伊犁犁能煤炭有限公司皮里青露天煤矿孙文、孙付华和中煤能源研究院有限责任公司丁湘、蒲治国、黄海鱼、张坤、纪卓辰、刘溪、李兆扬、樊江伟等。

7 西湾露天煤矿周边含水层保护技术及应用

7.1 项目背景

我国是全球最大的煤炭生产国，2022 年原煤产量达 45.60×10^8t，占世界总产量的 50.7%，其中露天煤矿煤炭产量 9.5×10^8t，占煤炭总产量的 24.3%（赵浩，2022），国家能源安全的需求，使煤炭生产在短期仍处于较高水平（谢英仪，2022）。

榆神矿区西湾露天煤矿位于陕西省榆林市榆阳区的东北部和神木市的西南部，行政区划隶属于神木市大保当镇和榆阳区大河塔乡，井田面积 76.56km²，生产能力 10×10^6t/a。主要可采煤层为 2^{-2}、3^{-1}、4^{-3} 和 $5^{-3上}$煤，次要可采煤层为 $5^{-3下}$煤，其中 2^{-2} 煤为露天开采煤层。区内地表大部分被第四系风积沙覆盖，局部地段有红土出露，井田偏南部和东南部有常年性沟流白瑶则沟和红崖沟。矿区内及周边有延安组风化基岩含水层、烧变岩含水层，其中烧变岩含水层富水性强（范立民等，2016），是秃尾河的主要补给来源，与下伏风化基岩含水层水力联系良好，部分地段形成统一的含水层。

因此，煤矿开采过程中，应做好露天采场周边烧变岩、风化基岩含水层的保护工作。

7.2 地质及水文地质条件

西湾露天煤矿地层由老至新依次为上三叠统永坪组，下侏罗统富县组，中侏罗统延安组和直罗组，新近系保德组，第四系离石组、萨拉乌苏组、河流冲积层及风积沙等。其中煤系地层为延安组，井田内含煤 10 余层，主要可采煤层为 2^{-2}、3^{-1}、4^{-3} 和 $5^{-3上}$煤，次要可采煤层为 $5^{-3下}$煤，其中 2^{-2} 煤为露天开采煤层。

西湾露天煤矿开采煤层上覆含水层主要为第四系松散层孔隙潜水含水层、延安组风化基岩裂隙承压水含水层、延安组正常基岩裂隙承压水含水层和烧变岩孔洞裂隙潜水含水层。延安组风化基岩裂隙承压含水层单位涌水量为 0.00401 ~ 0.4572L/（s · m），富水性弱到中等。烧变岩孔洞裂隙潜水含水层单位涌水量为 1.009 ~ 24.72L/（s · m），富水性强到极强。矿坑在进行剥采时，风化基岩水和烧变岩水直接在边帮涌出（图 7.1），是矿坑的主要充水含水层。

大气降水和西境外潜水是本区地下水主要补给源，露天区地表为砂层覆盖，其入渗系数为 0.30 ~ 0.60，渗透系数为 2.023 ~ 5.424m/d，有利于降水收蓄与运移。风化基岩裂隙承压含水层自红土“天窗”接受沙层潜水补给后，向东潜流补给烧变岩孔洞裂隙潜水层（图 7.2）。

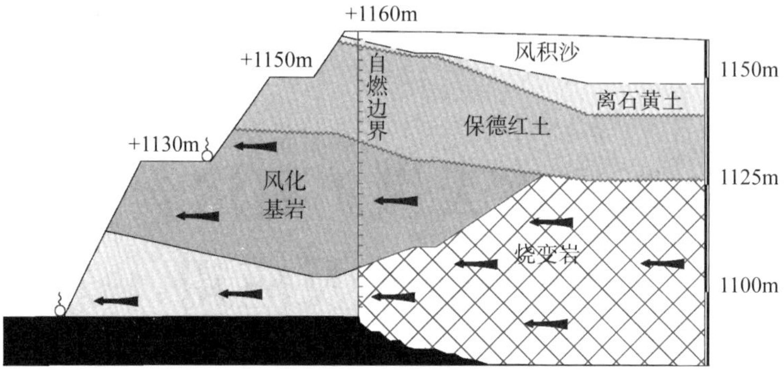

图 7.1　矿坑主要充水含水层及其充水方式示意图

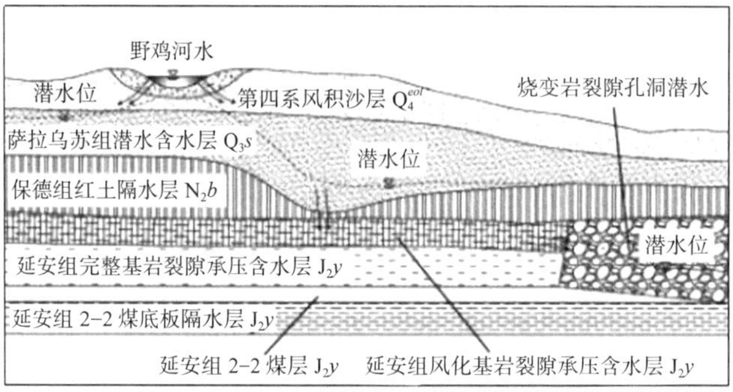

图 7.2　烧变岩边界处水文地质条件示意图

7.3　保水采煤受保护含水层

近年来，随着榆神府矿区原煤产量的逐年增加，导致地下水位下降严重（范立民等，2016，2019；高胜，2022）。露天煤矿在开采过程中需对回采煤层上覆地层进行剥离，这使得地下水直接在矿坑边帮涌出，主要水源为风化基岩孔隙、裂隙含水层水和烧变岩含水层水，这也是西湾露天煤矿需要保护的含水层。

根据井田煤层自燃边界水文补勘成果可知，高程 +1125m 平面上中南部和中北部电阻率整体呈现中低阻形态，结合基岩层顶界面和附近钻孔确定 +1125m 高程地层为风化基岩，视电阻低阻异常区是由标高在 +1125m 附近的风化基岩裂隙含水层富水导致；高程 +1095m 平面上北部和南部视电阻率呈现中低阻形态，同样根据烧变岩顶界面层位判断该标高附近中低阻异常区是烧变岩富水导致的，砂岩烧变后孔隙增多成为良好的地下储水区。

西湾露天煤矿采用穿孔爆破对岩体进行剥离，边帮在爆破震动荷载和地震惯性力反复作用下岩体结构面黏结力和内摩擦角降低（张雁等，2020；赵春虎等，2022），边帮直观表现为岩体破碎、垂向裂隙发育且部分岩体发生崩落。在富水异常区裂隙直接沟通风化基岩和烧变岩含水层，风化基岩水和烧变岩水在边帮涌出（图 7.3）。

因此，西湾露天煤矿保水采煤的应保护含水层为风化基岩含水层和烧变岩含水层。

a. 烧变岩水在边帮涌出

b. 矿坑积水

图 7.3　西湾露天煤矿涌（积）水情况现场图

7.4　超前注浆治理保水采煤可行性及帷幕墙设计

针对露天煤矿实施保水采煤技术，往往采用隔水帷幕墙，利用地面施工钻孔注浆或通过开挖沟槽后浇筑（铺设）不透水材料进行封堵（张雁，2020；赵春虎等，2022；尚宏波等，2019）。前者在动水条件下存在浆液留存率低的现象，治理效果不理想。后者存在工程量大、施工成本高等缺点。因此，有必要进行超前预注浆构建帷幕墙，未剥采、在地下水处于静水条件时进行预注浆，将被动保水采煤转变为主动治理。

7.4.1　构建帷幕墙可行性分析

烧变岩发育有大量的气孔、裂隙和孔洞，成为良好的储水体（范立民，1996；范立民等，2010；谷拴成等，2009）。本次通过钻孔电视成像仪对治理区域工程地质条件和烧变岩裂隙发育情况进行全孔段窥视（图 7.4），发现浅部风化基岩段主要以横向和纵向

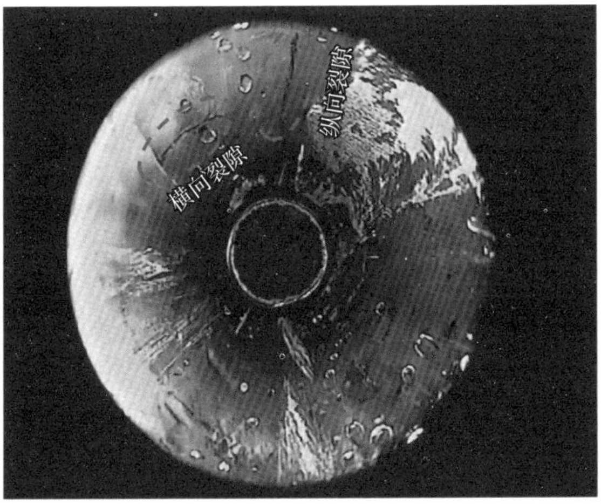

a. 孔中摄像观测到横向和纵向裂隙

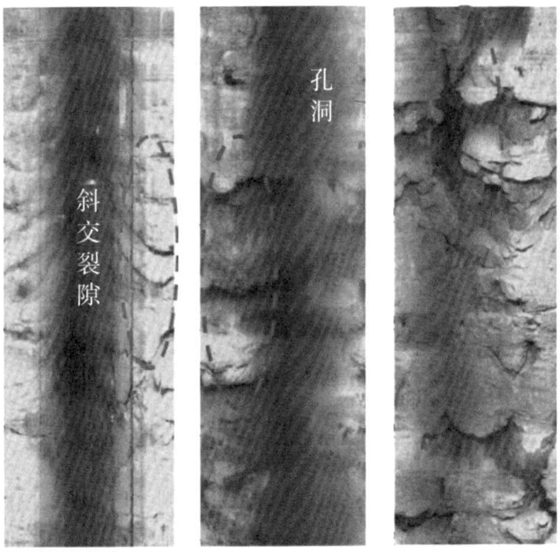

b. 风化基岩中斜交裂隙和烧变岩中孔洞

图 7.4　治理层位裂隙、孔洞发育情况窥视

细小裂隙为主。深部烧变岩上部出现斜交裂隙和部分孔洞，下部则以孔洞为主且孔洞较大。

7.4.2 帷幕墙设计参数

帷幕墙主要对矿坑东侧边帮外侧风化基岩水和烧变岩水进行阻隔，设计遵循“因地制宜、安全可靠、经济合理和保护环境”的原则（DZ/T 0285—2015）。为避免帷幕墙距烧变岩边界过远，帷幕墙布置在采坑内一平台上。依据划定治理范围为350m，设计帷幕带长度约400m，包括西侧需与烧变岩边界搭接的20m，实际长度根据具体施工情况进行动态调整（图7.5）。设计帷幕墙上限为风化基岩顶界面，其标高约为+1140m，帷幕墙底部进入煤层下伏完整砂岩5m，墙体高度在40m左右。西湾露天煤矿东侧边帮涌水区域揭露的岩石以砂岩、泥质砂岩等为主，皆非可溶性岩石，结合以往施工经验，为保障此次堵水效果，结合技术经济角度，综合考虑设计帷幕带厚度在6m左右。

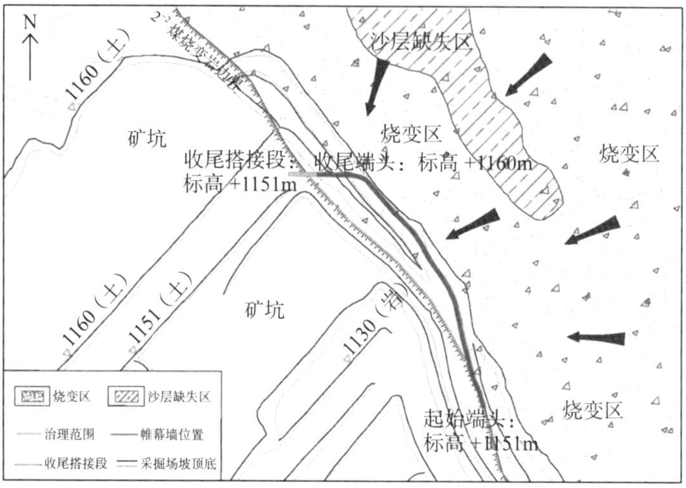

图7.5 帷幕墙平面布置示意图

7.5 超前预注浆保水采煤施工工艺

7.5.1 注浆材料的选取及浆液配比确定

浆液类型在综合考虑露天煤矿剥采方式（爆破剥采）、结石率和胶凝时间后进行确定，本次浆液类型包括黏土单液浆、黏土－水泥双液浆和水泥－水玻璃双液浆。黏土属低强度注浆材料，除本身具有较强隔水性外在爆破震动荷载作用下还具有较强的自愈性和重塑性等特点（蒋泽泉等，2011；刘治国等，2017）；黏土浆液中加入水泥将增加其自身的结石率，当黏土－水泥双液浆在注浆过程中长时间达不到注浆结束标准时采用水泥－水玻璃双液浆，浆液类型、配比（水固比）及相应相对密度如表7.1所示，需说明的是水泥－水玻璃双液浆的浆液配比为水和水泥质量比，水玻璃需按照一定比例掺入其中。

表 7.1　浆液类型配比与相对密度对应

浆液类型	黏土单液浆	黏土－水泥双液浆	水泥－水玻璃双液浆		
浆液配比	2.63 ∶ 1	1.22 ∶ 1	3 ∶ 1	2 ∶ 1	1 ∶ 1
浆液相对密度	1.2	1.3	1.2	1.3	1.5

7.5.2　钻孔施工及注浆顺序

利用 ZDY1900S 型钻机在地面施工常规钻孔，采用 Φ150mm 的 PDC 钻头开孔，钻进至风化基岩顶界面下 2m 左右下 Φ108 × 4mm 套管，注浆、固管带凝固后进行扫孔，采用 Φ94mm 的 PDC 钻头继续钻进至烧变岩底板以下 5m，预计孔深 71m。本次施工布置两排钻孔，即外排孔和内排孔，靠近矿坑侧为内排孔，钻孔间距为 10m，成两排三花布置，钻孔排距为 4m。

钻孔施工和注浆采取“跳打跳注、先外排后内排”的顺序原则，即先施工 Z1–1、Z1–3、Z1–5 等钻孔，再施工 Z2–1、Z2–3、Z2–5 等钻孔，在施工 Z1–3 钻孔时即可对 Z1–1 钻孔开始注浆，二序孔施工时可对一序孔施工及注浆质量进行检验。

7.5.3　注浆压力动态控制

西湾露天煤矿超前治理保水采煤属于升压渗透注浆，浆液通过压力对裂隙和孔洞中的地下水进行驱替。注浆是从孔口无压到满足注浆结束标准的一个压力增长过程，该过程先后历经微压铺底－充填、低压扩散和终压加固 3 个阶段（郑士田等，2021；戚绪尧等，2022），3 个阶段的切换通过注浆压力、注入浆量和注浆时间共同确定，具体参数和切换标准依据前期保水采煤治理工程注浆经验。

1）微压铺底－充填阶段。孔口未起压时采用相对密度为 1.2 的黏土单液浆进行灌注，注浆压力达到 0.2MPa 或注入浆量已累计 200m^3，以上条件需控制在 8h 内，若满足上述条件则进入下一个阶段，否则进行间歇注浆。

2）低压扩散阶段。孔口压力达到 0.2MPa 后进入低压扩散阶段，在原有黏土单液浆基础上掺入水泥，使得浆液相对密度达到 1.3 及以上，该阶段随着压力不断上升，浆液在裂隙和孔洞中的扩散距离逐渐增大，注浆地层进一步被加固，若注入浆量达到 200m^3 或注浆时间在 3h 后仍未满足终孔压力（1MPa)，则进入终压加固阶段。

3）终压加固阶段。孔口压力在持续 3h 后未能达到终孔标准，则使用清水洗孔 0.5h，间歇 8h 后继续采用黏土－水泥双液浆进行加固，若 3h 后仍不能达到终孔压力，则采用水泥－水玻璃双液浆继续注入直至达到孔口表显示 1MPa，结束该孔的注浆工作。

7.6　帷幕注浆保水开采效果

本次西湾露天煤矿超前预注浆保水采煤工程共施工注浆孔 82 个、检查孔 3 个，累计进尺 6803.9m，注浆量 21835.9m^3。帷幕注浆质量直接影响工程的治理效果，因此需对注浆效果进行检验（任松涛，2022），在施工过程中对墙体重点区段进行了检验（周学年等，2021），采用水文观测孔水位、矿坑水量观测法和开挖后边帮涌水情况对工程竣工后帷幕墙整体的隔水性能进行检验。

7.6.1 压水试验法

检查孔的压水试验可对裂隙岩体渗透性进行测定，这是检验帷幕注浆质量的有效手段之一。本次采用单级压力、双分段压水进行试验，压力不超过终孔压力的 80%（0.8MPa）。在遵循帷幕线上均匀分布的基础上，针对注入浆量异常区施工了 3 个检查孔，检查孔测定结果如表 7.2 所示。

表 7.2 检查孔压水测定相关参数结果表

序号	孔号	试验段 /m	压力 /MPa	流量 /(L·min^{-1})	透水率 /Lu	备注
1	JC1	25 ~ 31	0.50	16.60	5.53	风化基岩
2	JC1	25 ~ 55	0.57	33.30	1.95	烧变岩
3	JC2	20 ~ 30	0.45	16.74	3.72	风化基岩
4	JC2	20 ~ 57	0.44	66.67	4.09	烧变岩
5	JC3	20 ~ 30	0.38	20.00	5.26	风化基岩
6	JC3	20 ~ 68	0.50	146.70	6.11	烧变岩

根据《压水试验规程》（YS/T 5216—2020）中岩土体透水性分级可知，当透水率 $1\text{Lu} \leqslant q < 10\text{Lu}$ 时岩土体透水性为弱透水，对应渗透系数 $10^{-5} \leqslant K < 10^{-4}$（单位：cm/s），达到了设计要求。

7.6.2 水文孔观测孔水位实时监测

在帷幕墙外侧 50 ~ 70m 布置水文监测孔，对帷幕墙构筑前、后的水位变化进行监测。帷幕墙建造完成前，由于煤层开采及爆破扰动影响，矿坑涌水量增加，水位在施工前期呈现下降趋势。随着帷幕墙的逐步建造完成，位于墙内的水文观测孔 SW6、SW7 和 SW8 水位值逐渐上升（范立民等，2021）。位于墙外的 SW9 和 SW10 观测孔由于帷幕墙的阻隔，水位逐渐下降（图 7.6）。表明帷幕墙起到了隔水作用，且邻近边帮爆破作业后，矿坑涌水量未出现明显增加，可见帷幕墙具有较好的抗震动能力。

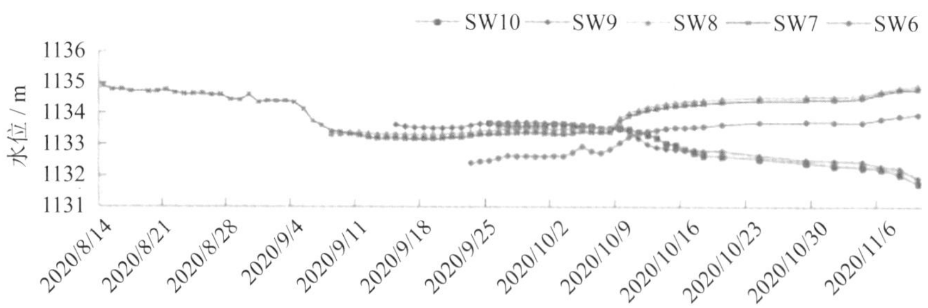

图 7.6 水文观测孔水位历时曲线图

7.6.3 矿坑水量观测法

本次帷幕注浆施工超前矿坑剥采进度，注浆治理中后期矿方在帷幕起点附近进行剥采，注浆治理工程结束时已完成了近一半治理区的剥采。通过矿方提供的矿坑东侧边帮水量抽排资料可知，2020 年 9 月 5 日东侧边帮出现较大出水点后矿坑排水量一度达到 27727m³/d，前期堵水治理阶段于 2020 年 11 月结束，结束时矿坑东侧抽排水量为 11903m³/d（图 7.7）。随后进入超前预注浆阶段，预注浆结束矿坑在对超前治理范围进行剥采过程中矿坑抽排水量处于波动状态，基本稳定在 10884m³/d（东坑水量），表明超前预注浆构建的帷幕墙对风化基岩水和烧变岩水进行了有效阻隔。

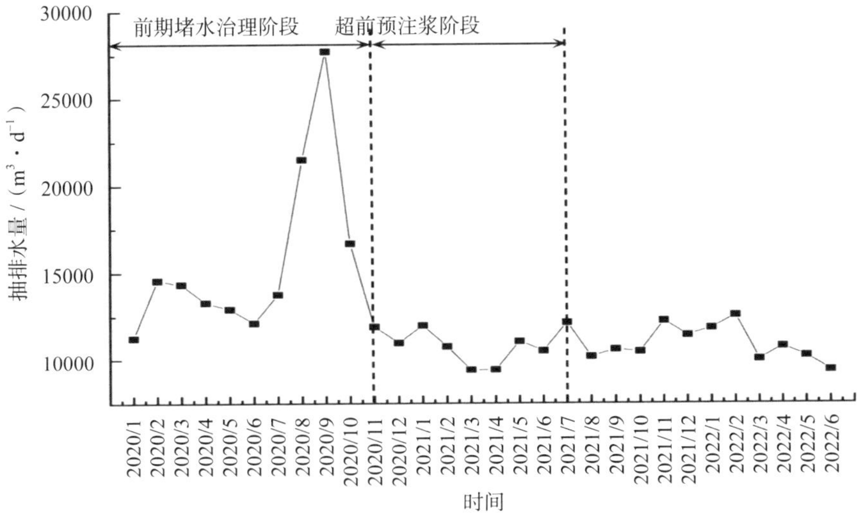

图 7.7　矿坑抽排水量变化曲线图（2020 年 1 月 — 2022 年 6 月）

7.6.4　开挖后边帮涌水情况

截至 2022 年 6 月，西湾露天煤矿基岩段已剥采至距超前注浆治理终点前 40m 处，对治理段岩体基本已全部揭露。350m 治理范围内仅存在 1 处出水位置，出水点相对零散且单个出水点水量小，实测的该出水点水量为 55m³/h。前期堵水阶段各出水点水量为 698m³/h，减水率达 92.12%，超前预注浆保水采煤施工效果显著，成为保水采煤技术体系的重要组成部分（范立民等，2023）。

7.7　存在问题及建议

帷幕墙的构建通常需在一定压力下向地层中灌注浆液，在高压浆液压力下岩土存在形成劈裂缝的可能性，一旦劈裂缝形成贯穿将会对矿坑边坡稳定性、渗流场等产生较大影响，并可能会加剧边坡位移和变形。因此，帷幕形成后，应做好边坡变形、地下水动态及水压等监测工作，确保工程安全和水资源保护效果的长期有效。

本项目实施单位是陕西神延煤炭有限责任公司西湾露天煤矿，设计施工单位是中煤能源研究院有限责任公司、中煤西安设计工程有限责任公司。项目组主要成员有西湾露天煤矿马建国、李宏堂、刘勇峰和中煤能源研究院有限责任公司丁湘、蒲治国、张坤、黄海鱼、李哲、纪卓辰、段东伟、刘凯祥、闫鑫、贺晓浪等。

8 张家峁煤矿常家沟水库烧变岩帷幕保水技术及应用

8.1 项目背景

张家峁煤矿是陕西煤业化工集团有限公司控股矿井，位于陕西省神木市西北部，矿区地貌类型可分为风沙滩地区、河谷区和黄土丘陵沟壑区，在这样的地貌和自然环境条件下，保水采煤是西北地区煤炭开发与生态环境保护面临的普遍问题（范立民，2005）。张家峁煤矿建设之前，原规划的张家峁井田内若干小煤矿的无序开采曾经造成了大量泉眼干涸，1988 年井田内有泉眼 115 个，总流量 42.95L/s。2006 年调查发现，其中的 102 个已经干涸，总流量衰减到 1.809L/s（张大民，2008）。张家峁煤矿开发后，必须采取保水采煤措施，确保井田内水资源安全和生态安全。

常家沟水库地处井田中部，是神木市城市供水水源，水库周边分布着裂隙发育的烧变岩（范立民等，2006；范立民，2010），如果不采取有效保水采煤措施，水库周边工作面开采时，库水将通过烧变岩裂隙涌入采煤工作面，不仅可能造成煤矿突水事故，而且可能损坏水源地，造成井田内泉眼的彻底干涸，直接影响城市供水安全，并威胁当地生态环境。

因此，在水库周边工作面开采过程中，采用帷幕注浆保水采煤技术，保护水库地表水。

8.2 地质及水文地质条件

8.2.1 地层

张家峁井田地表大部分为第四系风成沙及黄土，基岩多出露于较大的沟谷之中，依据地表出露和钻孔揭露，地层由老到新如下：

下侏罗统富县组主要出露于窟野河两岸及考考乌苏沟下游，厚度为 2.25 ～ 23.89m。

中侏罗统延安组是含煤地层，总体上由西向东、由北到南地层逐渐变薄，特别是在考考乌苏沟一带厚度急剧变薄，井田沟谷中不连续出露，厚度为 15.60 ～ 231.20m。

中侏罗统直罗组仅在井田西南和西北部局部地段保留部分地层，上部为灰绿或蓝灰色砂质泥岩、粉砂岩，下部为中－粗粒长石砂岩，底部砂岩偶含石英砾石，砾径 2mm ～ 15cm 不等（范立民等，2022；焦养泉等，2020），出露厚度 3.71 ～ 49.78m。

新近系保德组岩性为浅棕红色黏土、亚黏土，厚度为 1.70 ～ 77.35m，出露于各大沟谷两侧及梁峁顶部。

第四系中更新统离石组厚度为 2.80 ～ 88.74m；上更新统萨拉乌苏组，厚度为 3.00 ～ 22.48m，一般厚 5 ～ 10m；全新统风积沙厚度为 0.90 ～ 60.0m，一般厚 10m 左右。

8.2.2 煤层

矿区含煤地层为延安组，厚度 10.72 ～ 222.28m。延安组划分为 5 岩段（185 队，1989），含 5 个煤组，自上而下编号为 1 ～ 5 煤组，井田内含煤 12 层，其中主要可采煤层有 4 层，分别为 2^{-2}、3^{-1}、4^{-2} 和 5^{-2} 煤层。

2^{-2} 煤层位于延安组第四段顶部，埋藏深度 0 ～ 146.3m，平均 88.18m，煤层厚度 1.13 ～ 10.60m，平均 7.67m。含夹矸 2 ～ 3 层，夹矸厚度 0.30m 左右，岩性以泥岩和粉砂岩为主，次为炭质泥岩。2^{-2} 煤层区内大面积自燃，局部保留于矿井西部，煤层自燃边界线以东，煤层自燃或剥蚀。2^{-2} 煤层为沉积稳定、结构复杂、煤类单一的赋存范围内全部可采的厚－特厚煤层，可采面积 11.247km^2。

3^{-1} 煤层位于延安组第三段顶部，埋藏深度 0 ～ 180.92m，平均埋深 101.70m。煤层厚度 0.20 ～ 3.40m，其中可采煤层厚度 2.10 ～ 3.40m，平均 2.73m。煤层厚度变化幅度小，结构简单。直接顶板以粉砂岩为主，其次为泥岩、中粒砂岩、细粒砂岩。底板岩性以粉砂岩和泥岩为主，次为细粒砂岩。3^{-1} 煤层为沉积稳定的在赋存范围内全部可采的中厚煤层，矿区东部煤层遭受自燃及剥蚀，可采面积 23.59km^2。

4^{-2} 煤层位于延安组第二段顶部，埋藏深度 0 ～ 225.62m，煤层厚度 0.30 ～ 6.82m，其中可采煤层厚度 1.10 ～ 6.82m，平均 3.52m，井田东部煤层露头附近变薄为 2.00m。4^{-2} 煤层由西向东，煤层结构由简单变化为较复杂，西部大范围内不含夹矸，先期开采地段边界一般含 1 ～ 2 层夹矸。顶板岩性多为细粒砂岩、粉砂岩，次为泥岩。底板岩性以粉砂岩为主，其次为泥岩及粉砂岩。该煤层为沉积稳定、结构简单－较复杂的在赋存范围内全部可采的中厚煤层，矿井东部大面积自燃，可采面积 39.55km^2。

5^{-2} 煤层位于延安组第一段中上部，埋藏深度 0 ～ 294.73m，煤层厚度 2.35 ～ 8.60m，平均 6.10m，该煤层厚度变化不大，结构简单，基本不含夹矸。煤层顶板以粉砂岩和砂质泥岩为主，其次为中粒砂岩和细粒砂岩，底板以粉砂岩为主，次为泥岩。5^{-2} 煤层为全区可采厚煤层，可采面积 50.592km^2（图 8.1）。

8.2.3 含水层与隔水层

8.2.3.1 含水层

张家峁井田范围内的含水层主要有松散层潜水含水层和基岩裂隙含水层等。前者可分为第四系全新统风积沙层透水含水层、冲洪积层中等富水含水层、第四系上更新统萨拉乌苏组弱－强富水含水层、第四系中－上更新统黄土层弱富水含水层 4 个含水层。后者可分为中侏罗统直罗组弱富水含水层、中侏罗统延安组极弱富水含水层和烧变岩弱－强富水含水层 3 种含水层。根据含水层富水性，将井田划分为富水性较强区、中等区和较弱区 3 个富水性区。

（1）松散潜水含水层

第四系全新统风积沙层透水含水层。张家峁井田中西部地表分布有 2 ～ 10m 厚的风

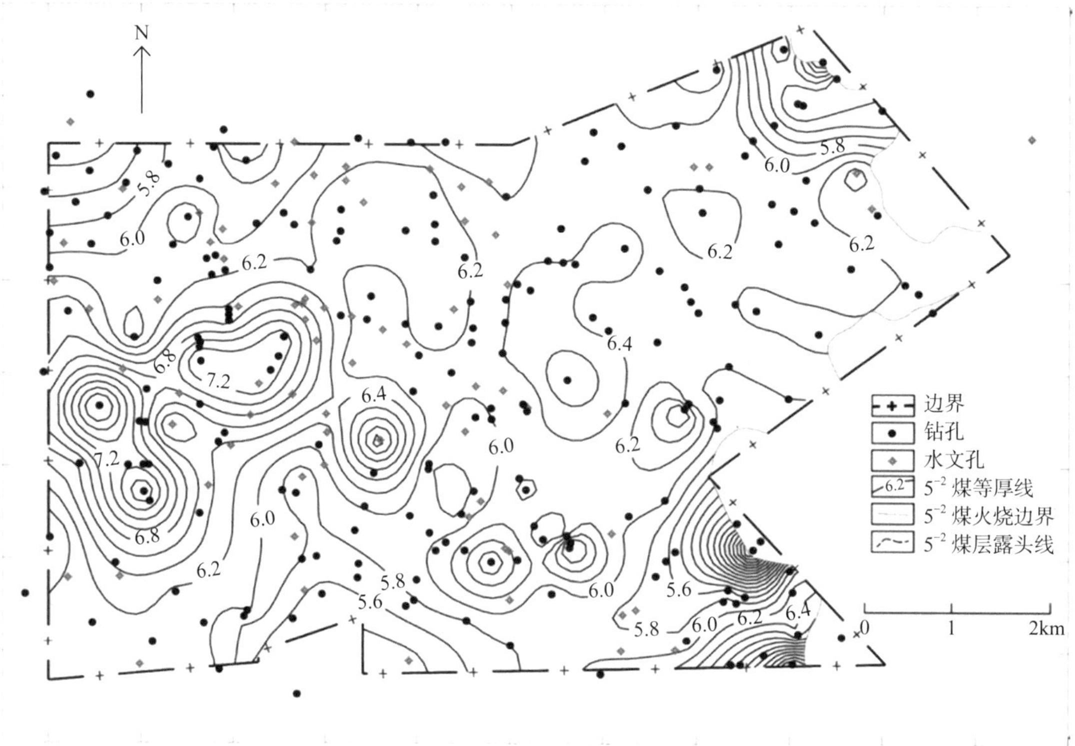

图 8.1　5^{-2} 煤层分布范围及煤层厚度（m）等值线图

积沙，井田西南角风积沙厚度较大，最厚处可达 42m，井田东北部黄土沟壑区风积沙不发育。由于风积沙结构松散、孔隙大、透水性强，故在地形较高部位常为透水不含水层，而在地形低洼地带易形成孔隙潜水含水层。

第四系全新统冲洪积层中等富水含水层。主要分布于常家沟两侧河漫滩和一级阶地之上，分布不连续，厚度变化较大（0 ~ 60m）。上部为浅黄灰色粉细砂及亚砂土。下部为细、中粒砂和含卵砂石层。卵砂石成分以砂岩碎块、烧变岩块及钙质结核为主。砾径一般 2 ~ 6cm，圆度和分选性较差。水位埋藏深度 1 ~ 3m，富水性受含水层厚度及分布范围所控制，即含水层厚度大，分布面积广，涌水量则大。以往张家峁井田北部的考考乌苏沟 ZH25 号水文钻孔含水层厚 1.74m，单位涌水量 0.0484L/（s · m），渗透系数 2.55m/d，水质为 HCO_3–Ca · Na · Mg 型。

第四系上更新统萨拉乌苏组弱 – 强富水含水层。主要分布于常家沟水库以西乌兰不拉沟与老来沟之间，在常家沟水库南亦有零星分布，厚度 0 ~ 22.48m，一般 2 ~ 10m。上部为灰褐、灰黑色粉细砂夹亚砂土及砂质亚黏土；中、下部为黄褐色中粗粒砂，具有水平层理，夹亚黏土及淤泥条带或透镜体，结构疏松、透水性好。在地形低洼处，有利于地下水的汇集和储存，含水丰富，并与上覆风积沙常构成同一含水层。据以往张家峁井田西部边界附近的 N355 号钻孔，揭露该含水层段厚度为 17.49m，其上覆盖有 12.58m 厚的风积沙，水位埋深 5.03m，降深 5.81m 时，涌水量 8.53L/s，单位涌水量 1.47L/（s · m），水质为 HCO_3–Ca 型，矿化度 0.187g/L。乌兰不拉沟 q08 号泉，流量 14.5L/s，出水层位为 2^{-2} 煤层烧变岩，但补给来源为上覆萨拉乌苏组潜水含水层。但 2013 年补勘发现，该层含水层几乎无水，因此，将其富水性定为弱－强。

第四系中－上更新统黄土层弱富水含水层。广泛分布于张家峁井田东部及北部，组成黄土梁峁丘陵地貌，厚度 0 ～ 88.74m。夹数层古土壤和钙质结核层，柱状节理发育。其下有新近系红土隔水层存在时，在雨季可形成上层滞水，但很快便以泉及潜流的形式排泄殆尽。在缺失新近系保德组红土的地段，低洼处或沟脑部位常与基岩风化带潜水构成同一含水层。因此，该层仅局部含水，水量微弱，属弱富水含水层。

另外，张家峁井田西南部地表常有 2 ～ 10m 的风积沙，由于风积沙结构松散、孔隙大、透水性强，故在低洼地带易形成孔隙潜水，该层富水性中等。

（2）基岩裂隙含水层

侏罗系直罗组（J_2z）弱富水含水层。仅在张家峁井田西部、西北部零星残留部分地层，上部为泥岩、粉砂岩夹细粒砂岩，下部为中粗粒巨厚层状长石石英砂岩，厚 1.80 ～ 86.74m，平均厚度 23.05m。据井田内 C34、N479 号孔抽水资料，水位埋深分别为 16.02m、22.90m，单位涌水量 0.0255 ～ 0.0350L/（s・m），渗透系数 0.0756 ～ 0.111m/d，水质为 HCO_3−Ca・Na（或 Ca・Mg）型，矿化度 0.212g/L、0.228g/L。属弱富水含水层（范立民等，2022；孙魁等，2022）。

侏罗系延安组（J_2y）极弱富水含水层。延安组主要由中细粒砂岩、粉砂岩、泥岩及煤层组成。厚度 43.40 ～ 225.15m，平均 116.57m。含水层为中、细粒砂岩，且与泥岩隔水层交替叠置。因裂隙不发育，各段含水量极其微弱，井田内 H05 水文孔对延安组混合抽水试验单位涌水量分别为 0.0173L/（s・m）、0.0176L/（s・m）、0.0209L/（s・m），渗透系数分别为 0.01263m/d、0.01188m/d、0.01258m/d，H21 水文孔单位涌水量 0.006579L/（s・m），渗透系数 0.007598m/d，说明井田内延安组含水层的富水性差异较大。

（3）烧变岩含水层（带）

张家峁煤矿内各煤层在露头处大部分自燃，烧变岩在沟谷区广为出露。煤层自燃后上部岩石受到烘烤变质，直至熔融并产生大量气孔。垮落后又形成大量的裂隙空洞，最大可达 30cm，个别点裂隙率高达 15%（常家沟南沟），为地表水、大气降水的渗入和径流创造了有利条件。烧变岩厚度不一，一般 3 ～ 10m，最厚可达 20m。烧变岩的富水性差异极大，主要受补给条件、隔水顶底板发育程度及地貌形态控制，并与裂隙的发育程度密切相关。

(a) 2^{-2} 煤烧变岩含水体特征

2^{-2} 煤层烧变岩主要位于张家峁井田西部风沙滩地区，与上覆第四系松散含水层发生水力联系，出露有乌兰不拉沟 q08 号泉流量达 14.5L/s，富水性中等到强。在乌兰布拉沟河流交汇处地势较低，局部为一低洼区域，有利于周边水流的汇集，根据该区烧变岩抽水钻孔 W7、W8、W9 显示，单位涌水量分别为 5.336L/（s・m）、211.61L/（s・m）及 513.9545L/（s・m），虽然这 3 个孔抽水试验不合格，但也从侧面表明 2^{-2} 煤烧变岩富水性极强。

根据 2201 工作面井下烧变岩区探放水资料，2201 工作面探放水孔总涌水量达到 $130m^3/h$，其中单一探放水孔最大涌水量为 $25m^3/h$，3^{-1} 煤 3101、3102、3103 工作面水源来自 2^{-2} 煤烧变岩的总涌水量达 $50m^3/h$，表明 2^{-2} 煤烧变岩区北部区域富水性为强富水区。

根据水文地质专项研究，瞬变电磁结果以弱低阻异常为主，因此 2^{-2} 煤烧变岩区南部为中等富水性。

综上可知，2^{-2} 煤烧变岩区含水体整体富水性强，特别是乌兰不拉沟一带富水性极强，单位涌水量可达数百，只有烧变岩区南部局部地区富水性较弱，因此2^{-2}煤烧变岩富水性为中等到强。

（b）3^{-1}煤烧变岩含水体特征

3^{-1}煤层的烧变岩分布面积约5.01km²，位于乌兰布拉沟以南、老来沟以北地段，3^{-1}煤层的烧变岩与2^{-2}煤的烧变岩发生局部叠置，可直接接受松散层与大气降水的补给。B20水和$B_{火8水}$钻孔抽水试验，单位涌水量分别为0.2045L/（s·m）、0.0042L/（s·m），富水性弱－中等。3105工作面切眼处超前探放水资料显示，2018年8月，疏放水孔来自3^{-1}煤烧变岩含水体涌水量为60m³/h，同样反映了该区3^{-1}煤烧变岩含水体为强富水区。综合以往研究，3^{-1}煤烧变岩区含水体整体富水性较强，特别是乌兰不拉沟以南、老来沟以北一带烧变岩区富水性强，木瓜树沟以东区域及老来沟以南、柳稍沟以西区域，烧变岩含水体富水性弱，柳稍沟以东区域富水性中等，但由于柳稍沟以东地段无抽水试验钻孔，其中等富水性的结论有待验证。

（c）4^{-2}煤烧变岩含水体特征

4^{-2}煤烧变岩主要位于常家沟水库两侧及东部黄土沟壑区，烧变岩区分布面积5.41km²，相对2^{-2}煤烧变岩区面积较小。常家沟水库西侧H17号水文孔抽水层位为4^{-2}煤烧变岩，单位涌水量为0.5063L/（s·m），渗透系数为11.97m/d，矿化度为0.279g/L；抽水钻孔ZK8号，单位涌水量高达14.73L/（s·m），渗透系数高达197.71m/d。据水位观测资料显示，水文孔做抽水试验时，水文孔中烧变岩含水体水位分别为1137.34m、1133.38m，而同时期测得常家沟水库水面高程为1138.17m，均高于水文孔中4^{-2}煤烧变岩含水体水位，存在侧向补给4^{-2}煤烧变岩含水体地下水的现象，因此ZK8钻孔的单位涌水量较大，富水性极强。

常家沟水库以北、陈家塔沟以东地区，以及井田东北部李家沟一带4^{-2}煤烧变岩区地表黄土沟壑发育，烧变岩含水体补给条件较差、排泄条件相对较好，且抽水钻孔318、ZK2孔的单位涌水量分别为0.0145L/（s·m）、0.00079L/（s·m），同时探放水资料也表明该区域烧变岩含水体富水性差，因此该区烧变岩含水体富水性为弱。

石岩畔沟以南的4^{-2}煤烧变岩区，地表被大面积风积沙覆盖，烧变岩区内的水泉q53、927流量均为2L/s，故推测该区域为中等富水区。

综上可知，4^{-2}煤烧变岩区富水性极不均匀，常家沟水库周边地带易接受地表水库补给，富水性较强，石岩畔沟以南地区富水性中等，其余烧变岩区表现为弱富水区。

（d）5^{-2}煤烧变岩含水体特征

5^{-2}煤层的烧变岩主要位于常家沟水库以东，分布面积相对较小，所处位置较高（侵蚀基准面以上），多面悬空，呈疏干状态，故多数不含水。例如井筒检查孔在先期开采地段外围施工的主检2号孔，对5^{-2}煤层的烧变岩层段作抽水试验，钻孔揭露后，其下部三叠系砂岩含水层的静止水位低于烧变岩的底板高程，从而确定黄土梁峁区烧变岩不含水。但常家沟水库两侧部分第四系松散层掩盖地段的烧变岩可能富水，如5^{-2}煤层15203辅运顺槽掘进至2629.5m时遇到5^{-2}煤烧变岩含水体，在巷道迎头出现涌水，涌水量达到130m³/h。因此，常家沟水库两侧附近5^{-2}煤烧变岩的富水性可能为中等，而北部黄土沟壑区5^{-2}煤烧变岩的富水性极弱。

综上所述，烧变岩含水体富水性主要受到烧变岩区范围、补给条件、隔水底板发育程度及地形地貌控制。井田西部烧变岩含水体及常家沟水库周边地带，烧变岩含水体表现为强－极强富水性。常家沟水库以南区域烧变岩含水体表现为中等富水性，常家沟水库以北黄土沟壑区烧变岩含水体表现为弱－极弱富水性。

（4）风化基岩含水层

位于基岩顶部，基岩面以下数米之内，厚度 2 ~ 41.93m，平均 19.57m，基本全区分布。据以往钻孔抽水资料，水位埋深分别为 2.29 ~ 63.41m，统径统降单位涌水量 0.000385 ~ 0.6258L/（s・m），渗透系数 0.00146 ~ 54.44m/d，矿化度小于 0.4g/L，富水性弱至中等。

8.2.3.2 隔水层

张家峁煤矿范围内主要隔水层为新近系上新统保德组红土隔水层，分布于黄土梁峁丘陵区，零星出露于沟谷两侧，厚 0 ~ 77.35m。为棕红色黏土和砂质亚黏土，夹有多层钙质结核，均一致密，可塑性强，是井田内不稳定隔水层。在局部地段，底部常有厚度 1 ~ 2m 的褐黄、紫灰色砂砾石层，砾径 0.5 ~ 15cm，一般 2 ~ 3cm，分选性、磨圆度均较差，半固结，当上部黏土层缺失时，则直接与黄土层或松散沙层接触，在地形低洼处含水。在井田中部部分区域，保德组红土隔水层及离石组黄土层均部分缺失，且发育萨拉乌苏组含水层，形成了透水“天窗”。“天窗”不良地质体的发育，导致下伏岩层与上部萨拉乌苏组含水层直接导通。

8.2.4 地下水补给径流排泄条件

张家峁煤矿区潜水主要接受大气降水、丰水期的地表水补给，西南部风沙滩地还接受一定量的凝结水补给。据有关资料，在 7 ~ 9 月，沙漠区昼夜温差高达 28.8℃，凝结水补给量可达 $127.94m^3/(d \cdot km^2)$。

区内松散砂层潜水径流方向，主要受古地形及地貌条件控制，具有多向性，总的趋势是从地下水分水岭地带向周围的沟谷区运移；烧变岩潜水径流方向，受烧变岩底板形态控制，地下水由高向低处径流，以向低洼处汇集为主，次为沿透水性好的裂隙孔洞作水平方向运移；基岩承压水顺层面或裂隙由高到低缓慢运动。

区内松散砂层潜水通过地下径流在沟谷切割处以下降泉形式排泄、补给河谷地表水。

8.3 开采条件及受保护水资源

8.3.1 开采条件

张家峁煤矿井田面积 $51.9798km^2$，可采和局部可采煤层 7 层，分别为 2^{-2}、3^{-1}、4^{-2}、4^{-3}、4^{-4}、5^{-2}、5^{-3} 煤层，可采煤层总厚 5.74 ~ 26.43m，平均 14.04m。矿井生产能力 $13 \times 10^6 t/a$。

全井田采用一个水平开拓，水平标高为主、副平硐井底标高 +1077m。主水平大巷沿 5^{-2} 煤层布置，随着井下开采向西推移，在各主采煤层分别布置分煤层大巷。各煤层大巷沿地方煤矿开采区边界东西向布置，并利用分煤层大巷直接布置回采工作面，大巷北侧预留 1 个回采工作面长度的煤柱。各煤层大巷之间通过斜巷或煤仓联系，井下涌水主要集中到 5^{-2} 煤层大巷集中排出。设计各煤层采煤方法为走向长壁采煤法，全部跨落法管理顶板。

2^{-2}、5^{-2} 煤层回采工艺采用大采高一次采全高综采，3^{-1}、4^{-2} 煤层采用一次采全高综采。

本次帷幕注浆保水采煤技术在 15207、15208 工作面实施，两个工作面均开采 5^{-2} 煤层。

8.3.2 地表水

受保护地表水为常家沟及常家沟水库。

常家沟为张家峁煤矿内唯一常年性流水河流，由乌兰不拉沟泉和老来沟溪汇合而成，延伸达 7km，自西向东越过井田流入窟野河，井田内最低侵蚀基准面标高 1080m。河谷呈“V”字形，属侵蚀型谷地，并在常家沟下游修建有常家沟水库，原水库于 1979 年 7 月建成，并于 2000 年 10 月完成加固维修和防渗工程，控制流域面积 $44km^2$，总库容 $1200 \times 10^4 m^3$。蓄水量供下游三万亩农田灌溉和人畜饮用，同时该水库亦承担华能公司自备电厂供水任务。水坝为土质结构，坝高 46.7m，长 250m，坝面宽 10m，坝底及周围岩石为延安组第三段极弱含水层段，库底被泥沙淤积，库底标高 1111.74m。洪峰期最高水位 1138.17m，枯水期水位标高 1121.74m，蓄水量 154 ~ $600 \times 10^4 m^3$，一般为 $500 \times 10^4 m^3$。

8.3.3 地下水

受保护地下水含水层为烧变岩含水层。

张家峁煤矿内各煤层烧变岩富水性分区图 8.2 可知，井田西部烧变岩含水体及常家沟水库周边地带，烧变岩含水体表现为强 – 极强富水性。常家沟水库以南区域烧变岩含水体表现为中等富水性，常家沟水库以北黄土沟壑区烧变岩含水体表现为弱 – 极弱富水性。

后期开采的井田西部内 2^{-2} 煤烧变岩富水性较强，裂隙发育，开采 3^{-1} 煤层时，其导水裂隙带会沟通烧变岩，使烧变岩中的水直接进入矿井，造成矿井涌（突）水事故。以此类推，下部 3^{-1}、4^{-2}、5^{-2} 等煤烧变岩富水性也都较强，因此，上部煤层烧变岩中的水是下部煤层开采时矿井的直接充水水源。

受地形及剥蚀影响，张家峁井田沟谷发育，沟谷中各层煤如 2^{-2} 煤、3^{-1} 煤、4^{-2} 煤和 5^{-2} 煤均有直接露头，各层煤烧变岩十分发育。

从图 8.11 中可以看出，常家沟水库被张家峁井田环抱，平面上位于 4^{-2} 煤烧变岩区中。4^{-2} 煤烧变岩区与水库直接接触，水库水浸泡在 4^{-2} 煤烧变岩库岸露头中，直观上水库水能通过烧变岩裂隙进入到 4^{-2} 煤烧变岩区中。实施保水采煤技术的两个工作面（15207、15208）位于常家沟水库北侧（图 8.2）。

8.4 烧变岩帷幕保水采煤技术及其应用效果

8.4.1 煤层与烧变岩水力联系

（1）15207 工作面

15207 工作面开采 5^{-2} 煤层，设计两进一回，其中辅运顺槽长度约 2497m，胶运顺槽长度约 2388m，回风顺槽长度约 2572m，切眼长度 297m，推采距离为 2295m，可回采面积 $681460m^2$。

15207 地表为典型的陕北黄土高原地貌，沟、壑、塬、峁发育。沟谷多呈“V”字形，

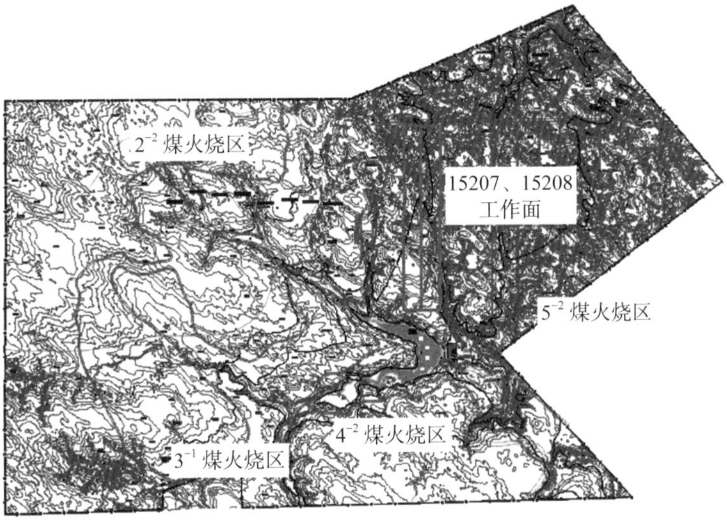

图 8.2　张家峁井田各层煤烧变岩区与常家沟水库关系图

比降较大，有季节性流水。地表植被稀疏，部分区域农作物。地面郭家墕村农民住户均已搬迁，此外工作面对应地表再无其他建筑物。

煤层底板高程 +1050.115（工作面西南角）~ +1063.00m（工作面东北角），地面标高为 +1125（郭家墕冲沟，回风顺槽距离切眼 299m 处）~ +1276.5m，本工作面覆盖厚度为 60.0 ~ 208.5m。

15207 工作面构造为一走向北—南、倾向西的单斜构造，从工作面的顺槽、切眼掘进过程中及邻近工作面回采过程中均没有发现断裂、挠曲构造及火成岩侵入等，仅在局部地段煤层发现小型起伏，工作面地质条件简单。

15207 工作面南部为常家沟水库，工作面到常家沟水库水体最短距离为 286m，从切眼北侧向北 774m 范围内上覆为 4^{-2} 煤烧变岩区。

（2）15208 工作面

15208 工作面设计开采 5^{-2} 煤层，两进一回，其中辅运顺槽长度 2491.9m，胶运顺槽长度 2387.68m，回风顺槽长度 2319.783m，切眼长度 296.95m，推采距离为 2294.865m，可回采面积 681460.16m^2。

15208 工作面地表沟、壑、塬、峁发育，沟谷多呈“V”字形，比降较大，有季节性流水。地表植被稀疏，部分区域有农民种植的农作物。工作面北部对应地表有郭家墕村的 4 户农民住户，均已搬迁，除此之外，工作面对应地表再无其他建筑物。

煤层底板高程 +1043.831（工作面西北角）~ +1055.556m（回风顺槽，距主回撤通道 704m 处），地面标高为 +1165（切眼西端头对应地表）~ +1270m，本工作面覆盖厚度为 109.6 ~ 208.6m。

15208 工作面到常家沟水库水体最短距离为 190m，从切眼东侧向北 403m 范围内上覆为 4^{-2} 煤烧变岩区。

（3）5^{-2} 煤与上覆 4^{-2} 煤烧变岩区及常家沟水库关系

5^{-2} 煤与上覆 4^{-2} 煤烧变岩区及常家沟水库，5^{-2} 煤 15207、15208 工作面切眼位于烧变岩区下方，根据钻孔资料，15207、15208 工作面距离 4^{-2} 煤底板约 70 ~ 80m，平均 75m。

烧变岩区烧变岩含水层富水性强，若烧变岩水与常家沟水库有水力联系，对 15207 工作面的安全生产有影响。4^{-2} 煤底板距离 5^{-2} 煤约 80m，5^{-2} 煤厚度约 6m，按 17 ~ 30 倍裂采比计算，导水裂隙带可发育至 4^{-2} 煤烧变岩处，4^{-2} 煤烧变岩水严重威胁下覆 15207 和 15208 工作面的安全生产。

8.4.2 烧变岩帷幕保水技术

通过研究认识到 15207、15208 工作面上覆 4^{-2} 煤烧变岩区水与常家沟水库水存在水力联系之后，问题的关键变成了如何在烧变岩中实施帷幕，在烧变岩中切断水库水的补给通道，确保工作面回采后烧变岩区水不会进入工作面内。

8.4.2.1 烧变岩帷幕保水技术方案

烧变岩帷幕截流技术首先要研究控水帷幕方案，在确定控水帷幕为帷幕注浆后，研究注浆帷幕的基本要素，之后对帷幕工程进行设计，并对帷幕注浆的即时检验技术进行研究。

根据 4^{-2} 煤烧变岩边界条件、展布特征及地表地形条件，帷幕东西向长度为 625m，西侧与 4^{-2} 煤烧变岩边界搭接，东侧至 15207 工作面底板水位控制线。

因 15207 及 15208 工作面影响范围内松散层的标高高于常家沟水库水，工作面回采岩层移动裂隙发育至基岩风化带后，与工作面回采边缘的距离为 38.71m，帷幕工程中，取帷幕外排孔在平面上距离 15207 工作面切眼边缘的平行距离为 50m，此时内排孔在平面上距离工作面边缘的距离为 41.34m。

理论上讲，注浆帷幕在垂向上只要其下缘与烧变岩底部新鲜基岩面接触，上缘只要高过水库的最高水位即可，如可将帷幕上缘定位 +1140m。但由于浆液在注浆压力下的运移方向是沿着最小阻力方向，无法像地下连续墙能做到上缘齐平，而只能先在垂直方向上与烧变岩顶部接顶后，然后才能向四周水平扩散运移，因此帷幕在垂向上是下接烧变岩底板，上接烧变岩顶板。

8.4.2.2 注浆孔

注浆孔沿帷幕线布置，常规钻帷幕注浆共布置 2 排钻孔，暂定排距为 8.66m，孔间距为 10m，两排之间钻孔呈梅花形布置，各相邻钻孔呈正三角形。若帷幕西侧烧变岩厚度较大，吃浆量大、帷幕效果较差时可布置 3 排钻孔。

每排钻孔共分为 3 个序次，第一序次孔间距 40m，第二序次孔间距 20m，第三序次孔间距 10m，施工中按序次穿插式施钻。

注浆孔的钻孔结构，一开孔口钻孔 Φ219mm，一开套管直径 Φ190mm，长度约 22m，要求进入到基岩中 1m 以隔开上部土层。本层套管为措施管，目的是防止上部土层坍塌。二开钻孔 Φ153mm，套管直径 Φ127mm，长度约 45m，要求进入烧变岩顶部砂岩中或直接进入烧变岩内部，以套管长度能满足注浆压力为原则，但套管底部不得低于 +1137m 标高。之后裸孔段 Φ108mm 孔径钻进至烧变岩底板新鲜基岩 5m。二开套管为注浆管，固结要求不同于水文地质钻孔的止水，要求固结后耐压试验压力不低于 5MPa。

终孔要求进入烧变岩底板以下 5m，裸孔段孔径为 Φ91mm，钻孔开孔孔径和孔口管孔径、长度可根据现场情况决定。

8.4.2.3 注浆材料

本次帷幕注浆的注浆材料为普通硅酸盐水泥 PO42.5。在吃浆量大的情况下，可考虑采用水泥浆和风积沙或锯末等“水泥浆 + 骨料”等注浆材料。由于双液浆注浆工艺较为复杂，冬季施工条件下混合器使用不便，设计中暂不考虑水泥 – 水玻璃双液浆、水泥 – 粉煤灰注浆及化学浆注浆。

8.4.2.4 注浆顺序及工艺

单孔注浆采用分段下行式注浆法。单回次注浆起压等凝后，要进行扫孔再注浆，若能吃浆还需继续注浆，然后再扫孔，如此反复，直至扫孔后不吃浆停止单孔注浆。

注浆前先进行压水，注浆中若吃浆量大，可用稠浆进行注浆或采用间歇式注浆法。若吃浆量小，可用稀浆进行注浆。

施工顺序采用跳孔施工方法，先注一序孔，再插注二序孔，最后穿插注三序孔。后序钻孔注浆时可对前序钻孔的注浆效果进行检查。本次注浆地面孔口压力暂定为 4MPa。注浆终止时地面泵量不大于 60L/min，稳定时间不小于 15min。

8.4.3 烧变岩帷幕保水采煤技术应用效果

8.4.3.1 15207 工作面帷幕保水采煤技术效果

由于 5^{-2} 煤工作面生产接续紧张，因此帷幕注浆工程即将结束时进行了井下钻孔疏放水工作。疏放水工作一方面可检验帷幕注浆效果，一方面可通过钻孔将工作面顶板烧变岩含水层中的静储量水提前放出。

（1）疏放水孔概况

疏放水钻探工作在前期井下钻探的基础上，在 15207 工作面 14、16、17、18 联巷施工了钻孔，根据钻孔水量，选择 9 个钻孔作为疏放水试验孔。在放水试验时有 7 个孔兼做了观测孔，各孔水量见表 8.1 所示。

表 8.1 疏放水钻孔初始水量统计表

位置	孔号	施工日期	孔深 / m	终孔位置 / m	初始水量 / （$m^3 \cdot h^{-1}$）	备注
14 联巷	F34	3 月 8 日	122	4–2 煤烧变岩	115	
16 联巷	F32	3 月 22 日	120	4–2 煤烧变岩	130	兼观测孔
	F26	3 月 9 日	110	4–2 煤烧变岩	50	兼观测孔
16 联巷	F10		122	4–2 煤烧变岩	40	兼观测孔
	F33	3 月 23 日		4–2 煤烧变岩	50	兼观测孔
17 联巷	F20		110	4–2 煤烧变岩	50	兼观测孔
	F31			4–2 煤烧变岩	60	兼观测孔
18 联巷	F30	3 月 14 日	129	4–2 煤烧变岩	110	兼观测孔
	F29	3 月 16 日	117	4–2 煤烧变岩	55	

（2）疏放水经过

井下疏放水从 2017 年 4 月 6 日 10：00 开始，疏放水过程中对井下放水孔及观测的流量、水压进行了跟踪观测，地面 JB01 孔和 W2、W3、W5 孔等同步进行了水位观测。放水截止时间是 4 月 18 日 12：00，水位的恢复观测结束，整个试验过程共持续约 12 天。试验结束之后，打开钻孔阀门对顶板烧变岩水进行疏干式正式放水。放水试验总体安排是从 4 月 6 日开始，放 1 天停 1 天观测水位恢复情况，之后放 3 天停 1 天观测水位，之后放 6 天停 1 天观测。

（3）疏放水成果

（a）放水量变化

根据井下观测数据，试验期间钻孔疏放水总量为 29879m³，在初期（4 月 6 日至 9 日）4 天时间内，单日放水总量大于 4800m³，总放水量 19724m³，随后钻孔水量逐步衰减，至 4 月 18 日放水量仅 127m³。放水量的减少表明钻孔放水区域（帷幕墙里面）以静储量为主，动态补给量很小。

（b）钻孔流量变化

通过观测井下疏放水钻孔的流量，从最初 4 月 6 日 502.4m³/h 减少至 4 月 17 日 16m³/h（图 8.6），钻孔水量衰减很快，同样表明钻孔放水区域（帷幕墙立面）烧变岩含水层以静储量为主，动态补给量很小，帷幕效果明显。

（c）水位变化

2017 年 4 月 7 日至 8 日，在水位恢复的 1 天里，F30 恢复中水位下降 0.35m，F10 下降 0.8m。在 4 月 8 至 11 日放 3 天，4 月 11 至 4 月 12 日恢复 1 天，F30 水位仍下降 0.88m；F10 水位仍下降 0.63m，累计下降 1.43m。4 月 12 至 18 日，持续放水，18 日关阀测压后，F30 水位仍下降 0.23m，放水后累计下降 1.47m。F31 孔在放水过程中，从 4 月 11 日 9：00 到 4 月 12 日 15：00，水位下降后不能恢复到原水位。放水后水位不能恢复到原水位，表明烧变岩含水层补给条件差，以静储量为主。

（d）帷幕前放水情况

帷幕工程实施前，为了了解 15207 工作面顶板烧变岩含水层的补给情况，从 2016 年 12 月 12 日到 12 月 19 日，张家峁煤矿在井下进行了放水试验。

从各个放水钻孔的总水量看，7 天后钻孔水量趋于稳定且水量均有所衰减，水量从 278m³/h 变成 138m³/h，大约衰减了一半。7 天疏放水水量趋于稳定且涌水量为 138m³/h，表明 5^{-2} 煤上覆 4^{-2} 烧变岩区烧变岩含水层水量充沛，补给丰富（图 8.3）。

（4）采前疏放水小结

1）未实施帷幕工程前，井下钻孔疏放水 7 天后钻孔总水量从 278m³/h 衰减至 138m³/h，大约衰减了一半，之后水量趋于稳定。

2）帷幕工程实施后，同样疏放水 7 天后（累计放水时间），井下疏放水总水量从最初 502.4m³/h 衰减至 50m³/h，水量衰减了 90%；累计放水 9 天后，钻孔总水量为 20m³/h，小于合同约定的 30m³/h，水量衰减了 96% 且仍在衰减；累计放水 10 天后，钻孔总水量为 16m³/h，水量衰减了 97%。

3）F30、F10、F31 钻孔在放水中水位下降，关闭阀门停止放水恢复相同时间后，水位无法恢复到原有标高，整个放水中钻孔的累计水位下降均较大。

4）以上帷幕实施前钻孔水量衰减较小，帷幕实施后钻孔水量衰减较大且钻孔的水位下降不能恢复到原有标高，表明注浆帷幕已形成，里面烧变岩水以静储量为主，动态补给量很小，帷幕效果明显，起到了隔离墙内外水力联系的作用。

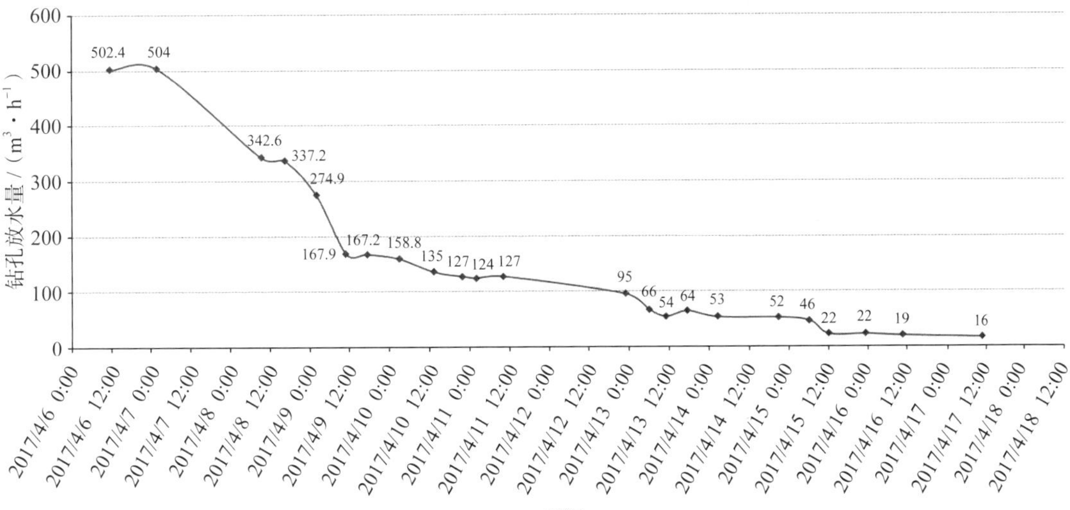

图 8.3　放水量衰减曲线图

（5）15207 工作面回采涌水量

截至 2018 年 3 月，15207 工作面已全面采完，整个工作面涌水量约 $15m^3/h$，水资源保护效果明显。

8.4.3.2　15208 工作面帷幕保水采煤技术效果

1）15208 工作面采前疏放水。15208 工作面切眼形成后，截至 2017 年 9 月 20 日，已施工 5 个 4^{-2} 煤烧变岩探放水钻孔，施工中钻孔穿透烧变岩含水层后钻孔水量很小，单孔涌水量 $\leqslant 1m^3/h$，总水量 $\leqslant 30m^3/h$。

2）15208 工作面回采涌水量。截至 2018 年 3 月 15 日，15208 工作面已推采 150m，老顶已确定垮落，帷幕侧向过水通道完全暴露接受考验。根据工作面现场观测，15208 工作面涌水量约 $5m^3/h$，满足涌水量 $\leqslant 100m^3/h$ 的技术要求。

8.5　存在问题及建议

本次在对烧变岩水文地质分析基础上，尝试性开展了烧变岩帷幕注浆保水开采工程，取得了良好的效果。但在烧变岩裂隙介质发育特征及烧变岩裂隙介质中注浆浆液的运移机理等方面，没有进行深入研究，帷幕工程的合理性、科学性等也未进行深入论证和研究。

我国西北地区烧变岩分布面积较大，烧变岩含水层水资源较丰富，富水性强，是矿区宝贵的水资源。今后应提高烧变岩地下水研究程度，研发针对烧变岩水资源保护的保水采煤技术，实现烧变岩水资源的有效保护和利用。

本项目由陕煤集团神木张家峁矿业有限公司组织实施，技术研究和支撑单位是中煤科工西安研究院（集团）有限公司。项目成果荣获 2019 年度中国煤炭工业协会科学技术一等奖和中国职业安全健康协会科学技术一等奖。项目组主要成员有呼少平、王碧清、胡俭、姬中奎、郑永飞、王世东、杨帆、王海、张池、杨志斌、任智智、薛小渊、郑文斌等。

9 柠条塔煤矿 S1232 面隐伏烧变岩帷幕保水技术及应用

9.1 项目背景

柠条塔煤矿是陕西煤业化工集团有限责任公司控股矿井，2005 年 9 月 15 日开工建设，2009 年 4 月试生产，设计生产能力 12×10^6t/a，2015 年 4 月核定生产能力 18×10^6t/a，2022 年 1 月核增至 20×10^6t/a。

煤矿位于陕西省神木市西北部，地处毛乌素沙漠东南缘，井田以考考乌素沟为界，考考乌素沟以北为北翼黄土丘陵沟壑区，以南为南翼风沙区。井田处于黄河支流窟野河流域，考考乌素沟为窟野河一级支流，全长 41.9km，流域宽约 6.2km，流域面积 259.5km^2，流量 0.101 ~ 26.0113m^3/s，多年平均 0.7491m^3/s。北侧支沟包括新民沟、石峡沟、好赖沟，其中新民沟为常年性溪流，其他沟谷都为季节性溪流。南侧支沟为小侯家母河沟、肯铁令河，均为常年性河流。肯铁岭河全长 6.2km，流量 0.016 ~ 0.027m^3/s，沟口流量 0.049 ~ 0.107m^3/s。小侯家母河沟全长 3km，流量 0.0243 ~ 0.0668m^3/s，平均 0.03777m^3/s。芦草沟发源于井田南翼南部，区内长度 1.6km，流量 13.34L/s。考考乌素沟以南的沟流均发育于烧变岩和萨拉乌苏组含水层。

根据地质勘探资料，考考乌素沟南岸赋存有 6.14km^2 的强富水烧变岩含水层，补给面积 20.40km^2（韩树青等，1991），出露与水头、沙渠两个烧变岩泉，平均流量分别是 44.11L/s 和 28.15L/s。这两个泉附近还有 5 个烧变岩泉，总流量 6.215L/s。其他区域部分地段分布有烧变岩，富水性中等到强。这些地下水以下降泉的形式补给考考乌素沟。1990 年考考乌素沟南岸的烧变岩潜水位标高为 +1144.67m。由于区内小煤矿采动影响，2006 年水文补勘中，实测烧变岩潜水位下降到 +1137m 处，水头和沙渠两个大泉已干枯。据 BK52 号钻孔揭露，该处烧变岩地下水已干枯。

因此，如果不采取措施，高强度开采产生的导水裂隙带将直接发育到烧变岩含水层，造成地下水疏干和水位下降，并诱发生态环境问题。为了保护烧变岩地下水系统，我们采用帷幕注浆的方式，在烧变岩含水层外围形成隔水帷幕，从而实现保水采煤目标。

9.2 地质及水文地质条件

9.2.1 地层

柠条塔井田地层由老至新依次有上三叠统永坪组，侏罗系延安组、直罗组、安定组，新近系上新统保德组，第四系离石组、马兰组、萨拉乌苏组、风积沙和冲积层。

9.2.2 煤层

延安组含可采煤层10层，分别为$1^{-2上}$、1^{-2}、$2^{-2上}$、$2^{-2下}$、2^{-2}、3^{-1}、4^{-2}、4^{-3}、$5^{-2上}$和5^{-2}煤层，其中主要可采煤层为1^{-2}、2^{-2}、3^{-1}、4^{-2}、4^{-3}、$5^{-2上}$、5^{-2}煤层7层，$1^{-2上}$、$2^{-2上}$、$2^{-2下}$为次要可采煤层。

$1^{-2上}$煤层。分布于矿井南翼中西部，面积19.4km²，煤层厚度0 ~ 5.18m，平均1.87m，在可采范围内，埋深12.55 ~ 174.11m。

1^{-2}煤层。分布于考考乌素沟以北及以南，可采区为形状极不规整的5个孤立区块，其中3块可采面积很小，其中一块分布在肯铁令河以西，另一块分布于考考乌素沟以北，可采面积57.156km²。煤层煤厚0 ~ 4.70m，平均1.27m，含1 ~ 2层夹矸，与$1^{-2上}$煤层间距0.66 ~ 17.10m，平均8.42m。煤层埋深0 ~ 200.57m。

$2^{-2上}$煤层。为2^{-2}煤层分岔的上分层，可采面积32.099km²，煤层厚度0 ~ 3.29m，平均1.55m。煤层埋深2.00 ~ 199.65m，与上覆1^{-2}煤层间距3.20 ~ 46.24m，平均26.42m。

2^{-2}煤层。可采面积116.240km²，为井田主要可采煤层。煤层厚度0.38 ~ 9.24m，平均5.54m。煤层埋深6.26 ~ 243.24m，与$2^{-2上}$煤层间距0.66 ~ 15.21m，平均3.71m，与1^{-2}煤层间距14.31 ~ 50.59m，平均35.68m，为稳定型煤层。

3^{-1}煤层。可采面积117.66km²，煤层厚度0.45 ~ 3.54m，平均2.82m，与2^{-2}煤层间距22.60 ~ 37.56m，平均28.19m，属稳定型煤层。煤层埋深16.98 ~ 284.84m。

4^{-2}煤层。可采面积96.786km²，以中厚煤层为主，局部为厚煤层，煤层厚度0.15 ~ 4.68m，平均2.65m，厚度以3.00 ~ 4.00m占优势。与3^{-1}煤层间距30.71 ~ 61.35m，平均47.20m。煤层埋深75.52 ~ 325.10m，属稳定型煤层。

4^{-3}煤层。可采面积65.553km²，煤层厚度0 ~ 3.62m，平均1.17m。可采区范围内以1.65m左右厚度占优势，与4^{-2}煤层间距1.02 ~ 16.74m，平均7.95m。煤层埋深86.05 ~ 339.25m，属较稳定型煤层。

$5^{-2上}$煤层。可采面积50.326km²，大部分为中厚煤层，煤层厚度1.21 ~ 5.41m，平均2.38m，为不含夹矸的单一煤层，与4^{-3}煤层间距34.18 ~ 57.71m，平均14.33m。煤层埋深174.15 ~ 375.53m，属稳定型煤层。

5^{-2}煤层。全区可采，煤层厚度0.52 ~ 7.70m，平均4.43m。与$5^{-2上}$煤层间距1.02 ~ 27.10m，平均14.33m。煤层埋深130.83 ~ 393.58m，属稳定型煤层。

9.2.3 含水层与隔水层

9.2.3.1 含水层

柠条塔井田含水层为松散层孔隙含水层和基岩裂隙含水层等。前者又可分为第四系全新统冲积层含水层、上更新统马兰组孔隙潜水含水层和萨拉乌苏组孔隙潜水积层含水层。后者可分为中侏罗统安定组、直罗组碎屑岩风化裂隙含水层、侏罗系延安组裂隙承压水含水层和烧变岩裂隙孔洞潜水含水层。

（1）松散层孔隙含水层

（a）第四系全新统冲积层含水层

呈条带状断续分布于庙沟、考考乌素沟及肯铁岭河阶地，组成河漫滩及堆积阶地。地层厚度 0 ~ 6.05m，一般 5m 左右。含水层中、下部为中、细沙，下部含砾石层，厚 3.05 ~ 4.75m，水位埋深 0.50 ~ 4.40m，一般 2m 左右，水文钻孔抽水资料显示，单位涌水量 0.0546 ~ 0.2440L/（s · m），富水性弱 – 中等。渗透系数 1.337 ~ 6.420m/d，水矿化度 0.396 ~ 0.584g/L，水化学类型为 HCO_3–Ca 或 HCO_3–Na · Ca 型。

（b）上更新统马兰组孔隙潜水含水层

主要出露于考考乌素沟以南地区，厚度 0 ~ 10m，一般 5m。岩性为浅黄色或灰黄色亚砂土，质地均一，垂直节理发育，结构疏松，具大孔隙，为弱透水层。

（c）上更新统萨拉乌苏组孔隙潜水含水层

萨拉乌苏组主要分布在考考乌素沟以南，以北仅在庙沟山坡及黄花界有零星出露，厚度 0 ~ 47.25m，一般 10 ~ 15m 左右。考考乌素沟以北主要岩性为褐黄色粉砂质黏土，致密孔隙少，含水微弱。考考乌素沟以南在低洼区堆积厚，梁峁区薄，此区域内沙层结构松散、大孔隙、透水性强，易于接受大气降水补给，储集条件良好。

萨拉乌苏组地下水赋存受古地形严格控制，地下水在侧向运动中补给下伏含水层，由于受下伏土层起伏形态制约，含水区主要位于隐伏沟谷区，潜水由南向北径流，是区内主要含水层和透水层。据水文孔抽水试验，涌水量 0.018 ~ 8.047L/s，单位涌水量 0.0046 ~ 1.4132L/（s · m），渗透系数 0.0448 ~ 6.8830m/d。矿化度 0.180 ~ 0.257g/L，水化学类型以 HCO_3–Ca 型为主。

含水层富水性分布不均，考考乌素沟以北含水微弱。以南的小侯家母河沟、肯铁岭河附近和井田南部的芦草沟附近，含水层厚度大、岩性粗、孔隙率高、有水泉出露、流量较大，富水性中等。井田南部考考乌素沟麻家塔沟分水岭附近，含水层厚度不足 10m，富水性弱。

（2）基岩裂隙含水层

（a）中侏罗统直罗组碎屑岩风化裂隙含水层

直罗组含水层矿井南翼普遍分布，为矿井内主要含水层（范立民等，2022；孙魁等，2022），风化强烈，风化层岩石结构杂乱，松软易碎，孔隙度增大，节理裂隙显现，岩石透水性增强。风化含水层厚度 14.7 ~ 49.0m，平均 26m。其岩性由一套黄绿色、灰绿色中粗粒砂岩、砂质泥岩及粉细砂岩组成。含水层底部为中粗粒含砾长石砂岩，厚层状，泥质胶结，底部偶有 0.5 ~ 1.0m 厚的砾岩，结构疏松，孔隙度增大，岩石透水性增强，裂隙较发育。根据抽水试验，单位涌水量 0.0090 ~ 0.4461L/（s · m），渗透系数 0.0479 ~ 12.3500m/d，富水性弱 – 中等，矿化度 0.1422 ~ 0.3588g/L，水化学类型主要为 HCO_3–Ca 或 HCO_3–Ca · Na · Mg 型（范立民等，2023）。

（b）中侏罗统延安组裂隙承压水含水层

延安组厚度 170.52 ~ 240.90m，一般 203 ~ 215m。含水层岩性为各粒级的砂岩，垂向上砂岩与粉砂岩、泥岩隔水层呈互层状分布。总体来看，延安组地层裂隙发育微弱，岩石致密坚硬，地下水储水空间闭塞，含水层富水性弱 – 极弱，是矿井的直接充水含水层。

（3）烧变岩裂隙孔洞潜水承压水含水层

柠条塔井田烧变岩含水层可分为潜水含水层和承压含水层。

(a) 烧变岩裂隙孔洞潜水含水层

烧变岩裂隙孔洞潜水区主要分布在煤矿南翼的东北部，分布有不规则的烧变岩区，煤层自燃边界线迂回曲折，与南翼的北边界形成了宽度不等的烧变岩区。烧变岩主要为 2^{-2} 煤层自燃形成，局部小范围存在 3^{-1} 煤层自燃形成的烧变岩区。烧变岩厚度 6.24 ~ 84.66m，一般 30 ~ 40m。2^{-2} 煤层烧变岩面积约 4.80km^2，3^{-1} 煤层烧变岩面积约 1.60km^2，2^{-2}、3^{-1} 烧变岩重叠区面积 1.60km^2。

烧变岩岩体破碎，岩石呈不规则块状、片状，具有大量的气孔、烧变裂隙及炉渣状构造的空洞，其裂隙呈不规则的交错网状，裂隙一般上部窄小中下部稍大。面裂隙率为 7.15% ~ 12.09%。含水层主要在下部，其储水空间开阔，补泄通畅，导水性强，是区内一个特殊而重要的含水层。受地形影响，烧变岩区分布面积较广，但含水面积不大，其富水性取决于补给条件及储水条件。考考乌素沟以南由于 2^{-2} 和 3^{-1} 煤层重叠燃烧，使其底板埋藏在侵蚀基准面以下，形成储水构造，由于在地形上具备大的似盆状的汇水范围，加上萨拉乌苏组潜水的充足补给，形成了极强富水区（韩树青等，1991；范立民等，2016b）。

分布于煤矿南翼东北部的 2^{-2} 及 3^{-1} 煤层烧变岩含水层具潜水水力特征，地下水常以下降泉的形式排泄，故泉水出露较多，考考乌素沟从沙渠到四门沟地段，烧变岩泉水总流量为 90.635 ~ 102.503L/s，其中沙渠及水头两大泉合计平均流量达 65.167L/s（范立民等，2018）。据一八五队柠条塔露天勘探地质报告，该处 2^{-2} 煤烧变岩区地下水静储量约 433×10^4m^3，其来源主要靠南部沙层潜水的侧向补给。1990 年在沙渠附近施工的 N478 号孔，含水层厚度 4.225m，静止水位深度 45.22m，单位涌水量达 77.34L/（s·m），渗透系数 1316.44m/d，水矿化度 189mg/L，水化学类型为 HCO_3–Ca 型。

(b) 烧变岩裂隙孔洞承压含水层

柠条塔井田烧变岩发育，2012 年 8 月在南翼东区发现有 $1^{-2上}$煤烧变岩承压含水层。主要分布在 SB32 号钻孔以东南，轴心大致以 27 勘探线为中心，面积约 1.64km^2。2015 年 11 月，通过 2012 年南翼（东区）补充勘探、神南矿区水文地质专项勘探（SK 钻孔、W1–1，W1–2）专门研究，确定的烧变岩区面积为 1.24km^2。2018 年 8 月，通过综合烧变岩厚度分析、$1^{-2上}$煤层剥蚀边界分析、古地形分析和三维地震勘探等手段进行圈定，圈定烧变岩区面积约为 1.45km^2。据南翼 $1^{-2上}$煤隐伏烧变岩区抽水试验，$1^{-2上}$煤层烧变岩区含水层水位标高平均 +1253.31m，单位涌水量 0.009700 ~ 0.179898L/（s·m），平均 0.1032L/（s·m），渗透系数 0.0772 ~ 2.0923m/d，水化学类型为 HCO_3–Ca，整体表现为弱–中等富水性，地下水径流通畅。

9.2.3.2 隔水层

柠条塔井田范围内主要发育的隔水层为新生界松散岩类相对隔水层，共发育两层：第四系中更新统离石组黄土相对隔水层和新近系上新统保德组红土相对隔水层，其水文地质特征如下：

第四系中更新统离石组黄土相对隔水层全区分布，厚度 0 ~ 59.26m，一般 22m 左右，岩性以黄褐色亚黏土、亚砂土为主，其中夹数层灰褐色古土壤层，含大量钙质结核，局部钙质结核成层分布，可视为相对隔水层。

新近系上新统（N_2b）保德组红土相对隔水层近乎全区分布，仅在肯铁令河附近存在缺失，厚度不均，考考乌素沟南岸及龚家梁一带零星出露，厚度 0 ~ 107.81m，一般 10 ~ 30m 左右。岩性为棕红色黏土、亚黏土，一般结构致密。

9.2.4 地下水补给径流排泄条件

根据柠条塔井田地表地层分布情况，矿井南翼地表广为沙层覆盖，易于降水入渗，有利于大气降水对地下水入渗补给；井田北翼主要为黄土组成的梁峁区，大气降水入渗有限，主要以地表径流为主。地表分水岭和地下分水岭位置基本一致，但较为紊乱，且受多条河流切割，侵蚀基准面低，使得地下水的补、径、排条件具有分区性。烧变岩含水层主要接受潜水含水层的侧向补给，如萨拉乌苏组含水层水在浅部区域大部分补给至烧变岩区（图 9.1）。

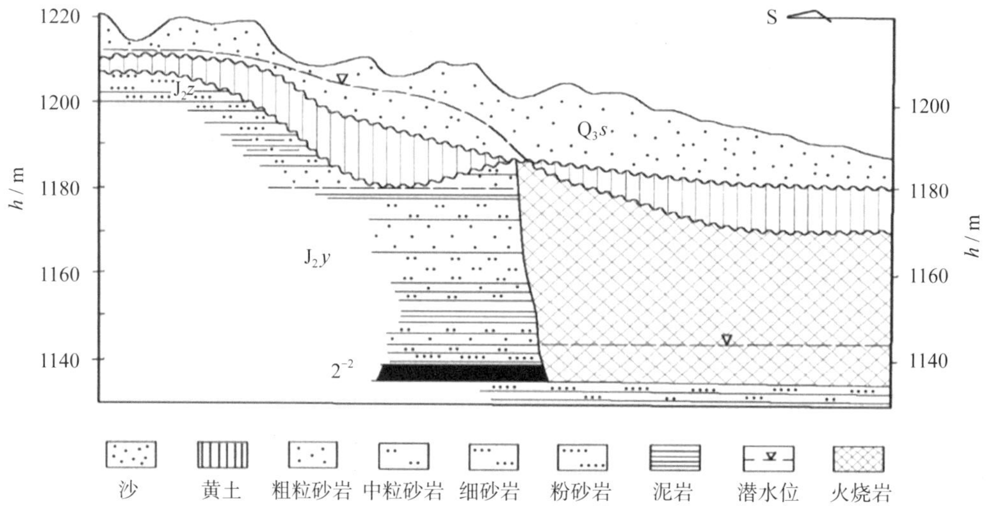

图 9.1 萨拉乌苏组与烧变岩补给关系示意图

（据范立民，1996）

9.3 煤层开采现状及受保护含水层

9.3.1 煤矿开采情况

柠条塔煤矿井田面积 119.7735km²，其中北翼 51.3km²，南翼 68.5km²。矿井采用斜井多水平开拓，综合机械化采煤，全部垮落式管理顶板。主要开采中侏罗统延安组 2^{-2}、3^{-1}、4^{-2} 和 5^{-2} 煤层。一水平划分 2 个盘区（北一盘区和南一盘区），开采 1^{-2}、2^{-2} 和 3^{-1} 煤层。二水平划分 2 个盘区（北二盘区和南二盘区），开采 4^{-2} 和 5^{-2} 煤层。一水平主要大巷布置在煤组 3^{-1} 煤层中，其中北翼方向穿过小煤窑边界及考考乌素沟后分层布置 1^{-2} 煤层、2^{-2} 煤层大巷，南翼 2^{-2} 煤布置主要运输大巷，各煤层大巷均由胶带运输大巷、辅助运输大巷、回风大巷组成。矿井采用抽出式分区通风，工业场地内主、副井进风，南、北两翼回风斜井回风。目前投入使用的井筒共7个，为主斜井、1号副斜井、2号副斜井、北翼2号回风斜井、北翼2号进风斜井、南翼回风斜井、南翼进风斜井。

柠条塔煤矿采用斜井多水平开拓，综合机械化采煤，一次采全高垮落式管理顶板方法。分两个水平开采，一水平开采$1^{-2上}$、1^{-2}、2^{-2}、$2^{-2下}$和3^{-1}煤层，二水平开采4^{-2}、4^{-3}、$5^{-2上}$和5^{-2}煤层。目前矿井主要开采煤层为2^{-2}煤，充水水源包括地表水、松散含水层水、基岩含水层水（包括烧变岩水）和采空区积水等。

现已开采煤层包括1^{-2}煤与2^{-2}煤层，其中1^{-2}煤层开采集中于北翼大巷东侧，已完成8个工作面的回采工作（N1106、N1108、N1110、N1112、N1114、N1116、N1118、N1119），当前无回采工作面。2^{-2}煤层是当前主要开采煤层，已回采完成44个工作面，其中北翼完成19个工作面回采，正在回采N1215工作面。南翼已完成25个工作面回采，现有2个工作面正在回采（S1204、S1232）。

综上可知，截至2022年9月底，共完成52个工作面回采工作，正在回采的工作面均为2^{-2}煤层工作面。

9.3.2 受保护含水层

柠条塔煤矿应保护含水层主要为烧变岩含水层和萨拉乌苏组含水层，本工程只针对烧变岩含水层。

烧变岩含水体导水性强，储水空间开阔，补泄通畅，井田范围内分布有$1^{-2上}$、2^{-2}、3^{-1}煤烧变岩区含水体，可分为潜水含水层和承压含水层。2^{-2}、3^{-1}煤烧变岩含水层为潜水承压含水层，分布于煤矿南翼东北部，2^{-2}煤层烧变岩面积约4.80km²，3^{-1}煤层烧变岩面积约1.60km²，2^{-2}、3^{-1}烧变岩重叠区面积1.64km²。$1^{-2上}$煤烧变岩区是一个隐伏的“封闭型”烧变岩区，富水性整体上为弱–中等。根据相关资料，2^{-2}、3^{-1}煤烧变岩含水层已被小煤矿开采疏干，且未来三年在该区域及附近无相关采掘活动。

$1^{-2上}$煤烧变岩承压含水层发育在井田南翼东区，面积1.45km²，含水层水位标高平均+1253.31m，单位涌水量0.009700～0.179898L/（s·m），平均0.1032L/（s·m），渗透系数0.0772～2.0923m/d，水化学类型HCO_3–Ca和HCO_3–Ca·Na（表9.1）。由$1^{-2上}$煤层烧变岩单位涌水量等值线及富水性分区图（图9.2）可知，$1^{-2上}$煤隐伏烧变岩区中部、东部富水性中等，西部和北部富水性弱。

表9.1 柠条塔井田南翼$1^{-2上}$煤层烧变岩区水文孔信息汇总表

孔号	抽水层位	厚度/m	标高/m	单位涌水量/($L\cdot s^{-1}\cdot m^{-1}$)	渗透系数/($m\cdot d^{-1}$)	水化学类型	矿化度/($mg\cdot L^{-1}$)
SK水1	烧变岩	8.42	1254.44	0.172414	2.0923	HCO_3–Ca	275
SK水2	烧变岩	11.00	1253.00	0.179898	1.6489	HCO_3–Ca·Na	236
W1–1	烧变岩	12.00		0.009700	0.0772		
W1–2	烧变岩	8.55		0.013500	0.1580		
K5–1	烧变岩和风化基岩	3.69	1252.49	0.140500	0.5153	HCO_3–Ca	243

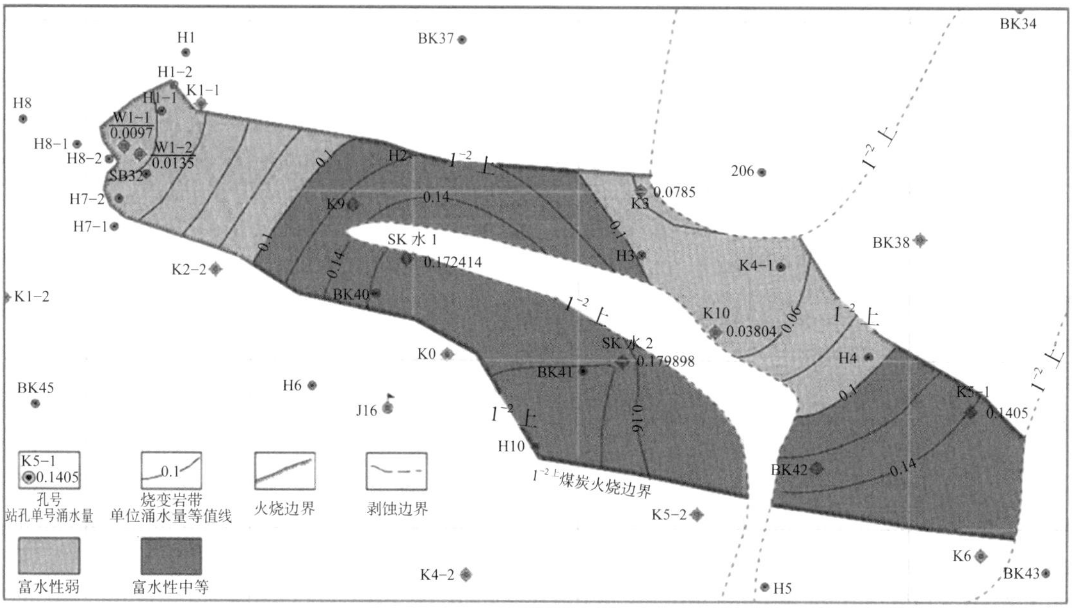

图 9.2　南翼 $1^{-2\text{上}}$煤层烧变岩单位涌水量（L/（s·m））等值线及富水性分区图

9.4　烧变岩帷幕保水采煤技术应用及其效果

9.4.1　煤层与烧变岩水力联系

$1^{-2\text{上}}$煤烧变岩含水层水静储量大，富水性强，局部区域基岩风化带顶部、保德组红土以下有沙层。自南翼大规模生产以来，按照自西向东、自北向南的顺序布置采掘工作面。根据矿井采掘接续计划，S1231 工作面 2022 年回采结束后，下一个接续面为 S1232 工作面（长 4998m，宽 325m），该工作面为柠条塔矿的主采工作面，其南侧 S1233 等工作面目前也是矿井的主采工作面。

S1232 工作面约 3030 ~ 3260m 段处为 $1^{-2\text{上}}$煤隐伏烧变岩区的北缘，工作面从烧变岩边缘通过，其南侧的 S1233 等工作面更是大范围穿过烧变岩区，工作面与烧变岩关系详见图 9.3 和图 9.4。

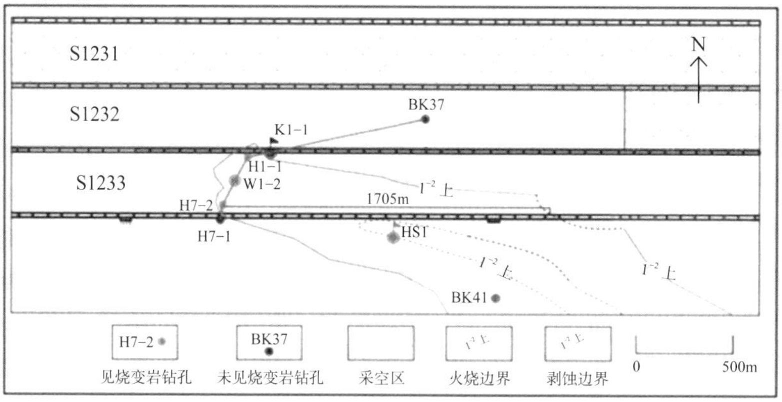

图 9.3　S1232 工作面与 $1^{-2\text{上}}$煤隐伏烧变岩区关系平面图

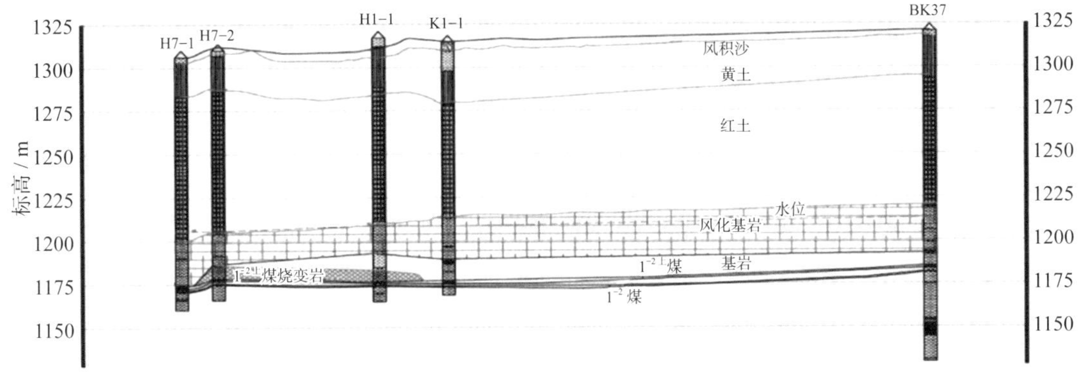

图 9.4　1^{-2}上煤隐伏烧变岩区剖面图

据预测，S1232 工作面正常涌水量 518m³/h，最大为 689m³/h，烧变岩区所处区域初次揭露时正常涌水量 327m³/h，最大涌水量为 434m³/h。烧变岩区内共有 4 个钻孔穿过 2^{-2} 煤（表 9.2），2^{-2} 煤厚度 6.85 ~ 8.81m，平均 7.81m，采高 6m，与红土层间距 39.72 ~ 55.80m，平均 49.7m。结合前文分析，隐伏烧变岩区与风化基岩含水层直接接触，可视为统一含水层，烧变岩区风化基岩含水层水位 +1230 ~ +1250m，风化基岩顶板标高 +1200 ~ +1227m，煤层标高 +1142 ~ +1160m。因此，在烧变岩区内局部地区红土层底部存在沙层及砾石层的工作面，回采到这些地区时采动裂隙沟通风化基岩和烧变岩区。

表 9.2　烧变岩区内穿过 2^{-2} 煤钻孔统计表

孔号	高程 /m	保德组底深 /m	2^{-2} 煤顶深 /m	间距 /m
BK40	1307.170	102.0	150.79	48.79
BK41	1297.858	79.2	133.94	54.74
BK42	1282.082	72.3	112.02	39.72
SB32	1310.800	109.0	164.80	55.80

9.4.2　烧变岩帷幕保水技术

本次布置 2 排注浆孔，各排长度超出现烧变岩区边界 50m，其中内排线距离辅运巷道外缘 50m，内外排之间间距 12.99m，每排钻孔间距 15m，各两排钻孔错开成梅花形，内外排共布置 63 个钻孔。部分注浆孔兼做探查孔，探查孔每排 9 个共 18 个，探查孔的目的是探查烧变岩区的边界和底界，探查基岩风化带的岩性、厚度和风化特征。另有 5 个探查孔为大口径抽水孔，为了进行对比，在注浆线内外布置 3 个水文常观孔。

注浆材料为普通硅酸盐水泥 PO42.5。在吃浆量正常的情况下，浆液为水泥单液浆。在吃浆量小的情况下，采用水泥黏土浆。在吃浆量大的情况下，考虑采用水泥 - 粉煤灰注浆。

帷幕注浆工艺及顺序，单孔注浆采用分段下行式注浆法，先对风化带进行注浆，再对烧变岩进行注浆。单回次注浆起压等凝后，要进行扫孔再注浆，若能吃浆还需继续注浆，然后再扫孔，如此反复，直至扫孔后不吃浆停止单孔注浆。注浆前先进行压水，注浆中若吃浆量大，可用稠浆进行注浆或采用间歇式注浆法。若吃浆量小，可用稀浆进行注浆。施工顺序采用跳孔施工方法，先注一序孔，再注二序孔。后序钻孔注浆时可对前序钻孔的注浆效果进行检查。

由于缺乏隐伏烧变岩试验性注浆的试验数据，本次帷幕注浆终止标准注浆地面孔口压力暂定为4MPa。注浆终止时地面泵量不大于60L/min，稳定时间不小于15min。

9.4.3 烧变岩帷幕保水采煤技术应用效果

9.4.3.1 烧变岩帷幕抽水试验效果

为评价帷幕效果，注浆工程前期，把施工的B14孔作为抽水孔（C1）进行抽水试验，注浆结束后在帷幕线从西往东再布置3个抽水孔C2、C3、C4进行抽水试验，根据注浆前后的抽水结果对注浆帷幕墙效果进行评价。

C1（B14）孔单位涌水量0.0459L/（s·m），渗透系数1.9×10^{-4}cm/s。C2孔单位涌水量0.0231L/（s·m），渗透系数2.2×10^{-6}cm/s。C3孔单位涌水量0.0141L/（s·m），渗透系数2.08×10^{-6}cm/s。C4孔单位涌水量0.0224L/（s·m），渗透系数1.04×10^{-6}cm/s。注浆后帷幕区域渗透系数远小于注浆前，帷幕内部接受外围地下水补给甚微，表明帷幕墙达到了一定的阻水保水要求，可切断南侧烧变岩区水的补给，确保S1232工作面回采时不破坏上覆烧变岩含水层结构。

9.4.3.2 钻孔压水试验效果

通过对比前序钻孔与后序钻孔压水试验结果，对前序钻孔的注浆效果进行分析。并在帷幕注浆结束后，在两排帷幕线中间施工检测孔进行压水试验检测，分析为幕墙透水性的大小，评价帷幕注浆质量。

压水试验是最常用的在钻孔内进行的岩体原位渗透试验，其试验成果透水率q主要用于评价岩体的渗透特性，单位为吕荣（Lu），即压水压力为1MPa时，每米试段长度每分钟注入水量1L时，透水率为1Lu。钻孔压水试验前必须采用清水进行充分洗孔，试验后钻孔均需补充注浆并封孔。

透水率和渗透系数之间不是简单的对应关系，根据相关规范，可按下式求算渗透系数：

$$k=\frac{Q}{2\pi HL}\ln\frac{1}{r} \tag{9.1}$$

式中：k为地层渗透系数，m/d；L为试验段长度，m；r为钻孔半径，m；Q为压水流量，m^3/d；H为试验压力，以水头表示，m。按照上式计算，当q = 1Lu时，孔径81mm的钻孔渗透系数约为1.3×10^{-5}cm/d。

前序钻孔压水试验计算出的透水率多在3 ~ 30Lu之间，后续钻孔施工时，周边钻孔基本已经注浆结束，大部分岩层裂隙已经注浆充填，试验得出的透水率基本均在1 ~ 5Lu之间。

在治理工程主体注浆结束后，施工的5个检查孔中渗透系数最大值3.7×10^{-5}cm/s（J2孔），J1孔最小，为2.2×10^{-5}cm/s，平均2.58×10^{-5}cm/s，均属于弱透水性。与注浆前对比，减少了一个数量级，表明浆液对帷幕线上的烧变岩和风化基岩含水层起到了很好的改造作用，注浆帷幕墙透水性弱，含水层保护效果显著。

9.4.3.3 孔间电法 CT 检验效果

跨孔电阻率 CT 的施工范围位于 S1232 工作面 3030 ~ 3260m 段南侧。根据不同勘探任务需求，分止水帷幕注浆效果检测和沙层探查两个区域施工。在 W1-1 孔周边区域设置跨孔电阻率 CT 剖面 8 对，在止水帷幕区域设置跨孔电阻率 CT 剖面 5 对，试验剖面 1 对，依据注浆前后风化带、烧变岩的电阻率变化特征，检测 S1232 工作面南侧防渗帷幕的注浆效果。

对注浆后的五对钻孔（A12-G1、A12-G2、A16-G1、B11-G1、A18-A16）分别进行跨孔电阻率 CT 的测试，注浆前对 B11-B13 进行了电阻率测试，一般呈“低 - 弱高 - 高”特征。三个电性层的电阻率一般约为 40Ω · m、100Ω · m、200Ω · m。注浆后，地层电阻率明显升高，提升 2 ~ 4 倍以上，这表明浆液已经较好地充填了强风化层中的节理裂隙，使得强风化层含水率明显降低，证明了本次注浆效果整体较好。

9.4.3.4 孔间地震 CT 检验效果

孔间地震 CT 探测项目完成 13 对孔间地震 CT 的数据采集、处理与解释工作，钻孔平均深度约 130m，最大深度约 145m，其中，烧变岩注浆检测跨孔 CT 剖面 3 对；沙层探查以 W1-1 钻孔为中心，沿 40m × 40m 探查区边界线，跨孔 CT 剖面 10 对。探测结果也证实了注浆保水效果良好。

9.4.3.5 钻孔水位变化

在项目实施过程中，对帷幕线钻孔水位一直进行着动态观测，注浆治理前钻孔水位基本与区域地下水位一致，大致在风化基岩顶部或略高 1 ~ 2m 处。随着注浆工程的施工，钻孔直接水力联系切断，孔内水位高度抬升。这表明注浆效果良好。

9.4.3.6 井下放水试验验证效果

注浆治理工程注浆结束后进行第二次放水试验，由于井下放水孔一直处于打开状态，关闭前井下 6 个疏放水孔总水量从注浆前的 38m^3/h 衰减至 8.2m^3/h，其中 F23、F25 孔注浆后放水孔被堵死，F30 孔基本无水。

F24 孔初始（成孔）水压 0.9MPa，关水 34h 后水压一直为零，后数据中断，9 月 7 日数据恢复后，水压恢复至 0.22MPa，直至 9 月 15 日水位一直稳定在 0.22MPa 左右；F26 孔初始（成孔）水压 0.8MPa，关水后 5.55h 后水压恢复至 0.6MPa ；F25 孔初始（成孔）水压 0.9MPa，关水 34h 后水压一直为零，9 月 7 日数据恢复后，水压恢复至 0.09MPa，直至 9 月 15 日水位一直稳定在 0.09MPa 左右；F29 孔初始（成孔）水压 0.8MPa，关水前钻孔已经基本无水，关水 34h 后水压一直为 0.04MPa，9 月 7 日数据恢复后，水压恢复至 0.65MPa，直至 9 月 15 日水位一直稳定在 0.65MPa 左右。

第二次关水试验期间地面数据传输正常，地面的 K1-1 观测孔在注浆期间串浆，导致观测孔失效，其余观测孔同第一次放水试验相比，由于注浆治理导致受井下关水和放水的影响明显减小。

N01 位于帷幕线北侧，由图 9.5 可知：注浆后 N01 关水前水位标高 1212.53m，关水后水位缓慢上升，截至 9 月 15 日水位标高为 1213.47m 左右，水位抬升 0.94m，较之前明

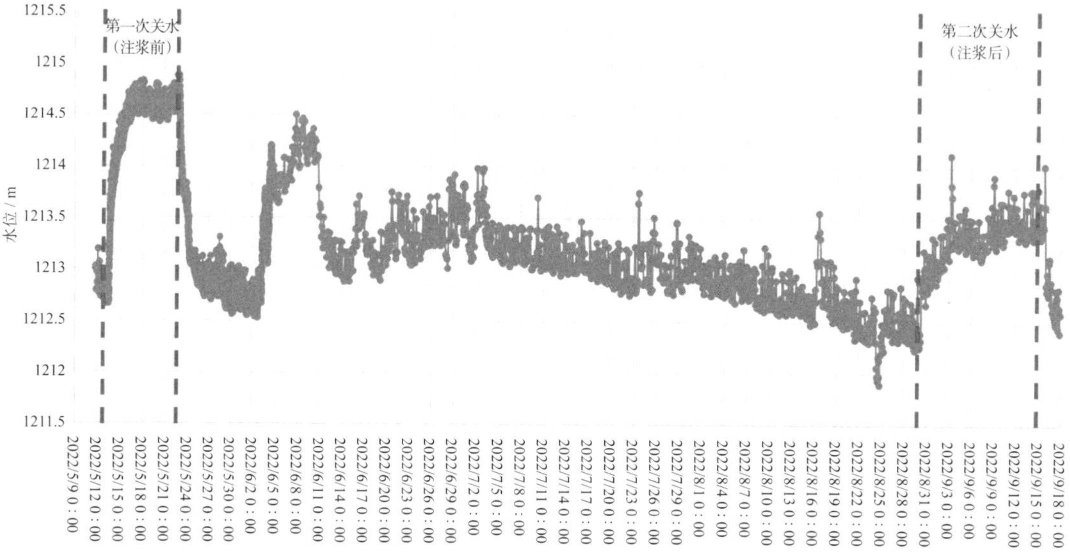

图 9.5　N01 观测孔水位历史曲线图

显变化速率降低且幅度变小，表明 N01 的水源补给由于帷幕的形成而大量减少。

S01 位于帷幕线南侧，由图 9.6 可知：注浆后 S01 孔关水前水位标高 1212.13m，关水后水位缓慢上升，截至 9 月 15 日水位标高为 1213.24m 左右，水位抬升 1.11m，较之前没有了持续下降的形态，表明 S01 孔由于帷幕的形成导致与 S1232 面的水力联系降低。

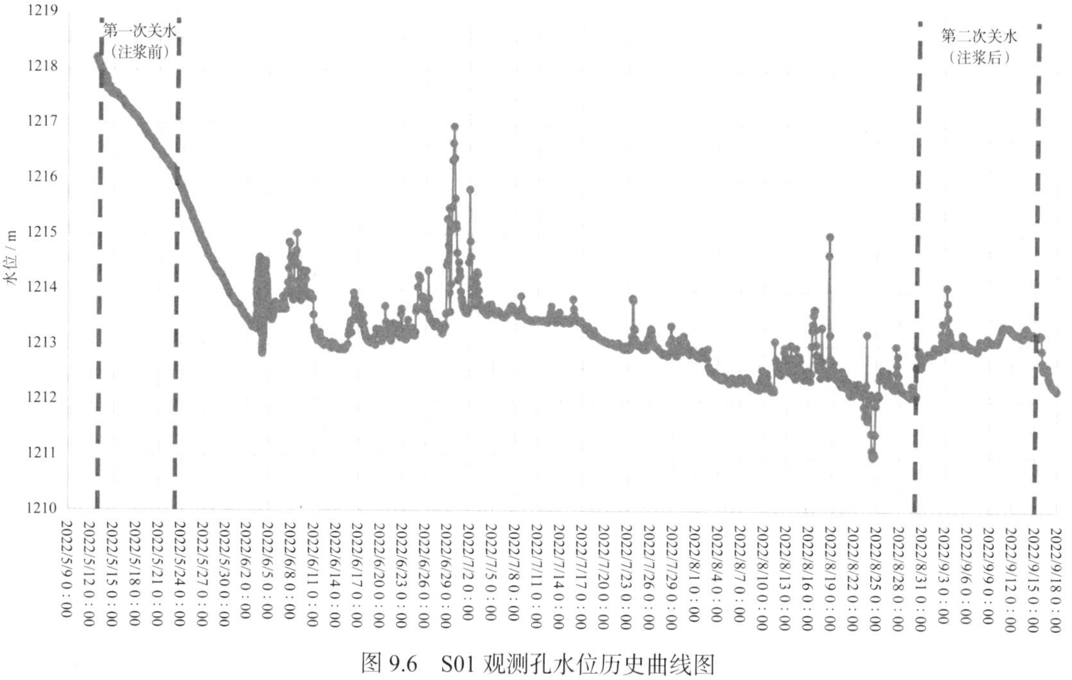

图 9.6　S01 观测孔水位历史曲线图

S02 位于帷幕线南侧，由图 9.7 可知：注浆后 S02 孔关水后水位缓慢下降，截至 9 月 15 日水位标高为 1206.43m 左右，水位降低 6.86m，较之前与 S1232 放水试验无相关性，水位的降低与 S1233 工作面放水有关，表明 S02 孔由于帷幕的形成导致 S1232 面的水力联系降低。

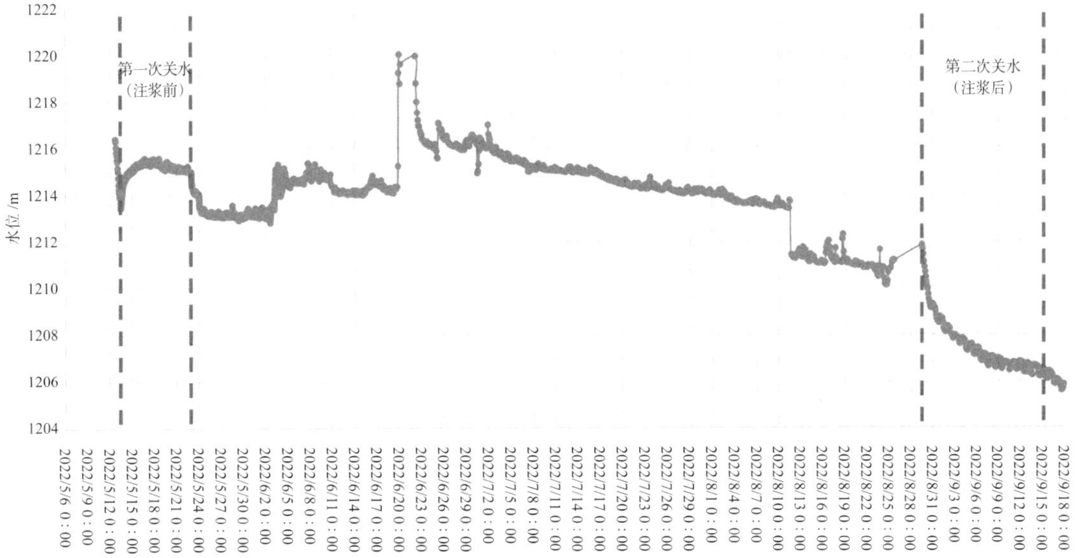

图 9.7　S02 观测孔水位历史曲线图

通过注浆后放水试验可知，注浆工程实施后井下关水水位恢复较注浆前明显变慢，说明注浆对烧变岩区改造明显。S1232 面上覆基岩含水层和南侧烧变岩含水层的水力联系明显降低，工作面回采过程中，南侧烧变岩含水层的补给将大幅度减小，可确保工作面安全通过烧变岩区域。

9.5　存在问题及建议

本次对烧变岩水文地质条件进行了勘察，有效指导了烧变岩帷幕治理，确保了 S1232 工作面的安全回采，保护了第四系松散层和烧变岩含水层结构，实现了保水采煤目标。在注浆工程的科学性、合理性和最佳工程部署方法，以及浆液在烧变岩裂隙介质中的运移、扩散机理等方面没有进行深入研究。

我国西北地区烧变岩比较普遍，烧变岩含水层水资源丰富，部分区域富水性强，是矿区宝贵的资源，同时，也是矿井突水的重要水源。因此，今后应采取多种技术方法，包括野外调查、地质钻探、室内试验、物理模拟、数值模拟等，对烧变岩发育规律、烧变岩裂隙介质特征及烧变岩裂隙介质中注浆液运移机理进一步进行研究，提高烧变岩研究程度和烧变岩水资源保护、水害防治水平，实现绿色安全高效开采。

本项目由陕煤集团神木柠条塔矿业有限公司实施，技术研究及实施单位为中煤科工西安研究院（集团）有限公司。项目实施的主要成员有闫敬旺、王树斌、王建文、马亮、姬中奎、高利军、韩强、王海、郭书全、陈盼、廉博强、薛小渊、寇规规等。

10　陕西百良旭升煤矿强含水层保护论证及保护技术

10.1　项目背景

陕西澄合百良旭升煤炭有限责任公司良旭升煤矿位于澄合矿区，开采 5 号煤层，井田 509 工作面附近有一个大泉，泉平均流量 $56m^3/h$，并汇聚到附近的下游水库，承担着附近工农业用水和生态用水（图 10.1）。509 工作面开采前，我们论证了其开采对大泉及其含水层的影响，分析了采动含水层损伤规律，保障了工作面开采的顺利进行。本案例是经

图 10.1　百良旭升煤矿 509 工作面外侧泉眼照片

过论证，仅对煤层底板进行注浆加固，保护底板岩溶含水层水资源。这是对顶板含水层和509工作面外侧泉水无需采取工程措施的保水采煤案例。2023年1月，509工作面已经开采完毕，泉流量未衰减，水量稳定，实现了保水采煤目标。

10.2 地质及水文地质条件

10.2.1 主要含（隔）水层

10.2.1.1 含水层

根据勘探及矿井生产时期资料，井田内按含煤组、岩性组合、岩石裂隙发育程度、富水性大小、含水层的含水介质及其埋藏条件等，可划分为第四系松散孔隙含水层、基岩裂隙含水层及岩溶水含水层3种类型（叶东生等，2010）。

（1）第四系松散孔隙含水层

第四系全新统冲积砂、砂砾石孔隙含水层：分布于东部徐水河及西南部徐水河支流沟谷地带，一般厚度1 ~ 3m，上部以粉质黏土、粉土为主，下部为含水的砂及砂卵砾石层，砾石分选性差，粒径一般2 ~ 8cm，地下水位埋深1m左右。区内出露该层的泉最大流量0.008L/s（大原头村东沟口下降泉）。该层属孔隙潜水含水层，富水性弱。

第四系中更新统黄土裂隙孔隙含水层：主要分布于区内黄土台塬区，厚度4.50 ~ 256.38m，由粉质黏土、黄土状粉土夹古土壤组成，具垂直裂隙，中下部含钙质结核层。补3–1、补3–2两个孔漏水，漏失量均≥ $15m^3/h$。含水层水位埋深变化较大，一般在沟谷地段0 ~ 15m，塬上30 ~ 100m。该含水层主要接受大气降水补给，季节性变化大，水量较小，可供当地群众生活用水。据合阳县农田供水勘察时邻区西卓子井田H19钻孔抽水资料：水位降深3.14m，涌水量0.042L/s，单位涌水量0.0134L/(s · m)，渗透系数0.29m/d。水质属 HCO_3–Na · Mg型，矿化度0.38g/L。区内出露该层泉最大流量0.079L/s（大原头村东沟沟脑）。该层属裂隙孔隙潜水，富水性弱。

（2）基岩裂隙含水层

上二叠统孙家沟组砂岩裂隙含水层：该层分布于矿区北部，沟谷中零星出露。厚度95.25 ~ 103.30m。岩性以灰绿、浅灰色中粗粒砂岩为主，泥硅质胶结，裂隙发育，透水性较强。钻探施工中，该层常出现漏水，漏失量≥ $15.0m^3/h$。据合阳县农田供水勘察时邻区西卓子井田H19钻孔抽水资料：水位埋深122.08m，水位降深2.97m，涌水量0.394L/s，单位涌水量0.1327L/（s · m），水质属 SO_4 · HCO_3–Ca · Mg型，矿化度0.61g/L。区内出露该层泉水最大流量0.60L/s（田家河村南西坡沟）。该层属裂隙承压水，富水性弱 – 中等。

上二叠统上石盒子组底部 K_5 砂岩裂隙含水层：全区分布，沟谷中有出露。岩性为灰白色中粗粒砂岩，泥硅质胶结，粒度自上而下逐渐变粗，底部含砾石及包体夹薄层粗粒砂岩和细砾岩，裂隙较发育，透水性中等。含水层厚度变化较大，1.10 ~ 34.30m不等，一般厚6 ~ 15m左右。据西南邻区平政乡小郭村A7孔简易抽水及合阳城关镇北庄村HG10孔抽水试验资料：水位标高+ 665.78 ~ + 666.14m，单位涌水量0.0076 ~ 0.0360L/（s · m），渗透系数0.054m/d，水质属 SO_4 · Cl–Na · Mg型。区内出露该层泉水最大流量0.079L/s（马家岭村西沟谷）。该层上下隔水层条件良好，属裂隙承压水，富水性弱。

下二叠统下石盒子组底部 $K_{中}$砂岩裂隙含水层：全区分布，岩性为浅灰、灰白色细－中粒砂岩，泥钙质胶结，裂隙不甚发育，含水层厚度变化较大，0.50 ~ 28.80m 不等，一般厚 5 ~ 17m 左右。据邻区西卓子井田水 J3-1 孔（$K_{中}$、$K_{※}$、K_4、K_3）混合抽水试验资料：水位标高 +596.18m，单位涌水量 0.00132L/(s · m)，渗透系数 0.00311m/d，水质属 HCO_3 · CO_3-Na 型，矿化度 0.94g/L。该层上下隔水层条件良好，属裂隙承压水，富水性弱。

下二叠统山西组 $K_{※}$ 砂岩裂隙含水层：岩性为褐灰、麻灰及灰色，细－粗粒砂岩，多为钙质及菱铁质胶结，稳定性较差，局部相变为粉砂岩或泥岩，裂隙发育。据邻区西卓子井田水 J3-1 孔（$K_{中}$、$K_{※}$、K_4、K_3）混合抽水资料，该层属裂隙承压水，富水性弱。

下二叠统山西组 K_4 砂岩裂隙含水层：岩性为灰色、灰白色，细－中粒砂岩，含大量云母片，俗称“牛毛毡”砂岩，泥钙质胶结，较坚硬，裂隙不甚发育。含水层厚度 0.42 ~ 21.97m，一般 5 ~ 10m。据区外王村东 8-5 孔注水试验及邻区西卓子井田水 J3-1 孔混合抽水资料：水位标高 +535.00 ~ +596.18m, 单位涌水量 0.00132 ~ 0.10900L/（s · m），渗透系数 0.00311 ~ 0.11300m/d，水质属 HCO_3 · SO_4 · Cl-Na、HCO_3 · CO_3-Na 型，矿化度 0.94 ~ 1.07g/L。该层属裂隙承压水，富水性弱－中等。

下二叠统山西组 K_3 砂岩裂隙含水层：岩性为灰白色细 ~ 中粒石英砂岩，质地坚硬，硅质胶结，裂隙不发育，裂隙内充填方解石脉，透水性中等。据邻区西卓子井田水 J3-1 孔混合抽水资料，属裂隙承压水，富水性弱。

（3）岩溶水含水层

上石炭统太原组石英砂岩和 K_2 灰岩裂隙承压水：石英砂岩为灰、灰白色，硅质胶结，坚硬，裂隙发育不均，透水性中等，厚度变化较大，1.30 ~ 18.00m 不等。K_2 灰岩为黑灰色，致密，坚硬，质较纯，局部相变为泥灰岩、硅质石灰岩，裂隙发育不均，以溶蚀裂隙为主，透水性中等，厚度变化较大，2.30 ~ 12.82m 不等。钻孔施工中，补 2-3、补 3-2 钻孔出现漏水，漏失量均≥ 15m^3/h。

由于石英砂岩与 K_2 灰岩之间无稳定隔水岩层，故合为同一含水岩组。据邻区西卓子井田水 J6-1 孔及区内水 8 孔抽水试验资料：静止水位标高 + 379.95 ~ + 402.15m，单位涌水量 0.00172 ~ 0.08090L/（s · m），渗透系数 0.0137 ~ 0.8020m/d。水质属 HCO_3-Na · Mg 型，矿化度 1.54 ~ 2.20g/L。该层属岩溶裂隙承压水，富水性弱。

中奥陶统峰峰组灰岩含水岩组：岩性主要为深灰色石灰岩夹云斑状灰岩、白云质灰岩，岩石致密坚硬，性脆，隐晶质到细晶质结构，中厚层状构造。溶蚀裂隙和小溶孔较发育，裂隙及孔壁被方解石脉所充填，部分裂面可见铁锈，具古溶洞，被铝质泥岩、粉砂岩所充填。据澄合中深部详查阶段施工水 8 水文孔，揭露奥灰最大厚度 50.28m，由于揭露奥灰岩厚度小，均未出现漏水。据邻区西卓子井田水 J3-1、水 J6-1 孔及区内水 8 钻孔抽水试验资料，静止水位标高 + 370.57 ~ + 378.02m，单位涌水量 0.000647 ~ 0.047100L/（s · m），渗透系数 0.00115 ~ 1.24000m/d，水温 14 ~ 20℃，水质属 Cl · SO_4 · HCO_3-Na · Mg、SO_4 · Cl-Na · Ca 型，矿化度 0.97 ~ 2.90g/L。从仅有的区内水 8 孔及邻区两次抽水试验资料来看，富水性弱。根据近几年周边矿井奥灰水位观测资料显示，澄合矿区东区水位已处于 +370m 以下。各含水层主要水文地质参数见表 10.1。

表 10.1　百良旭升煤矿各含水层水文地质参数一览表

含水层		厚度 / m	单位涌水量 $(L \cdot s^{-1} \cdot m^{-1})$	渗透系数 $(m \cdot d^{-1})$	水质类型
第四系松散孔隙含水层	第四系全新统冲积砂、砂砾石孔隙含水层组	1 ~ 3			
	第四系中更新统黄土裂隙孔隙含水层	4.50 ~ 256.38	0.0134	0.29	HCO_3–Na · Mg
基岩裂隙含水层	上二叠统孙家沟组砂岩裂隙含水层（P_2s）	95.25 ~ 103.30	0.1327 H19		SO_4 · HCO_3–Ca · Mg
	上二叠统上石盒子组底部 K_5 砂岩裂隙含水层（P_2sh）	1.10 ~ 34.30m，6 ~ 15m	0.0076 ~ 0.0360 (A7，HG10)	0.054	SO_4 · CL–Na · Mg
	下二叠统下石盒子组底部 $K_中$砂岩裂隙含水层（P_1sh）	0.50 ~ 28.80，一般厚 5 ~ 17m	0.00132	0.00311	HCO_3 · CO_3–Na
	下二叠统山西组 $K_{紧}$ 砂岩裂隙含水层（P_1s）		0.00132	0.00311	
	下二叠统山西组 K_4 砂岩裂隙含水层（P_1s）	0.42 ~ 21.97m，一般厚 5 ~ 10m	0.00132 ~ 0.10900	0.00311 ~ 0.11300	HCO_3 · SO_4 · Cl–Na、HCO_3 · CO_3–Na
	下二叠统山西组 K_3 砂岩裂隙含水层（P_1s）			0.00311	
岩溶水	上石炭统太原组石英砂岩和 K_2 灰岩裂隙承压水（C_3t）	1.30 ~ 18.00m	0.00172 ~ 0.08090	0.0137 ~ 0.8020	HCO_3–Na · Mg
	中奥陶统峰峰组灰岩含水岩组（O_2f）		0.000647 ~ 0.047100	0.00115 ~ 1.24000	Cl · SO_4 · HCO_3–Na · Mg、SO_4 · Cl –Na · Ca

10.2.1.2　隔水层

古近系—新近系上部隔水层（R）：上部为鲜土红色，棕红色含粉砂黏土、含钙质结核；下部为褐色亚黏土、亚砂土；底部为半固定的砂与粉砂或砾石层，为相对隔水层。

下二叠统上石盒子组 K_5 上部隔水层：以暗紫、灰紫、灰绿、灰及带紫斑色粉砂岩砂质泥岩为主，夹数层灰绿、灰及浅灰色细粒和中粒砂岩。砂岩成分复杂，含较多长石。下部粉砂岩常含铁质结核。

下二叠统下石盒子组相对隔水层：该层厚度 28.03 ~ 46.95m，一般厚度 30 ~ 40m。岩性以灰黄、灰绿至深灰色粉砂岩、砂质泥岩为主，夹细 – 中粒砂岩薄层。全区分布稳定，厚度较大，岩层结构致密，黏土矿物质含量高，富水性极弱，可作为上下含水层的相对隔水层。

K_3 石英砂岩底至 K_2 灰岩顶相对隔水层：该段主要为石英砂岩、粉砂岩、砂质泥岩、泥岩，夹有 6、7、8 号不稳定煤层，平均厚度 9.9m。该段岩性变化大，表现为粉砂岩、砂质泥岩、泥岩的频繁交替，中间有时夹有石英砂岩，石英砂岩增厚时往往缺失 K_2 灰岩。

上石炭统太原组底部 K_1 隔水层：岩性以浅灰色铝土质泥岩为主，质纯致密，性脆，具光滑面，发育少量丝状裂隙，裂隙被方解石充填，局部相变为泥岩，区内厚度不甚稳定，0 ~ 6.70m 不等。因其厚度不大，且遇水膨胀，松软易碎，故隔水条件较差。

10.2.2 地质条件

工作面南高北低、东高西低，整体受煤层厚度变化、挤压构造控制，煤层倾角 2° ~ 6°，平均 3°，为近水平－缓倾斜煤层，煤类型为贫－瘦煤。煤层厚度 3.5 ~ 5.5m，一般厚 4.5m，为厚煤层，夹矸一般 2 层，夹矸厚度 0.2 ~ 0.3m，为复杂结构煤层，夹矸为泥岩、炭质泥岩；煤类型为贫－瘦煤。

依据物探及掘进地质资料，工作面顺槽揭露及物探探查断层共计 16 条，均为中小型断层，未发现陷落柱等其他构造。

10.3 煤矿开采煤层

百良旭升煤矿井田内含煤 13 层，总厚 13.21m。可采 3 层，为 4 号、5 号和 10 号煤，5 号煤层为主要可采煤层，4 号煤和 10 号煤层为大部可采煤层，目前矿井开采煤层为 4 号煤，计划开采煤层为 5 号煤。

4 号煤位于山西组下段，大部可采，厚度 0 ~ 2.95m，平均 1.50m。下距 5 号煤 1.35 ~ 6.75m，一般 2m 左右。5 号煤位于山西组下部，厚度 2.85 ~ 6.63m，平均 5.37m，全部可采。

10.4 受保护含水层及泉

上二叠统孙家沟组砂岩裂隙含水层厚度 95.25 ~ 103.30m。据 H19 钻孔抽水资料，水位埋深 122.08m，水位降深 2.97m，涌水量 0.394L/s，单位涌水量 0.1327L/（s · m），水质属 $SO_4 \cdot HCO_3$–$Ca \cdot Mg$ 型，矿化度 0.61g/L。区内出露该层泉水流量 0.60L/s（田家河村南西坡沟），裂隙承压水，富水性弱－中等。

孙家沟组下伏含水层还有上石盒子组底部 K_5 砂岩裂隙含水层，属裂隙承压水，富水性弱；下石盒子组底部 $K_{中}$砂岩裂隙含水层，属裂隙承压水，富水性弱；山西组 $K_{※}$ 砂岩裂隙含水层，属裂隙承压水，富水性弱；山西组 K_4 砂岩裂隙含水层，属裂隙承压水，富水性弱－中等；山西组 K_3 砂岩裂隙含水层，属裂隙承压水，富水性弱；太原组灰岩和峰峰组灰岩岩溶含水层，富水性弱－中等。

10.5 保水采煤方法及效果

10.5.1 煤层开采对顶板孙家沟组含水层影响分析

根据《煤矿专门水文地质勘查规范》（GB/T 40130—2021）对于 509 工作面的中硬覆岩顶板进行综放开采时，选取导水裂隙带高度的计算公式为：

$$H_{li}=\frac{100\sum M}{0.26\sum M+6.88}\pm 11.49 \tag{10.1}$$

式中：H_{li} 为导水裂缝带发育高度，m；M 为煤厚，m。

澄合煤矿 509 工作面利用综放开采“两带”高度经验公式计算导水裂缝带高度在工作面范围内 73 ~ 79.5m。根据矿井统计资料，K_5 砂岩含水层距 5 号煤约 79 ~ 107m，工作区范围内钻孔补 1–3、补 2–2、补 2–3 导水裂隙带高度发育至上石盒子组 K_5 砂岩含水层，509 工作面东部附近导水裂隙带会揭露或沟通 K_5、$K_{中}$、$K_{※}$、K_4 砂岩裂隙含水层，509 工作面范围内孙家沟组底板距 5 号煤约 180 ~ 415m，导水裂隙带顶界距孙家沟组底板最小为 100.5m，无断层构造情况下导水裂隙带不会发育至孙家沟组及第四系含水层。

10.5.2　采煤对泉及孙家沟组含水层的影响分析

509 运输巷设计长度 1229m，切眼长 140m，工作面标高 +196m ~ +218m，地面标高 +638m ~ +757m。属于承压开采，主采 5 号煤层，煤层厚度 4.5 ~ 5.7m，一般厚 5.0m，为厚煤层，夹矸 1 ~ 3 层，一般 2 层，夹矸厚度 0.2 ~ 0.3m，为复杂结构煤层。煤层倾角 3° ~ 7°，平均 4°，为近水平 – 缓倾斜煤层，煤类型为贫 – 瘦煤。

509 工作面北部泉 4 标高 599.06m，泉 5 标高 602.45m，泉 10 标高 603m 左右，水库水位标高 590m 左右，沟谷出露泉水汇聚于北部的东风水库。509 工作面及泉域范围内 K_4 含水层顶板标高在 200 ~ 250m 之间、$K_{※}$ 含水层顶板标高在 215 ~ 265m 之间、$K_{中}$含水层顶板标高在 220 ~ 275m 之间、K_5 含水层顶板标高在 260 ~ 320m 之间，泉的标高均大于 K_4、$K_{※}$、$K_{中}$、K_5 含水层顶板标高，可以推断出泉不是出露于 K_4、$K_{※}$、$K_{中}$、K_5 含水层。根据各勘探线剖面图，孙家沟组地层顶板标高在 620 ~ 630m 之间，结合矿区地层结构可判断，泉 4、泉 5、泉 10 附近孙家沟组地层顶板标高在 600m 左右，泉 4、泉 5、泉 10 可能出露于上二叠统孙家沟组砂岩裂隙含水层，部分包括新生界第四系中更新统黄土裂隙孔隙含水层的水。

509 工作面距 K_4 砂岩含水层 13m 左右，距 $K_{中}$砂岩含水层 45m 左右，距 K_5 砂岩含水层 75m 左右。其中 K_4 富水性弱 – 中等，$K_{中}$富水性弱，K_5 富水性弱。根据现有资料分析，煤层顶板砂岩含水层富水性不均匀，连通性较差，顶板水以静储量为主，是构成工作面回采期间涌水的主要组成部分。根据计算结果，煤层顶板导水裂隙带将直接沟通 K_5、$K_{中}$、$K_{※}$、K_4 砂岩裂隙含水层，即导水裂隙带仅仅发育到下二叠统山西组砂岩裂隙含水层，发育不到上二叠统孙家沟组砂岩含水层，故不会对泉水出露层位（孙家沟组）含水层生产扰动，也不会引起泉水衰减或断流。

10.5.3　底板含水层保护的探查与治理

2021 年 9 月 17 日、2021 年 12 月 10 日，公司委托西安西北有色物化探总队有限公司分 2 次完成对 509 工作面的直流电法初次探测，并提交相关成果资料，工作面停采线 600m 至切眼范围（切眼向外 300m）内的电法施工未正常开展。停采线至 600m 范围内依据初次电法异常区设计 8 个钻场，工作面切眼向外 300m 范围内设计 4 个钻场，钻场间距为 100m，达到全区域覆盖条件。编制《509 工作面（0 ~ 290m）底板探水注浆加固工程设计》。依据电法成果资料分析，在探测垂深 20m、25m 成果平面图中共圈定 4 处异常，运输巷 13 ~ 17 号测点（停采线内 90 ~ 170m）存在一处低阻异常，在剖面图中显示 16 ~ 17 号测点区域低阻异常与奥灰有一定导通，设计 1–1 钻孔进行探查验证导水特性并进行治理，并对此异常其他区域设计 1-2、1-3、1-4 钻孔进行探查治理。

依据探查结果，初次注浆加固工程共设计 12 个钻场，共 52 个钻孔，进尺 3027.4m。其中：运输巷 6 个钻场，26 个钻孔，进尺 1612.4m；轨道巷 6 个钻场，26 个钻孔，进尺 1415m。

509 工作面于 2022 年 1 月下旬贯通，为保证工作面回采前达到安全回采条件，优先保证切眼向外 300m 钻场钻探施工，2022 年 1 月 17 日至 3 月 4 日完成电法验证前切眼向外 300m 范围（7 号、8 号、9 号、10 号）所有设计工程量，钻孔均无出水，历时 60 天，完成钻孔 20 个，验收工程量 1192.5m。其中：运输巷 592.5m，轨道巷 600m，施工钻孔均未出水。注浆施工自 2022 年 2 月 8 日开始，到 2022 年 3 月 7 日结束，历时 28 天，总注浆量 1079.03m^3。钻孔注黏土 - 水泥双液浆 913.78m^3（其中消耗干土 239.36t，消耗水泥 53.23t），注水泥单液浆 165.65m^3（其中消耗水泥 28.35t），注浆终孔压力均达到设计要求 4MPa 以上。注浆后，工作面开采未发生突水现象，含水层保护效果良好。

10.6 结论

1）509 工作面顺槽及切眼施工的顶板疏放水孔仅有 1 号钻场钻孔微出水，单钻孔最大涌水量不超过说明顶板 K_4、K 中砂岩含水层以静储量为主、富水性弱，整体对工作面威胁较小，5 号煤回采形成的导水裂隙带将波及 K_5、$K_{中}$、$K_{※}$、K_4，但影响不到孙家沟组含水层，对工作面外侧的泉眼影响很小。

2）底板直接充水水源主要为 K_3、K_2 含水层，目前尚未发现 K_2 含水层较强富水区域，据目前采掘资料显示，K_2 含水层与奥灰含水层无明显的水力联系。工作面已施工完成的底板探水注浆钻孔均未出水，说明底板含水层富水性弱，且对工作面进行了底板注浆加固，改造含水层为相对隔水层，加固了隔水层。通过实施本阶段治理工程，达到了设计要求及预期效果，可以保证切眼向外 300m 的安全回采距离和底板含水层保护。

本项目由陕西澄合百良旭升煤炭有限责任公司实施，项目组主要成员有王峰、李魁、贾园等，煤炭开采对泉及含水层影响的保水采煤论证工作由中国矿业大学马立强、范立民、刘博、李佳洪、吴永辉等完成。

11　山西荣康煤矿煤层底板注浆保水采煤技术研究及应用

11.1　项目背景

山西煤矿区水资源相对贫乏，数十年的高强度开采，造成了区域性地下水位下降，诱发了一系列环境问题。为此，近年来，山西省高度重视煤矿区地下水资源保护，多次对保水开采提出指导性意见和安排，并取得了显著效果。

煤层底板岩溶水是维系山西煤矿区生态环境的重要水源（牛仁亮等，2003；陆远昭等，2012），也是供水水源。山西晋煤集团洪洞晋圣荣康煤业有限公司煤矿（简称荣康煤矿）煤层底板岩溶发育，富水性强，如采前不采取保水采煤措施，不仅会造成矿井水害，可能还会疏干岩溶水资源，造成岩溶泉地下水系统的破坏。

因此，我们采用底板注浆加固隔水层的保水采煤技术，在 10 号煤层底板注浆后，可实现 10 号、11 号两层煤的保水开采，在全国率先研发并实施了一次注浆、两层煤保水开采的保水采煤方法，实现了“一治二效”的效果，经济和社会效益显著。

11.2　矿井概况及水文地质条件

荣康煤业地处霍州国家规划区的万安详查区南部，位于山西省洪洞县堤村乡上张端村，地理位置为吕梁山南段东侧，汾河西岸。为 2009 年资源整合单独保留矿井，井田面积 6.1188km²，可采煤层为 10 号、11 号，可采储量 1068.8×10^4t，生产能力 90×10^4t/a，服务年限 7.9a，于 2012 年开工建设，2022 年 7 月转入生产矿井，目前开采 10 号煤层。

荣康煤业矿井水文地质类型为复杂型，煤层底板岩溶水资源丰富，为受奥灰水影响的带压开采矿井。井田内奥灰水位标高为 +515 ~ +540m，10 号、11 号煤层底板标高为 +235 ~ +525m，10 号、11 号煤层相对奥灰含水层为带压开采，10 号、11 号煤层底板受奥灰水水头压力 0.558 ~ 3.195MPa。10 号煤层突水系数 0.015 ~ 0.069MPa/m，距奥灰顶面平均厚度 45m，底板隔水层最薄处约 32m，煤层开采存在垂向导水构造导致奥灰突水的潜在风险；11 号煤层突水系数 0.021 ~ 0.091MPa/m，距奥灰顶面平均厚度 35m，最薄处仅为 21m，煤层回采后底板采动破坏带将可能直接与奥灰含水层水导通，损伤奥灰岩含水层结构，损害岩溶地下水系统。

根据矿井首采面（11001）底板奥灰含水层探查资料，井田奥灰含水层富水性较强，且底板存在一定的原始导升高度，再加上井田 10 号、11 号煤层为近距离煤层开采，煤层回采后由于重复采动导致底板扰动破坏深度加大，如果在回采前不对底板奥灰含水层进行区域注浆改造，矿井安全将受到奥灰水威胁。另外，井田位于霍州矿区的南部、汾河西侧，地形切割强烈，沟谷纵横，井田外大面积灰岩出露，为区域岩溶泉域地下水的补给区，进一步增加了煤层回采发生奥灰水遇构造突水风险，严重威胁矿井安全，同时对底板奥灰含水层水资源造成很大浪费，对区域地下岩溶水系统健康发展和生态环境造成一定影响。因此，为了积极响应山西省人民政府办公厅《关于促进全省煤炭绿色开采的意见》(晋政办发〔2022〕39 号）及山西省能源局《关于进一步推进全省煤炭绿色开采有关工作的通知》(晋能源煤技发〔2020〕197 号）关于推行绿色开采的号召，晋能控股集团及太原煤气化集团公司（上级主体公司）决定在荣康煤业开展注浆保水采煤技术研究，以达到一次性治理效果、同时消除 10 号、11 号两层煤底板奥灰突水风险，解放 11 号煤层煤炭资源，实现奥灰含水层水资源原位保护，提出“一治三效”的保水开采创新理念，实现矿井下组煤降本增效、带压安全开采和保水开采的三重目标，提出一套适合荣康煤业下组煤“安全、高效、经济、绿色”的保水开采技术体系，将荣康煤业打造成晋南矿区类似矿井煤炭资源保水开采绿色发展的示范矿井。

11.3 注浆保水采煤技术及应用

11.3.1 保水采煤思路

以下组煤 11004 回采工作面带压开采水害防治为切入点，以底板岩溶水水资源保护和煤炭资源解放为目标，以工作面地质及水文地质资料、井上下物探成果和井下超前探放水等资料为基础，以井下长距离定向钻岩屑录井、钻速录井、涌水量（漏失量）等综合探查为主要手段，分析研究工作面各区段奥灰含水层顶部地层胶结程度、岩溶发育情况、富水性分布、构造发育等分布特征，研究不同区段井下长距离定向水平钻成孔工艺关键技术和注浆工艺方法，实现工作面奥灰顶部止水垫的成功建造，保证工作面带压安全开采和岩溶水资源原位保护，形成一套适合荣康煤业带压开采条件的水害防治及保水开采技术体系，有效指导矿井安全绿色生产，也为晋南矿区类似矿井保水开采提供技术支持（图 1.1）。

11.3.2 注浆保水采煤技术方案

为了实现回采工作面奥灰含水层水资源的原位保护，设计采用井下长距离定向钻探 + 常规钻探，结合地面造浆、管路输浆至孔口工艺，对 11004 回采工作面奥灰顶部 8 ~ 18m 层位进行探查和注浆治理（图 11.2）。在工作面北部（采区轨道下山）施工 3 个定向钻钻场，设计 9 个定向钻孔，其中 11004 工作面设计 6 个，工作面盲区治理设计 3 个；另外设计 26 个常规钻钻孔对定向钻不能覆盖区域进行补充探查及注浆。钻进过程中，钻孔出水量大于 $50m^3/h$ 时，停止钻进，进行注浆改造治理（注浆终压 > 5MPa），注浆结束初凝后继续钻进，在治理区域奥灰顶部建造止水垫，以增加隔水层厚度，增强隔水层的阻水性能，降低 10 号、11 号煤层开采时的奥灰水突水风险，实现工作面奥灰含水层水资源原位保护和安全绿色开采。

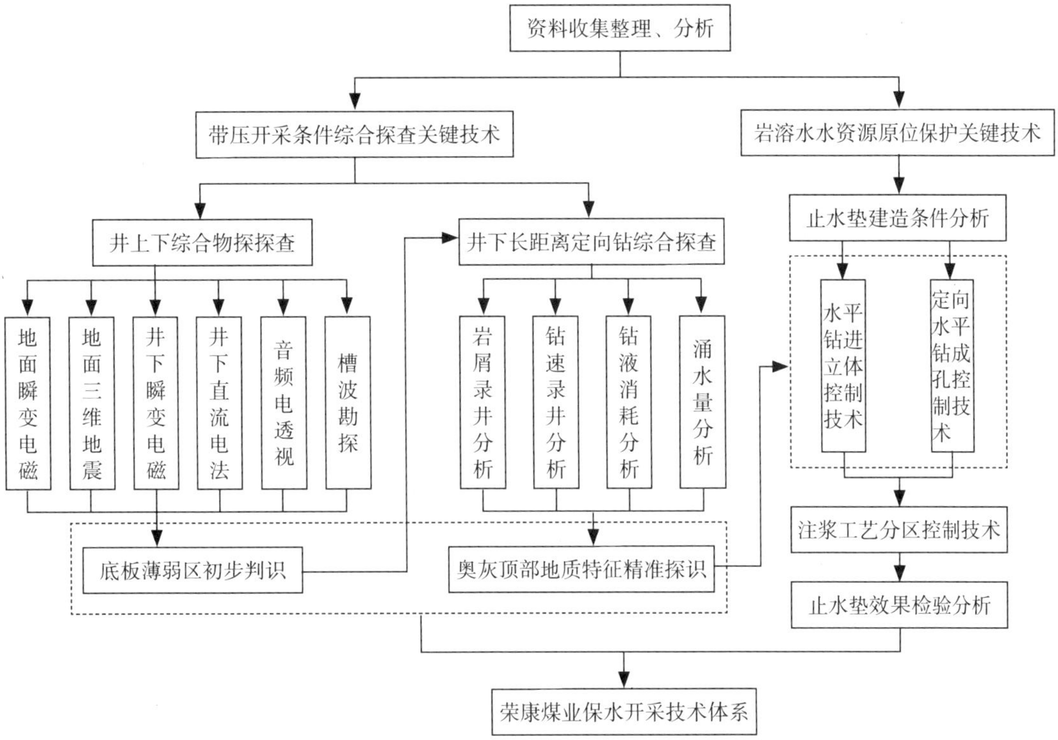

图 11.1 荣康煤矿注浆保水采煤技术思路图

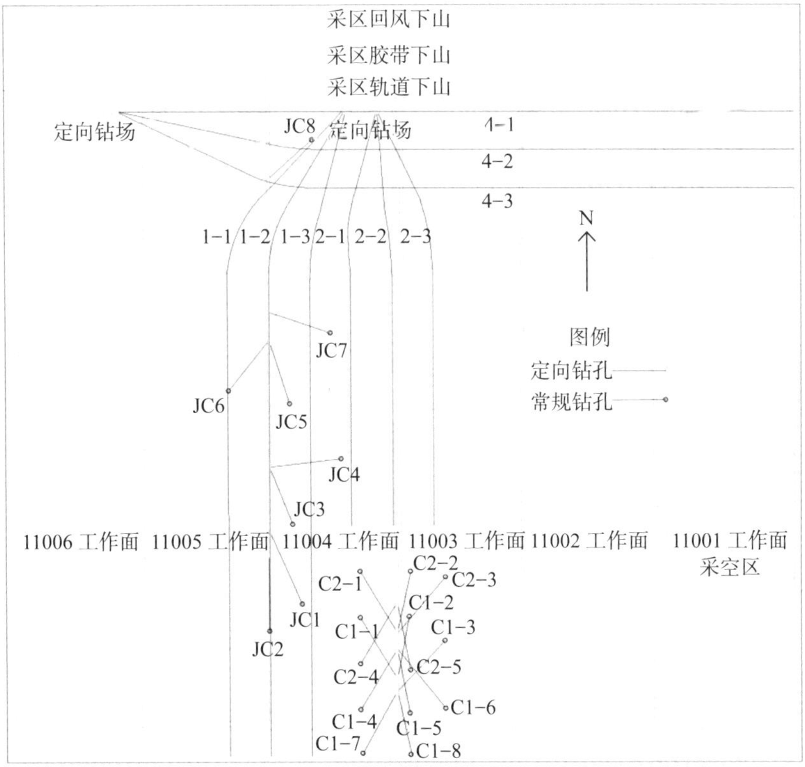

图 11.2 荣康煤矿注浆保水采煤工程布置图

11.3.3 保水采煤区域的确定

11.3.3.1 工作面井上下物探探查选区

11004 工作面采掘前，在地面对工作面进行了三维地震勘探和地面瞬变电磁勘探，勘探成果显示在工作面煤层底板无异常区。

工作面形成后，利用井下槽波、坑透、音频电透视 3 种物探手段对工作面顶板、顺层、底板方向进行综合物探，主要对工作面的地质构造及富水性进行探测。11004 工作面物探成果显示存在 8 处异常区，其中 3 处槽波异常区，3 处坑透异常区，2 处音频电透视低阻异常区（图 11.3），这为长距离定向钻探查和治理提供了重要靶区。

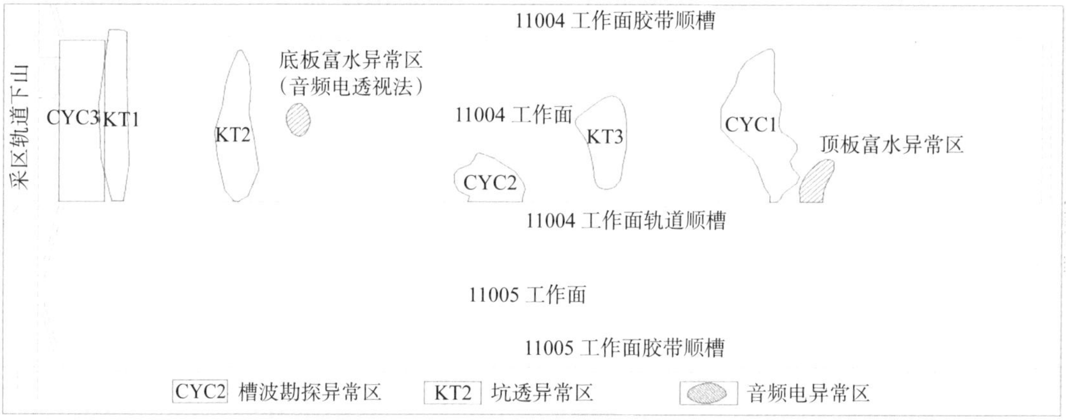

图 11.3　11004 工作面物探成果示意图

11.3.3.2 长距离定向钻探查选区

11004 回采工作面 6 个定向钻孔累计钻探进尺 4287m，注水泥 3053t。定向钻进过程中共出现 26 个集中出水点，其中最大出水量 200m³/h，其注浆量占总注浆量的 66%。施工了 13 个常规钻孔，钻孔钻进过程中均不同程度出水，其中最大出水量 57m³/h，累计完成钻探进尺 1363m，注浆（水泥）量 424t。

通过井上下综合物探和井下长距离定向水平钻岩屑录井、钻速录井、涌水量（消耗量）观测等综合探查成果，查清了工作面底板奥灰含水层顶部地层胶结程度、裂隙发育和集中富水区段、底板薄弱区等，为（底板奥灰注浆改造及保水开采）止水垫建造注浆工艺的选择提供了依据。

11.4 注浆保水采煤技术效果评价

11.4.1 工作面物探效果检验

工作面区域治理结束后，利用井下音频电透视对工作面治理效果进行检验，物探成果显示无低阻异常区，止水垫建造效果良好。

11.4.2 工作面钻探效果检验

工作面治理结束后，针对工作面出水量较大的区段施工了8个检查孔（钻探进尺802m，注浆量21.3t），对区域治理注浆效果进行了检验（表11.1）。根据验证孔成果分析，验证孔出水量较小、注浆量不大，11004工作面回采期间未出现底板涌水现象，说明11004工作面保水开采区域治理注浆效果良好，止水垫建造良好，达到了保水开采的预期效果。

表11.1 11004工作面区域治理效果检验孔成果表

孔号	施工位置	方位/°	倾角/°	孔深/m	开孔层位	终孔层位	水量/($m^3\cdot h^{-1}$)	水压/MPa	注浆量/t
JC1	轨道顺槽b11导线点向南7.3m	158	−32	114	10号煤层底板	进入奥灰10m以下	0	0	1.2
JC2	轨道顺槽b11导线点向南37.4m	180	−30	110			0	0	1.1
JC3	轨道顺槽b10导线点向北10.5m	159	−37	92			0.2	0.5	2
JC4	轨道顺槽b10导线点向北15.6m	83	−33	102			0.5	0.5	2
JC5	轨道顺槽b7导线点向南33.4m	163	−35	97			1.2	0.7	3.5
JC6	轨道顺槽b7导线点向南34.2m	217	−35	96			0.5	0.5	2
JC7	轨道顺槽b7导线点向北4.2m	110	−35	95			2	0.65	4.5
JC8	轨道顺槽b6导线点向北49.9m	39	−36	96			1.5	0.6	5
合计				802					21.3

总体来看，矿井基于工作面井上下综合物探成果，利用井下长距离定向水平钻综合探查关键技术和地面制浆分区注浆工艺方法，实现了工作面奥灰含水层顶部止水垫的成功建造，保证工作面带压开采安全和岩溶水资源原位保护，并形成了一套适用于荣康煤业煤层底板奥灰水害防治及保水开采技术体系，实现了矿井安全、绿色、高效生产。

11.4.3 注浆保水采煤技术评价

在工程施工结束后，进行了11004回采工作面灰岩承压水突水危险性精细化评价工作，认为：

1）本项目以保护煤层底板奥灰水害为目的，通过增加隔水层厚度、消除底板薄弱区，防止采掘过程中奥灰水通过导水通道突出造成矿井水害事故。该《工程设计》给出的综合治理目标明确，目标层选择合理，保水开采区域治理整体思路清晰，且规划合理。

2）施工过程中钻探设备及注浆设备可满足打钻及注浆工艺要求，钻探深度、方位及注浆方法、层位、封孔标准等参数均满足要求。并且为了检查注浆治理后浆液在含水层中的填充效果，还采用了井下物探、钻探方法对注浆效果进行了检验。通过现场考察，钻孔布置、浆液浓度符合设计要求，注浆效果检验方法合理，技术要求和安全技术措施符合规范，具有可操作性。

3）工作面回采期间未出现底板出水情况，说明治理效果良好，实现了奥灰水资源的原位保护，达到了保水开采的目的。

4）荣康煤业保水开采区域治理项目的实施，实现了采掘工作面的持续正常作业和矿井的可持续发展，进一步提高了复杂地质条件下矿井保水开采技术水平，还可在安全和生态方面取得有益成果，可实现矿区生态平衡和生态系统的良性、高效循环，在山西煤矿地质条件相似的矿井具有引领示范作用，推广应用前景广阔。

综上所述，荣康煤业保水开采区域治理项目整体思路清晰、目标明确，采取的技术方案可靠，可以指导煤矿绿色开采（保水开采）的规划与实施。保水开采区域治理施工过程中符合设计要求，达到了预期目的。

11.5 存在问题及建议

1）注浆保水施工工序复杂，钻孔出水后需要不断重复注浆－侯凝－扫孔－钻进工序，扫孔周期较长，且受地层影响，容易出现钻孔塌孔事故，治理结束后需对注浆效果进行验证及补充注浆，导致施工工期较长，必须超前谋划。

2）施工过程中受地质及水文地质条件影响，实际情况会与设计存在差异，需针对不同情况进行“边施工、边总结、边调整设计”，确保设计科学合理，施工质量和效果符合要求。

3）注浆保水主要有隔水层中导升通道的注浆和奥灰含水层的注浆改造两种方式，两种方式在注浆保水实施时技术上有不同的侧重要求，需要根据矿井带压及隔水层厚度发育情况来确定治理方式。

4）注浆保水工程不仅是钻探和注浆的实施，更要注重后期注浆效果的检验，需要针对注浆区域开展二次物探和钻探，对注浆效果进行检验。

项目实施单位是山西晋煤集团洪洞晋圣荣康煤业有限公司，技术支撑单位是中煤科工集团西安研究院有限公司，项目组主要成员有李永进、田干、王亮亮、杨新宇等。

12 保水采煤技术及在山西龙泉煤矿的应用

12.1 项目背景

2019 年 8 月 6 日山西省能源局明确将太原煤气化（集团）有限责任公司龙泉煤矿列为保水开采试点矿井之一。

龙泉煤矿作为山西省内煤水资源共生的代表性矿井，主采 4 号、7 号、9 号煤层，平均煤厚分别为 6.47m、1.1m、11.68m。地表水系主要有龙泉川、岚河流经井田（汾河水库为重要补给源），井田区域内地下含水层主要有第四系松散岩类孔隙含水岩组、新近系松散岩类孔隙含水岩组、二叠系碎屑岩类裂隙含水岩组、石炭系太原组碎屑岩夹碳酸盐岩溶裂隙含水岩组、奥陶系碳酸盐岩类岩溶裂隙含水岩组。

4301 试点工作面作为矿井三采区首采工作面（矿井目前开拓开采区域最低点），所采 4 号煤层底板标高 +525.2 ~ +630.5m，地面标高 +1200.1 ~ +1350m。顶板具有 K4、K5、K6 等砂岩裂隙含水层，底板具有 K3 砂岩裂隙含水层、太原组石灰岩及中奥陶统石灰岩含水层。煤炭开采过程中，受地表沉陷、顶板活动与底板破坏等影响，浅表水、顶板水和底板水不仅会给矿井安全生产带来巨大威胁，而且会出现大量流失而进一步加剧矿区生态环境和径流条件恶化。因此，亟须通过保水开采途径实现安全和绿色的双重目标，具有很好的示范和引领作用。

综上所述，基于龙泉煤矿地形地貌、水系统环境、地质结构类型、覆岩层结构组成及煤层赋存条件，以化矿井水害防治为矿井保水开采为切入点，将矿井浅表水、顶板水及底板水进行整体统筹考虑，紧紧围绕“浅表水保质保量、顶板水资源化利用、底板水原位保护”这条主线，按照“现有 4301 试点工作面水资源保护‘点’的初步探索、未来 3 年生产接替区水资源保护‘面’的整体拓展、可复制可推广的矿井保水开采模式系统总结”这 3 个阶段稳步推进路线，形成一套适合龙泉煤矿的安全、高效、经济、与生态环境相协调的保水开采技术体系，实现矿井安全开采和保水开采双重目标，打造龙泉煤矿绿色开采（保水采煤）工程示范基地，并在山西全省乃至全国其他类似矿井形成引领示范作用。

12.2 地质及水文地质条件

12.2.1 地层

龙泉井田内地层由老至新依次为：中奥陶统马家沟组；中奥陶统峰峰组；中石炭统本

溪组；上石炭统太原组厚 110.64 ~ 127.39m，平均 116.00m；下二叠统山西组厚 34.07 ~ 60.20m，平均 52.00m；下二叠统下石盒子组。上二叠统上石盒子组；上二叠统石千峰组；下三叠统刘家沟组；新近系上新统静乐组和第四系。

12.2.2 煤层

井田含煤地层主要为上石炭统太原组和下二叠统山西组。

龙泉煤矿共有煤层 11 层。可采煤层为太原组 4 号、7 号、9 号煤层，均属全井田可采的稳定煤层，其中，4 号煤层厚 1.70 ~ 8.40m，平均 6.47m，为目前的主采煤层；7 号煤层厚 0.75 ~ 2.00m，平均 1.10m，属次要可采煤层；9 号煤层厚 5.35 ~ 15.48m，平均 11.68m，为另一主要可采煤层。其余为不稳定或极不稳定煤层，均不可采。可采煤层赋存特征见表 12.1。

表 12.1 可采煤层赋存特征表

煤层编号	见煤点厚度 /m	煤层间距 /m	煤层结构		顶底板岩性		可采系数 /%	煤层稳定程度
	最小 ~ 最大 平均	最小 ~ 最大 平均	性质	夹矸层数	顶板	底板		
4	1.70 ~ 8.40 6.47	37.77 ~ 68.18 51.56	复杂	1 ~ 8	砂质泥岩、粉砂岩	砂质泥岩中细粒砂岩	100	稳定
7	0.7 ~ 2.00 1.10	13.85 ~ 31.18 23.32	简单	0	砂质泥岩、粉砂岩	细粒砂岩或砂质泥岩	100	稳定
9	5.35 ~ 15.48 11.68		复杂	2 ~ 5	L1 石灰岩	泥岩或砂质泥岩	100	稳定

其中，4 号煤层结构复杂，一般含 3 层夹矸，最多达 8 层，夹矸一般为泥岩或炭质泥岩。煤层厚度变化无规律可循，但总的趋势是井田的东南部薄，厚度在 6m 以下，其他地段均在 6m 以上，仅在西南部的 61、252、254 号 3 个孔小于 6m，厚度在 4.94 ~ 5.88m，该层在井田西北部分叉，分叉后主煤层厚度一般在 1.52 ~ 2.60m 之间。顶底板岩性多为砂质泥岩或泥岩。

12.2.3 水文地质条件

12.2.3.1 地表水系

汾河支流岚河穿过井田东部，在下静游汇入汾河。雨季最大流量为 874.0m^3/s，旱季最小流量为 0.064m^3/s，历年平均流量为 2.25m^3/s，清水流量 1.13m^3/s。岚河的支流龙泉川由西—北东穿过井田 5.6km，在下龙泉村北东约 1km 处汇入岚河，为季节性河流，清水流量 0.01m^3/s，枯水季节基本无水。

汾河（井田东 2.5km 左右）源于宁武县管涔山，由东寨经静乐向南，在本井田东南（2km 左右）注入汾河水库。汾河水库位于太原市娄烦县下石家庄的汾河干流上，汾河水库历年最高积水线 1130m，历年最大流量 2230m^3/s，最小流量 0.19m^3/s，控制流域面积

$5268km^2$，坝址处多年平均流量 $21.9m^3/s$，设计洪水流量 $3670m^3/s$，总库容 $7.21 \times 10^8m^3$，设计灌溉面积 149.2 万亩。汾河水库上游作为太原市的水源涵养地，其水源涵养状况直接影响太原市民的用水安全。

12.2.3.2 含水层

矿井区域内地下含水层主要包括：第四系松散岩类孔隙含水岩组、新近系松散岩类孔隙含水岩组、二叠系砂岩含水岩组、石炭系砂岩及灰岩含水岩组、奥陶系灰岩含水岩组。

（1）松散岩类孔隙含水岩组

包括第四系松散岩类孔隙含水岩组和新近系松散岩类孔隙含水岩组，主要分布在岚河龙泉川一带，浅表含水层为地表生态环境补给水源及居民生活水源，若开采活动破坏浅表含水层，将会严重影响地表生态及居民生活。同时岚河和汾河为汾河水库水源，若受开采扰动破坏，将会严重影响汾河水库水源涵养地的生态环境。

新近系砾石层孔隙含水层其上部为红色黏土，内有 3 ~ 5 层钙质结核，以上层滞水为主，水量小，常有小泉渗出。砾石层位于底部，分选不良，有少量岩屑混于其中，因下伏基岩补给条件和所处位置的不同，其富水性变化很大。新近系上新统厚 70 ~ 120m，下部砂砾石层厚约 25m，含孔隙水，富水性中等－强。在木瓜沟与任家庄一带为承压自流区，如 93、94、96 号孔（龙泉煤矿界外，位于井田东部 1.5km）等都有涌水，96 号孔井口标高 +1190.7m，在孔深 66.1m 处开始涌水，当孔深 209m 时（见基岩处）在孔口加长井口管 9.7m（标高 +1199.7m）仍向外涌水，孔口涌水量 0.22 ~ 0.78L/s。94 号孔涌水量 6.98L/s。该含水层水井，单位涌水量 0.72 ~ 2.625L/（s·m）。南部沟谷多有泉水出露，流量多小于 0.1L/s，最大为上龙泉村西的 5 号泉，流量 0.794L/s。

第四系全新统砂砾石层孔隙含水层主要分布在岚河及其支流沟谷之底，厚度 0 ~ 20m，水位标高 +1120 ~ +1232.4m。据冶金五队在下静游一带的水源勘探抽水资料，单位涌水量为 1.1 ~ 3.9L/（s·m）。岩性以砾石、卵石为主，含砂土，主要接受大气降水的补给，富水性中等。

（2）二叠系砂岩含水岩组

包含 K_4（山西组）、K_5（下石盒子组）、K_6（上石盒子组）、K_7（上石盒子组）、K_8（石千峰组）砂岩含水层，均属于承压裂隙含水层，含水层富水性弱－中等，有一定的补给来源。

二叠系山西组砂岩裂隙水主要由 4 ~ 5 层灰白色中细粒砂岩组成，彼此被隔水层隔开，岩性变化大。80 号孔抽水试验单位涌水量为 0.025L/（s·m）。在地表出露区接受大气降水和地表径流的补给，与降水的关系密切。地下水的流向总体上受单斜构造的控制，由南西向北东方向径流。

上、下石盒子组砂岩裂隙含水层主要为中粗粒砂岩，上部砂岩厚度及岩相变化较大，主要为灰绿、黄绿色中粗粒砂岩。沿岚河两岸于下马铺至富家峪一带有泉水出露，2 号泉涌水量达 2.97L/s。沿岚河河谷的钻孔多有微量涌水，涌水量 0.05 ~ 0.1L/s。据 LB3、LB4 号孔抽水试验，单位涌水量 0.032 ~ 0.10L/（s·m），渗透系数 0.058 ~ 0.23m/d，水位标高 +1120.78 ~ +1181.13m。

（3）石炭系砂岩及灰岩含水岩组

包括 K_3、K_2、K_1 砂岩裂隙含水层及 L_1、L_2、L_3 灰岩岩溶裂隙含水层，富水性极不均一，总体富水性较弱，局部富水性中等。80号孔抽水试验（1976年），钻孔单位涌水量0.027L/（s·m）。龙泉井田副立井检查孔2008年太原组抽水试验，单位涌水量为0.00081L/（s·m），渗透系数0.00277m/d，富水性弱，水化学类型为HCO_3－K+Na型。水位标高+1105.10m，超过井田内4号煤层标高，水压为1.97～7.85MPa，4号煤层全区带压开采。石炭系煤系围岩地下水主要接受侧向径流补给，石炭系裂隙水和层间岩溶裂隙水的水动力场，同样受井田单斜构造的影响，由西南流向北东。

（4）奥陶系灰岩含水岩组

包括峰峰组灰岩含水层及上马家沟组灰岩含水层，作为本井田主要含水层，由厚层石灰岩、白云质灰岩、豹皮灰岩及薄层钙质泥岩组成，富水性极强。1976年冶金五队在下静游水源勘探时，钻孔单位涌水量4.67～74.31L/（s·m），渗透系数0.159～155.4m/d。奥灰水水位标高为+1118.58～+1175.42m，2007—2008年施工的1、2号水源井流量达80～124m^3/h，其中2号水源井单位涌水量6.9L/(m·s)（2号换算成91mm，降深10m时单位涌水量为3.18L/(m·s),1号换算成91mm，降深10m时单位涌水量为2.10L/(m·s)），达到极强富水性。奥灰水位标高分别为+1128.726m、+1128.716m（2014年8月2日实测），受开采扰动影响，奥灰水存在沿隐伏通道沟通太灰水的可能性。龙泉井田西北部、西部及西南部碳酸盐岩裸露区域接受大气降水入渗补给，岩溶水总体上由西北向东南方向径流。本组井田内无天然排泄点，只有人工排泄供水水源井。

12.2.3.3 隔水层

（1）4号煤层顶板隔水层

4号煤层与K_5砂岩之间的间距为51.86～65.80m，K_5砂岩含水层可能会影响4号煤层的安全开采，主要隔水层以K_4、K_5间所夹的砂岩及砂质泥岩为主，隔水层累计厚度为20.30～56.75m。

（2）4号、7号煤层间的隔水层段

4号、7号煤层间距为37.8～68.0m，隔水层以底板砂质泥岩及K_3砂岩中所夹泥质岩、粉砂岩为主。隔水层累计厚度15.10～40.72m，平均28.04m。

（3）7号、9号煤层间的隔水层段

7号、9号煤层间距为13.85～31.18m，主要隔水层以砂质泥岩及钙质泥岩为主。隔水层累计厚度为8.10～20.72m，平均15.04m。

（4）9号煤层底板隔水层段

9号煤层开采存在底板奥灰含水层突水风险，9号煤层与底板奥灰含水层间的间距为22.05～63.20m，主要隔水层为太原组下部的泥质岩、粉砂岩及本溪组铝土岩、泥质岩等。隔水层累计厚度为20.40～57.70m，平均46.72m。

12.2.3.4 地下水补给、径流和排泄

依据现有资料分析，区域岩溶地下水的补给位于宁武向斜南部翘起端、东部、东北部灰岩裸露区，其次为西部的基岩山区。岩溶地下水的径流西部由西向东、南部由南向东北、北部由北东向南汇向下静游汾河河谷。由于宁武向斜东部的隆起，老地层呈北东南西向延展的阻隔，岩溶水的排泄在下静游汾河河谷、汾河水库的库尾区以泉群的形式排向汾河，成为汾河水库的部分补给源。龙泉井田位于该岩溶水系统的南东部区域，龙泉井田东

部边界西六度、下静游位于该岩溶水的排泄区。

矿井地下水补、径、排条件，不同含水岩组特点各异：

（1）松散岩类孔隙含水岩组

井田内松散岩类孔隙水分布于岚河、龙泉河谷两侧，含水层厚度约 3 ~ 20m，其补给来自河流的上游和大气降水，径流沿河床向下游，于汾河水库库尾处排泄。

（2）煤系裂隙含水岩组

煤系裂隙含水层以石盒子组、山西组、太原组的砂岩、石灰岩裂隙含水层为主，层厚 2 ~ 7m 不等，富水性差异极大，井田内地表大多由黄土覆盖，直接受大气降水的补给可能性小，其补给均来自井田外西北部、西部及西南部煤系基岩裸露区的侧向补给，部分来自相邻煤矿上山的采空积水、大断裂带，其径流由南、西南向东及东北方向，于汾河库尾处排泄。

（3）井田岩溶含水岩组的补给

龙泉井田内没有灰岩裸露区，由于盖层厚，且不能接受大气降水及河流的侧向补给，龙泉井田岩溶含水岩组的补给均来自井田外西北部、西部及西南部碳酸盐岩裸露区接受大气降水的入渗补给，部分来自大断裂的越流补给，因此径流路径遥远。岩溶水总体上由南、西北向东南方向深径流。本组井田内无天然排泄点，只有人工排泄点水源井。

12.3 应保护含水层

通过对 4301 试点工作面地质条件进行分析，得出试点工作面应保护的含水层有浅层水的第四系岩类孔隙含水层组，底板含水层的 K3 砂岩裂隙含水层、太原组石灰岩、本溪组石灰岩及中奥陶统石灰岩含水层。4301 试点工作面保水开采目标含水层如图 12.1 所示。

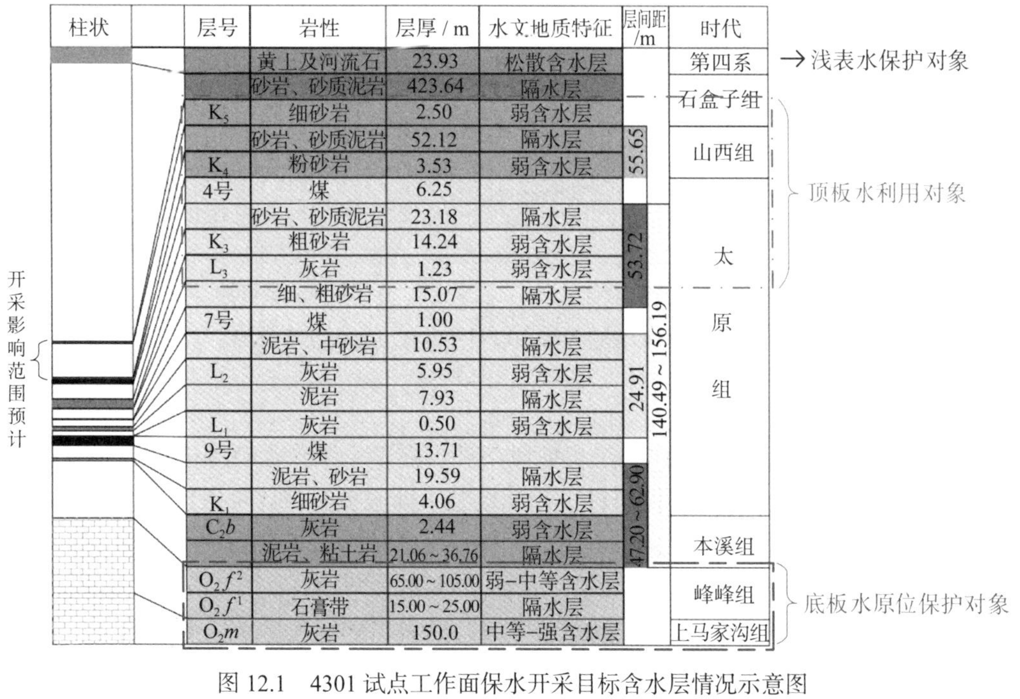

图 12.1　4301 试点工作面保水开采目标含水层情况示意图

12.4 煤炭开采对含水层影响分析

12.4.1 矿井开采对底板含水层扰动分析

（1）数值模拟分析

根据 UDEC 数值模型分析 4301 试点工作面底板受开采扰动影响破坏规律。

随着工作面的不断推进，底板破坏深度持续增大，在顶板第二次来压前，底板破坏深度随工作面推进距离加大而迅速增大，这是由于在开采过程中采空区内无应力作用，底板会沿着自由面不断变形弯曲，底板的破坏延伸速度最大。当顶板垮落后，采空区底板的破坏速度受到上覆垮落岩层自重的限制作用，使底板破坏深度、延伸速度逐渐减小。当工作面推进至 138m 时，顶板经过多次周期来压，底板破坏深度逐渐达到峰值 34m 之后不再继续增加。由于数值模型建立的底板是均匀的，故在模型中底板破坏 34m 并未达到 L3 灰岩，但由于实际地质条件复杂，在煤层底板至灰岩含水层顶板距离小于 34m 的区域中，煤层开采则会对底板承压水含水层造成破坏，工作面推进距离与底板破坏深度变化规律如图 12.2 所示。

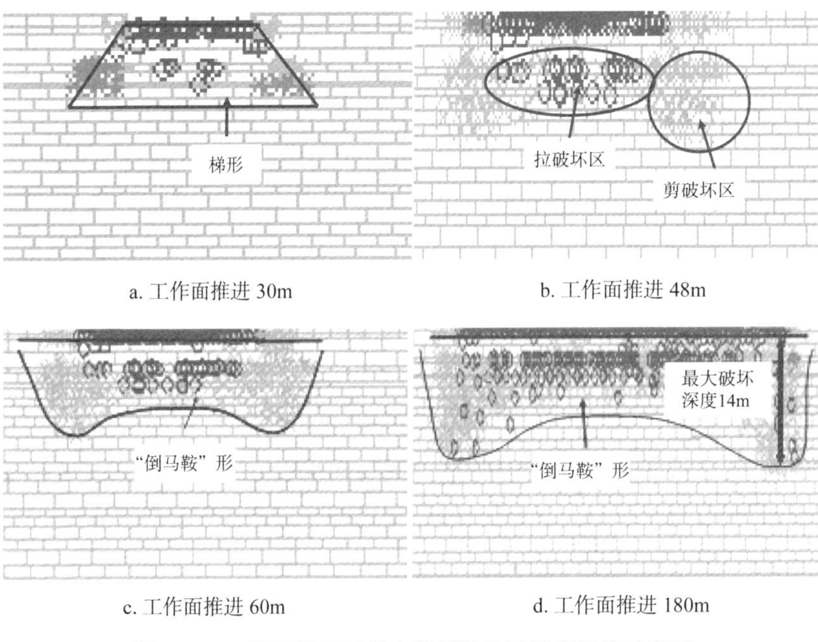

图 12.2 工作面推进过程中底板塑性区发育规律示意图

（2）物理模拟分析

根据龙泉煤矿 4301 试点工作面工程地质条件，在整个工作面范围内，针对底板内破碎带分布情况，铺设两种底板不同条件下相似模型，即底板有破碎带条件和底板无破碎带条件。根据煤层分布状况，沿走向剖面建立相似模型，依据近似准则，确定模型物理力学参数。模型制作所使用的材料为石英砂、石灰、石膏和云母粉。

1）在无破碎带条件下，工作面推进完毕后，底板出现明显三带区域，从煤层底板往下依次划分为采动裂隙带、完整隔水带及承压水导升带，其中采动裂隙带最大发育深度在开切眼和工作面煤壁下方，整体呈“倒马鞍”形状，最大发育深度 16m。承压水导升带高度 18m，如图 12.3 所示。

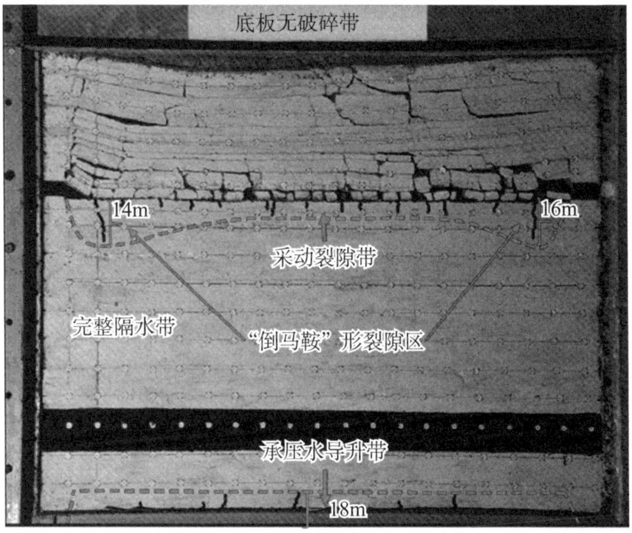

图 12.3　4 号煤层底板无破碎带条件下底板裂隙发育情况示意图

在无破碎带条件下，底板受采动影响，最大破坏深度为 16m，无法与底板奥灰承压含水层导升带贯通，同时由于破坏深度较浅，在模型中 L3 灰岩含水层位置距离 4301 试点工作面底板 37m。实际工程地质条件下，4301 试点工作面煤层底板至 L3 灰岩含水层距离会有所波动，且计算得出的隔水厚度较低，说明 4301 试点工作面开采会在局部位置产生出水危险。

2）在有破碎带条件下，工作面推进至 36m 时，采空区底板产生两条纵向裂隙，靠近切眼位置处的纵向裂隙发育较深，为 5m，而工作面前方底板纵向裂隙发育深度只有 3m；工作面推进至 96m 时，底板破碎带内产生一条纵向发育的裂隙，该条裂隙从破碎带顶部的脆弱结构面开始发育，发育高度达到 10m；工作面推进至 102m 时，底板采动裂隙与破碎带中产生的张拉裂隙通过底板产生的离层裂隙发生贯通，此时构成了出水通道，工作面会发生出水灾害。底板采动裂隙带呈非对称“倒马鞍”形状，工作面前方底板采动裂隙发育较深，达到 34m，与破碎带导升裂隙相互贯通形成出水通道，而开切眼位置处裂隙发育较浅，只有 11m（图 12.4）。

当工作面继续推进，顶板垮落范围变大，底板贯通裂隙在垮落覆岩的重力作用下逐渐闭合，但是因为存在底板承压水作用，闭合并不彻底，意味着出水通道还存在，且在工作面推进过破碎带顶端位置处，导水裂隙有增多趋势。工作面推进至 190m 时，底板采动破碎带范围呈“倒山峰”形状，在出水通道附近处裂隙发育较深，而工作面前方和开切眼处的采动裂隙发育较浅，由于破碎带的垂向范围是从奥灰顶板到太灰含水层，故而奥灰含水层中的水和太灰含水层中的水可能会同时涌入工作面，对工作面安全生产造成较大威胁。

综上所述，工作面底板有破碎带时，底板完整性会降低，导致底板对采动影响的承受能力降低，非连续性底板破坏程度将会比连续完整底板的破坏深度大。

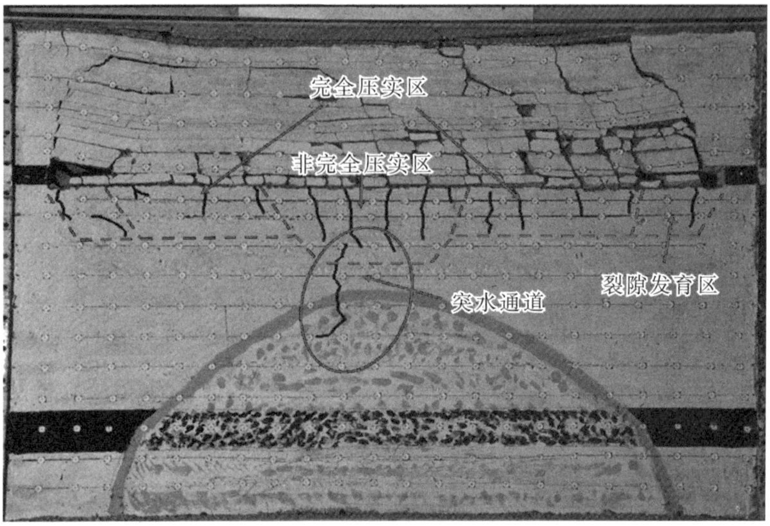

图 12.4　4 号煤层底板有破碎带条件下底板裂隙发育情况示意图

12.4.2　导水裂隙带发育高度及规律

借助煤层底板岩层钻孔构建并行电法探测系统，根据不同回采进度条件下底板岩层的电场响应，测试与分析煤层底板破坏与开采过程之间的动态关系，掌握底板破坏发育规律，实现对底板岩层随采动产生破坏的动态监测，掌握开采过程中底板裂隙发育或岩层破坏的动态变化规律。

比较钻孔数据反演结果可知：

对 1 号钻孔而言，工作面推进过程中，距离停采线 115 ～ 165m 范围内的视电阻率经历了“开采扰动影响，视电阻率缓慢上升—底板发生破坏，高阻区域明显—采空区重新压实，视电阻率缓慢下降”的过程。但该区域视电阻率很难恢复到原始状态，故可断定 1 号钻孔在所测范围内测得底板最大破坏深度约 20.4m。

对 2 号钻孔而言，随着工作面的推进，距工作面 70 ～ 100m 范围内视电阻率变化明显，其中底板深处的视电阻率经历了“升高—降低”的过程，但 31.2m 以前范围内的底板视电阻率很难恢复到原始状态，因此可以确定 2 号钻孔在探测范围内测得的底板破坏深度约 25.5m，开采扰动带深度约 31.2m。

对巷道而言，随着工作面的推进，距离停采线 78 ～ 127m 的底板视电阻率逐渐升高并演变为高阻区域。工作面继续推进时部分区域电阻率逐渐降低，但此范围内电阻率仍难以恢复，高阻区域最大深度约 27.3m。因此可以确定 7 月 13 日 3 号、4 号钻孔探测范围内所得的底板破坏深度约 27.3m。

综上可知，所测范围内钻孔内 1 号测线监测得到底板最大破坏深度为 20.4m；钻孔内 2 号测线监测得到底板最大破坏深度为 25.5m；巷道 3 号、4 号测线联合监测得到底板最大破坏深度为 27.3m，即底板破坏深度为 20.4 ～ 27.3m。由于 4301 工作面与 4305 工作面均属于三采区，距离较近，地质条件相似，因此 4301 工作面底板破坏深度与 4305 工作面相差不大。

12.4.3 煤层开采影响的含水层

根据《建筑物、水体、铁路及主要井巷煤柱留设与压煤开采规范》中给出的覆岩岩性划分，4301 试点工作面覆岩属于坚硬岩性，根据坚硬岩性导水裂隙带高度计算公式，对 4301 试点工作面顶板导水裂隙带发育高度进行预计。

导水裂隙带高度计算公式：

$$H_{\text{li}} = \frac{100M}{1.2M + 2.0} \pm 8.9 \tag{12.1}$$

式中：M 为煤层厚度，m；H_{li} 为导水裂隙带高度预计值，m；± 项为中误差。

4301 试点工作面煤层厚度为 6.25m，代入上式计算得到导水裂隙带高度预计值 H_{li} 为 74.69m。预计顶板 K_4、K_5 砂岩含水层均在裂隙带发育范围内，开采会对顶板含水层产生影响。

12.4.4 煤层开采对地表水的影响分析

浅表含水层是支撑矿区生态环境的主要生态水，含水层内水压主要受重力影响，含水层内水压大小可直接反应水位的变化特征。若采动影响下含水层内水压发生变化则表明煤炭开采会对含水层产生影响。根据不同开采阶段含水层水压变化规律，可将工作面过沟谷的开采过程分为稳定阶段、过渡阶段、周期性变化阶段。

工作面不同推进长度时各测点水压变化情况如图 12.5 所示。

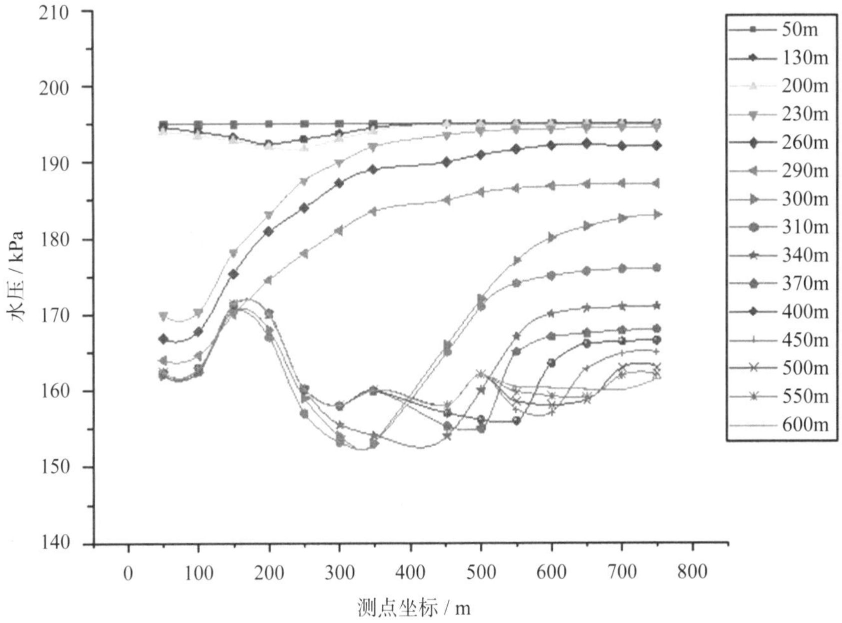

图 12.5　2 号测线水压变化特征曲线图

根据试点工作面其他冲沟参数建立相应模型进行煤层开采，得到不同冲沟参数条件下含水层水位变化规律基本相同，仅水位变化值有所不同，见表 12.2。

表 12.2　不同冲沟参数条件下最大水位变化表

模型	坡角 /（°）	垂深 / m	切割系数	坡体走向与工作面推进方向夹角 /（°）	最大水位变化 / m
1	35	35	0.051	10	3.10
2	65	48	0.070	60	3.45
3	55	28	0.041	58	3.30
4	45	60	0.087	85	3.50
5	40	40	0.058	50	3.25

12.5　保水开采效果监测

目前，龙泉煤矿监测内容包括含水层水位、水流、瓦斯、CO_2、地温、矿压等监测。其中，围绕保水开采的监测系统包括水位和流量两类，共 10 个监测点，分布如图 12.6 所示，设备型号见表 12.3。

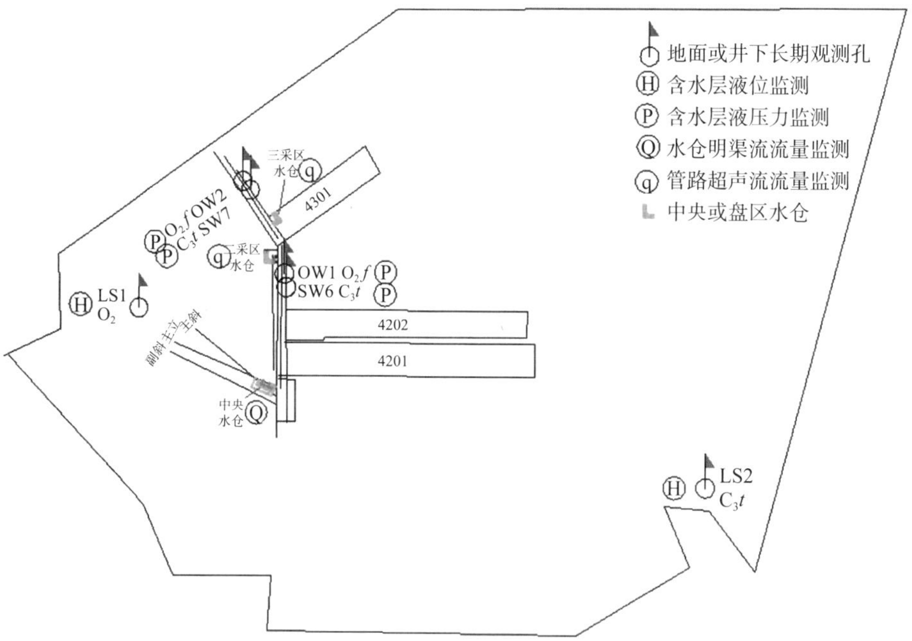

图 12.6　龙泉煤矿水文监测系统现状与分布示意图（2020 年）

表 12.3　龙泉煤矿矿井水相关监测系统现状统计表（2020 年）

设备名称	规格型号	数量	单位	安装位置
矿用超声波流量监测仪	YLC9	7	台	中央变电所 3 台，二采水泵房 2 台，三采变电所 2 台
矿用本安型压力温度传感器	GPW10/100	1	套	中央水仓 1 套
明渠流量测量装置	KJ402-M			
矿用本安型压力温度传感器	GPW10/100	4	支	OW1、OW2、SW6、SW7 水压钻孔

续表

设备名称	规格型号	数量	单位	安装位置
一体化压力式地下水监测仪	KJ402-FB-I	2	套	回风立井 LS-1、下静游 LS-2 水文长观孔处
锂离子电池组	KJ402			
矿用本安型压力温度传感器	GPW10/100			
防盗保护罩	KJ402			

① 4 个井下含水层水位监测点，即 OW1、OW2、SW6 和 SW7 井水文孔；② 2 个地面含水层水位监测点，分布于 LS1 和 LS2 两个地面水位监测孔；③ 3 处管道流量监测点，分布于中央水仓、二采水仓和三采区水仓；④ 1 处明渠流量监测点，分布于中央水仓。

12.5.1 底板承压水监测

奥陶系岩溶监测系统构成见表 12.4，分布如图 12.7 所示：① 共 17 个监测点，已有 3 个长期观测孔（2 井下 +1 井上），需要补充 14 个监测点；② 在补充的 14 个监测点当中，改造利用井田内水源井 2 个，改造利用邻矿和村庄水源井 5 个，可引入邻矿已有监测孔数据 2 个，井田内新建钻孔监测点 5 个。

表 12.4　龙泉孔保水开采奥陶系含水层监测系统构成统计表

状态	孔号	位置	监测层位	孔类型
已有	OW1	井田内	O_2f	井下长期观测孔 / 需验证
已有	OW2	井田内	O_2f	井下长期观测孔 / 需验证
已有	LS1	井田内	O_2f	地面长期观测孔
补充	1 号水源井	井田内	O_2f+O_2s	利用 / 地面水源井
补充	2 号水源井	井田内	O_2f+O_2s	利用 / 地面水源井
补充	新庄子水源井	井田外 / 村井	O_2	利用 / 地面水源井
补充	上静游水源井	村井	O_2	利用 / 地面水源井
补充	下静游水源井	村井	O_2	利用 / 地面水源井
补充	正利矿水源井	正利矿 / 井	O_2	利用 / 地面水源井
补充	马家岩矿水源井	马家岩 / 井	O_2	利用 / 地面水源井
补充	ZK1	正利 / 观测孔	O_2	利用 / 邻矿已有
补充	ZK5	正利 / 观测孔	O_2	利用 / 邻矿已有
补充	OB1	西南边界	O_2f	新建 / 地面孔
补充	OB2	南边界	O_2f	新建 / 地面孔
补充	OB3	东 / 上静游村	O_2f	新建 / 地面孔
补充	OB4	东 / 龙泉中桥	O_2f	新建 / 地面孔
补充	OB5	井下 / 南翼大巷	O_2f	新建 / 井下孔

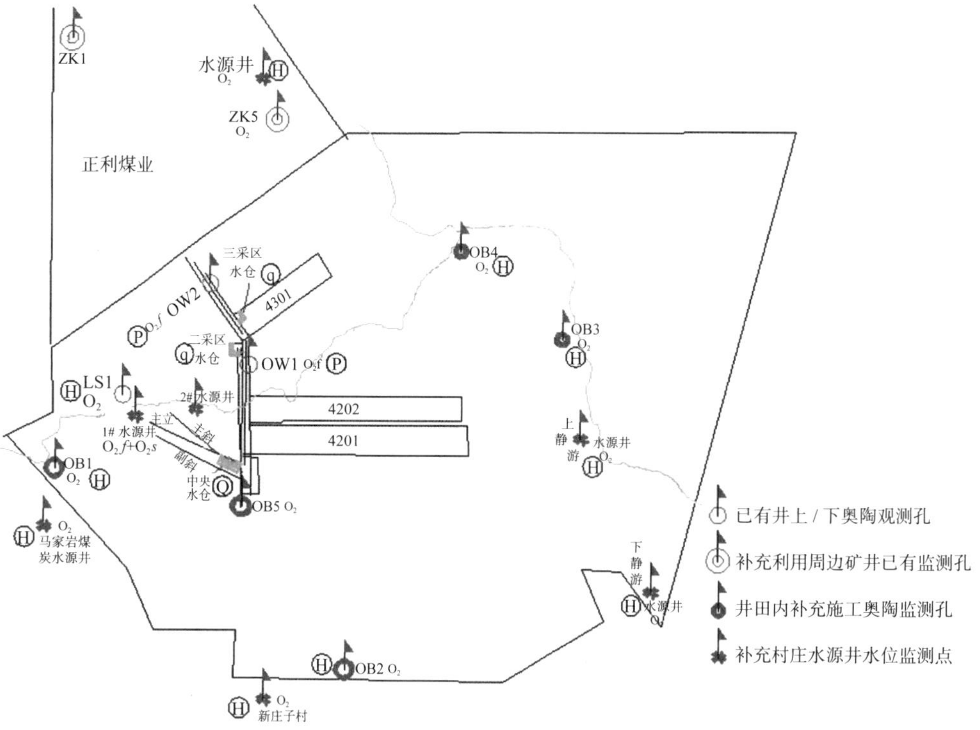

图 12.7　奥陶系智能监测系统监测点构成示意图

总之，增加量根据实际情况再认证和优化。

石炭系含水层监测系统构成见表 12.5，分布和监测层位如图 12.8 所示：① 共 8 个监测点，已有 2 个井下和 1 个地面长期观测孔，需要补充新建 5 个监测点；②在需要补充的 5 个监测点中，3 个分别布置于井田南、西南、西边界保护煤柱，1 个布置于东侧缓采区，另 1 个布置于南翼大巷；c 监测层位以 C_3t 为主，另有 1 个 C_2b 和 1 个上石炭统 4 号煤层到 9 号煤层之间含水层。

表 12.5　龙泉孔保水开采石炭系含水层监测点构成统计表

状态	孔号	位置	监测层位	孔类型
已有	SW6	井田内	C_3t	井下长期观测孔 / 需验证
已有	SW7	井田内	C_3t	井下长期观测孔 / 需验证
已有	LS2	井田内	C_3t	地面长期观测孔
补充	CB1	西南边界	C_2b	新建 / 地面水源井
补充	CB2	西边界	C_3t	新建 / 地面观测孔
补充	CB3	南翼大巷	C_3t（4–9 煤）	新建 / 井下观测孔
补充	CB4	南边界	C_3t	新建 / 地面观测孔
补充	CB5	北部 / 岚河西岸	C_3t	新建 / 地面观测孔

1）自 2018 年 09 月 12 日 4301 试点工作面恢复生产以来，工作面涌水量逐渐增大，到 2019 年回采结束时仍稳定在 140m^3/h。随着底板承压水原位保护技术的实施，目前

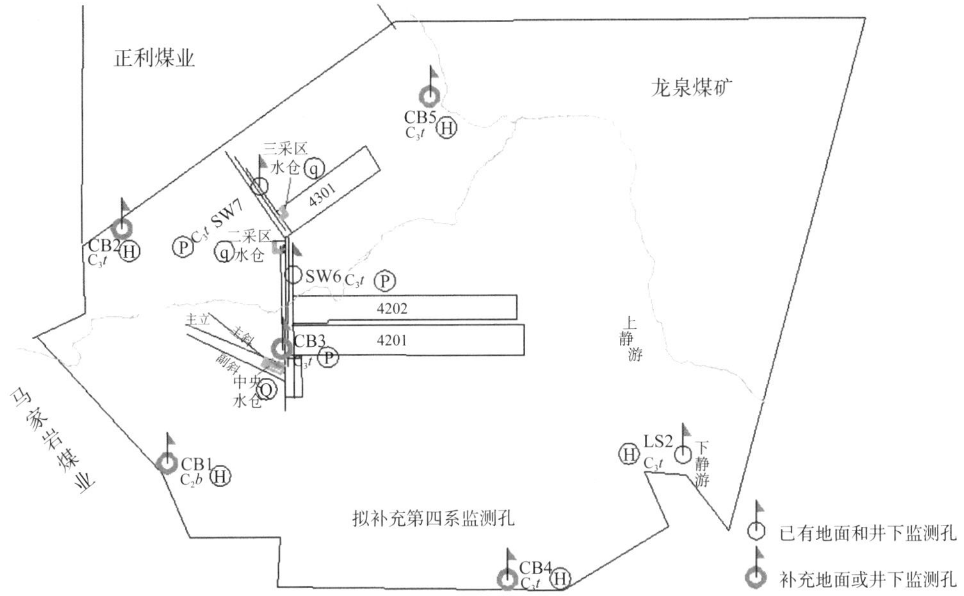

图 12.8　龙泉煤矿本溪组—太原组含水系统智能监测系统监测点构成示意图

4301 试点工作面涌水量已减少到 50m^3/h 左右，4301 试点工作面采空区涌水量变化曲线如图 12.9 所示。

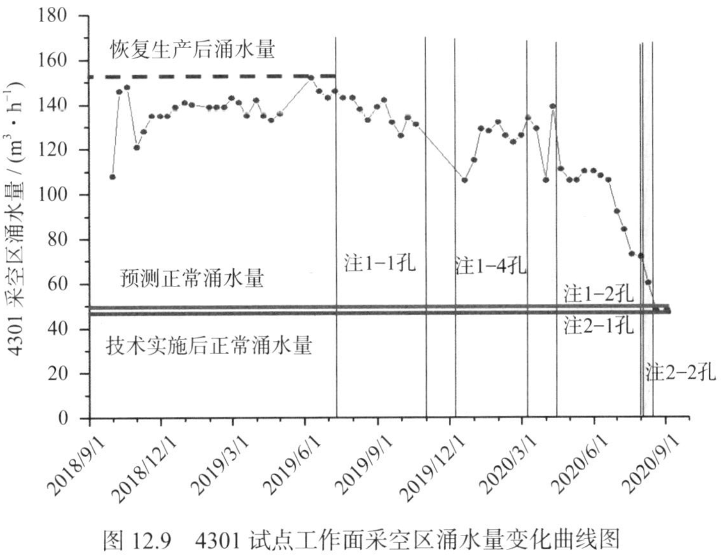

图 12.9　4301 试点工作面采空区涌水量变化曲线图

2）以 4 次测试为基础，水样 Schoeller 可以看出，4301 试点工作面采空区水明显具有“三低两高”的特征，即钙、镁、硫酸根离子含量低，钠、重碳酸根离子含量高。同时，岚河水与区域内奥陶系岩水因基流补排转化而交叉，太原组与奥陶系近距离演化，煤系顶板水相对独立于岩溶环境之外。

对比 2017 年 3 月以来 4301 试点工作面出水、停产、恢复生产和采后治理几个阶段 64 个采空区水样与 54 个底板水样的 Na^+、SO_4^{2-}、HCO_3^- 等离子含量可知：①采空区水质与底板水质差异明显、稳定；②回采结束和采后治理以来，为采空区水 Na^+、HCO_3^- 离子含量逐渐增高和 K^+、Mg^{2+}、Ca^{2+}、SO_4^{2-} 离子含量逐渐降低的顶板水特征演化。Na^+ 离子含量由 130mg/L 增到 270mg/L，HCO_3^- 离子含量由 350mg/L 增至 800mg/L，SO_4^{2-} 离子含量由 130mg/L 减到 50mg/L 左右。

3）根据《二、三采区水文地质条件研究及带压开采条件评价》报告，2018 年 5 月中煤科工集团西安研究院有限公司进行水文补勘，施工 4 个水文长观孔，其中 2 个奥灰长观孔 OW1、OW2，2 个太灰长观孔 SW6、SW7，期间 OW1、OW2、SW6、SW7 水位分别为 +932.5m、+1081.2m、+805m、+740.2m。2020 年 8 月保水开采工程结束后，OW1、OW2、SW6、SW7 水位分别为 +1057m、+1115m、+717m、+726m。由此可以看出，奥灰水位已经恢复，并且在保水开采注浆加固过程中，OW2 水位高且最稳定，说明已取得较好的保水开采效果。此外，SW6、SW7 太灰水位一直在缓慢下降，处于缓慢疏干状态，推断为采取保水开采技术后残余涌水量主要补给源。

4）对比 4301 试点工作面和 4201、4202、4203、4305 等几个工作面涌水量，预测 4301 试点工作面顶板砂岩水、底板太灰水的涌水量，4301 试点工作面和其他工作面目前涌水量结果对比见表 12.6。

表 12.6　4301 试点工作面和其他工作面目前涌水量对比表

工作面名称	结束时间	涌水量 / ($m^3 \cdot h^{-1}$)	备注
4301	2019 年 06 月	140	保水开采前
4201	2016 年 12 月	80	两处采空区相通
4202	2019 年 02 月		
4203	正回采	20	—
4305	2020 年 08 月	25	—

可以看出，回采结束的 4201、4202 工作面两处采空区相通，涌水量共 $80m^3/h$，4305 工作面涌水量为 $25m^3/h$，正在回采的 4203 工作面涌水量为 $20m^3/h$，并且经过水质化验，4 个工作面涌水量主要为砂岩水。结合 4301 试点工作面底板破坏深度数值模拟结果，工作面底板塑性破坏区深度最大约为 34m，仅 L_3 灰岩以上处于采动影响范围之内。因此可判断正常情况下，4 号煤层工作面回采过程中顶板砂岩水、底板太灰水涌水量不超过 $40m^3/h$。

此外，龙泉井田地势总体为南高北低、西高东低，三采区位于整个井田西北部，而 4301 试点工作面是三采区首采面，该工作面是全矿井目前开采区域的最低点。因此考虑一定的富余系数，4301 试点工作面正常涌水量按 $50m^3/h$ 考虑，其余则为深部奥灰水参与。结合目前 4301 试点工作面采空区涌水量实测结果，可以推断目前 4301 试点工作面采空区涌水量仅有少量奥灰水参与。

综上所述，从试点工作面涌水量变化特征、水质变化特征、水文孔水位变化特征及采用类比法分析试点工作面涌水量构成 4 个方面分析，1 号井场注 1-1、1-4、1-2 及 2 号井场注 2-1、2-2 孔的注浆施工已取得良好的保水效果，实现了底板承压水原位保护的目标。

12.5.2 浅表水监测

冲积层含水层监测系统构成见表 12.7，分布和监测层位如图 12.10 所示，井田内沿龙泉川上下游新建 2 个第四系含水层监测点。第四系含水系统是水循环的重要组成，是保水开采重要内容。

表 12.7 龙泉孔保水开采第四系含水层监测系统构成表

状态	孔号	位置	监测层位	孔类型
补充	QB1	井田内	Q_4	新建地面长期观测孔
补充	QB2	井田内	Q_4	新建地面长期观测孔

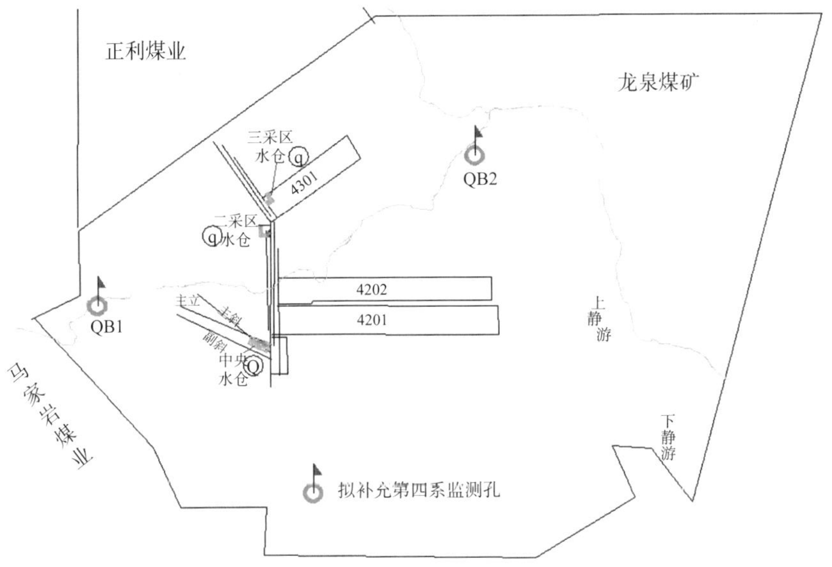

图 12.10 龙泉煤矿第四系含水层智能监测系统监测点构成示意图

对采动地表沉陷进行了观测，依据地表沉陷数据验证了 4301 试点工作面开采对龙泉川、岚河无影响。通过浅表水资源承载力评价得出浅表水资源承载力级别为中度，明确了 4301 试点工作面开采参数的可行性。为了防止局域性破坏，根据裂缝尺寸判定裂缝为临时性裂缝，不会引起生态水位大幅度下降，待工作面推过裂缝会自行愈合，仅对局部滑坡及塌陷坑区域进行充填、掩埋。植被成活率较高，地表植被覆盖率保持在 20% 左右，取得了良好的生态治理效果。

12.6 结论

1）分析了矿井煤 – 水资源赋存特征及 4301 试点工作面开采技术条件，明确了试点工作面保水开采目标含水层，其中，浅层水为第四系岩类孔隙含水层组，顶板水为太原组、山西组砂岩含水层（K_4、K_5），底板水为 K_3 砂岩裂隙含水层、太原组石灰岩及中奥陶统石灰岩含水层。

2）掌握了 4301 试点工作面地表冲沟发育区采动覆岩移动特征及浅表水位变化规律；实施了 4301 试点工作面采动地表沉陷观测，结果表明地表沉陷对浅表水资源（如岚河、龙泉川）未造成影响；评价了 4301 试点工作面浅表水资源承载力级别为承载中度，表明开采参数的可行性；针对裂缝尺寸未超过需处理的最小尺寸，工作面推过后裂缝会自行愈合，仅对局部滑坡及塌陷坑区域进行了充填、掩埋，取得了良好的效果。

3）阐明了 4301 试点工作面采动顶板应力演化与裂隙发育规律，明确了导水裂隙带发育高度会对顶板 K_4、K_5 砂岩含水层产生影响；分析了试点工作面老空水水质变化特征。

4）初步建立了水文监测技术体系，实现了 4301 试点工作面地表水文、地下水位、工作面涌水量、矿井水质监测，为保水开采智能监测预警系统研发提供了基础。

以上工作为龙泉煤矿后续阶段的保水开采工程推进奠定了基础，预期最终可创立一套龙泉煤矿“安全、高效、经济、与生态环境相协调”的保水开采技术体系，形成可借鉴、可推广的煤矿保水采煤“龙泉模式”。

本项目由太原煤炭气化（集团）有限责任公司实施，中国矿业大学提供技术服务，项目组主要人员有刘超军、宋斌、武竹、黄元金、张天东、闫志军、张东升、郭英海、王长申、王旭峰、范钢伟等。

13 董家河煤矿底板岩溶水分段下行注浆保水采煤技术及应用

13.1 项目背景

13.1.1 项目背景

澄合矿区董家河井田位于陕西省渭南市澄城县城西南 3.5km 处，井田面积 31.8722km^2，行政隶属陕西省渭南市澄城县城关镇、安里乡。董家河井田距西安市 160km，井田东部和西部分别有西（安）侯（马）和西（安）延（安）两条铁路线，交通便利。井田西部与澄城二矿相接，东部与董东煤矿相邻，北部与太贤井田勘探区相邻，南部以 114、116 及 47 号钻孔连线与权家河煤矿（已关闭）为界。所在区域地势北高南低，地面海拔标高 +500 ~ +726m，地形相对高差 150 ~ 200m。地貌类型为黄土台塬沟壑区，黄土厚度 150 ~ 180m。井田东部有县西河，属于洛河水系，井田内河流长度 6.2km，平均流量 0.10 ~ 3.24m^3/s。

董家河煤矿开采 5 号煤层，煤层底板赋存有奥陶系岩溶地下水资源，该含水层富水性强，具有统一的水位标高（+380m）（韩树青，1989，1994；王兴，2017），是渭北工农业用水、黄河合阳湿地的主要水源，合阳湿地栖息着丹顶鹤、大鸨、白天鹅、苍鹭等各类保护动物 15 目 28 科 71 种。因此，煤矿开采必须保护该含水层的结构不受采动影响，保护好水位的稳定。

因此，董家河煤矿采用了分段下行注浆保水采煤技术，既实现了岩溶水的保护，又保障了煤矿安全生产和黄河湿地生态安全（叶东升等，2010；王苏健等，2015）。

13.1.2 矿井概况

董家河煤矿始建于 1970 年 3 月，1980 年 12 月投产，原设计生产能力 0.45×10^6t/a，2006 年核定能力 0.62×10^6t/a，2019 年 10 月产能提升到 1.20×10^6t/a，属于低瓦斯矿井，地温正常，无冲击地压，但水文地质类型为极复杂型。截至 2022 年末，保有储量 5842×10^4t，可采储量 1943×10^4t。

董家河煤矿采用综合开拓方式，共设两个开拓水平，一水平标高 +355m，二水平标高 +320m。目前一水平、二水平的一采区、二采区已开采结束，正在回采二水平的三采区。主采 5 号煤层，采用综合机械化走向长壁式采煤方法，全部垮落法管理顶板。

矿井目前有一个回撤工作面，即二水平三采区 23502 工作面，工作面正常涌水量 $40m^3/h$；有 1 个采煤工作面，即二水平三采区 23508 工作面，该工作面煤层厚度 2.2 ~ 4.7m，平均 3.72m，工作面设计可采长度 1980m，斜长 180m，正常涌水量 $20m^3/h$。备采 23507 工作面正在掘进。目前矿井布置有 3 个掘进工作面，即 23507 运输巷、23507 回风巷、二水平胶带大巷（南段）。根据采掘计划，未来三年采掘工作主要集中在二水平三采区和四采区，回采顺序为 23508 → 24501 → 23507 工作面。

13.2 地质及水文地质条件

13.2.1 地质特征

依据地表出露及钻孔揭露，区内地层由老至新依次为：中奥陶统峰峰组二段；上石炭统太原组；下二叠统山西组及下石盒子组，上二叠统上石盒子组及孙家沟组；第四系。分述如下：

（1）中奥陶统峰峰组二段

为煤系地层基底。以厚层深灰、灰色石灰岩为主，夹斑状灰岩、泥灰岩及浅灰色白云质灰岩。质纯、致密。本扩大区钻孔揭露最大厚度 100.98m（水 3）。

（2）上石炭统太原组

全层厚 12.75（XB29）~ 74.06m（X18），一般 29.59m，含煤 7 层，自上而下编号为 6、7、8、9、10、10 下、11 号煤层。其中 6、7、8、9、10 下、11 号煤层零星可采。岩性主要由石英砂岩、粉砂岩、铝土质泥岩、碳酸盐岩和煤层组成，并有少量的砂质泥岩及石英砾岩等。具体岩性特征如下：

根据岩性和含煤情况，本组地层自下而上分为 3 段：

下段（$K_{2下}$—K_1）：岩性为铝土质泥岩、粉砂岩、石英砂岩。含 10、$10_{下}$、11 号煤层，其中铝土质泥岩分布普遍，层位稳定，为勘探区良好的标志层（K_1），与下伏地层呈假整合接触。

中段（$K_{2上}$—$K_{2下}$）：岩性为灰黑色石灰岩（偶见泥灰岩）和薄层粉砂岩，中间夹 9 号煤层。石灰岩一般为两层，含蜓科及腕足类化石，为勘探区内标志层（K_2）。

上段（$K_{2上}$—$K_{3底}$）：岩性为粉砂岩（常夹石英砂岩条带）、石英砂岩和煤层，含 6、7、8 号煤层。

（3）下二叠统山西组

为井田主要含煤地层，全层厚度 31.97（XB35）~ 88.95m（XB32），一般 49.23m。含煤 5 层，自上而下编号为 1、2、3、4、5，其中 3、4 号煤层零星可采，厚度变化较小。

5 号煤层全区可采，煤层较稳定，为本区主要可采煤层。本组岩性以各类砂岩、粉砂岩、砂质泥岩为主，有少量的石英砂岩。5 号煤层为本区的主采煤层。煤层厚度变化不大且层位稳定。

依据本组岩石组合及煤层发育情况，本组地层可分为 3 段：

下段（K_3—$K_{4底}$）：主要由细粒砂岩、石英砂岩、粉砂岩、砂质泥岩和 4、5 号煤层组成。石英砂岩是 5 号煤层底板、为勘探区内标志层（K_3），与下伏地层连续沉积。

中段（K_4—$K_※$）：主要由中、细粒砂岩、粉砂岩和 3 号煤层组成。粉砂岩中含植物茎叶化石；中、细粒砂岩中含大量的云母片，且云母片较大，俗称“牛毛毡”砂岩，为勘探区内标志层（K_4）。

上段（$K_※$—$K_{中底}$）：主要由中粒砂岩、粉砂岩、砂质泥岩和 1、2 号煤层组成。底部中粒砂岩为褐灰色，层面含大量的云母碎片，为勘探区内标志层（$K_※$）。

（4）下二叠统下石盒子组

以灰绿色至深灰色粉砂岩、泥岩为主，夹浅灰色、灰色厚层中、细粒砂岩、粉砂岩，常含黄铁矿结核、鲕粒和较多植物化石。顶部出现紫斑色，底部常为厚层中至细粒砂岩（$K_{中}$）。该组厚度 21.60（XB36）~ 58.42m（XB35），一般 34.84m。与下伏地层整合接触。

（5）上二叠统上石盒子组

以紫杂色、灰绿色粉砂岩、泥岩、砂质泥岩为主，夹数层浅灰绿色、浅灰色细至粗粒砂岩，偶见植物化石。底部为浅灰色中厚层粗粒砂岩，泥质胶结，且偶含石英砾石，是勘探区标志层（K_5）。全组地层厚度 225.48（DB2）~ 304.06m（井检孔），一般 267.20m。与下伏地层连续沉积。

（6）上二叠统孙家沟组

以厚层、巨厚层灰绿色中、细粒砂岩为主，夹 4 ~ 5 层紫杂色粉砂岩，其底部一般含砾中、粗粒砂岩。该段地层揭露厚度 6.45（XB38）~ 184.00m（CH119），一般 64.00m。

（7）第四系

为冲积、洪积及风积相碎屑沉积物。本组段主要为第四系。厚度 1.50（水 X13）~ 9.30m（CH6-1），平均 68.97m。深部扩大区第四系为浅黄色粉土、浅灰褐色黄土状亚黏土及洪积相砾石层，在河沟的河床上分布冲积物。与下伏地层为不整合接触。

13.2.2 主采煤层

矿井主采 5 号煤层，该煤层位于山西组下部，K_3 标志层之上，层位稳定，全区分布，埋深 169.69 ~ 553.39m，平均 410.10m。煤层厚度 0 ~ 5.85m，平均 3.75m；煤层底板标高 150 ~ 410m，含夹矸 0 ~ 3 层，矸厚 0.01 ~ 0.45m。

13.2.3 地质构造

井田构造形态与矿区一致，为一向北倾斜的单斜构造。走向北东，倾向北西，产状平缓，倾角一般 2° ~ 5°。沿走向和倾向发育次一级的小型褶曲。轴向北东，幅度不超过 20m，延展长度最大 2600m，断裂构造在井田内不发育，仅在东部边界处见有 F25、F25′ 和 F25″ 3 条断层。井田主要褶曲和断层特征分述如下。

13.2.3.1 褶曲

南槐岭向斜：位于勘查区东北部，轴向北 40° 东，向东北倾伏。区内轴长约 2600m，宽约 1300m，幅度 20m，区内展布面积约 $2.5km^2$，两翼基本对称，倾角 1° ~ 3°，由 XB52、XB55、XB56、XB57、CH90 和 XB60 等大量钻孔控制。形态基本控制清楚。

永内村背斜：位于勘查区西北部，轴向北 35° 东，向东北倾伏。区内轴长 2000m，宽约 1100m，幅度 10m，区内展布面积约 $2.0km^2$，两翼基本对称，倾角 1° ~ 2°，由 XB45、

XB46、XB47、XB48、CH121 和 XB49 等大量钻孔控制。形态基本控制清楚。

除以上主要的背、向斜以外，此区还发育有其他更小一级的褶曲，如 DB5 钻孔有一小背斜等。

13.2.3.2 断层

1）F25：正断层，为本井田东南部自然边界。走向北 40° ~ 65° 东，倾向北西，倾角 70°，断距 70 ~ 120m。有 CH89、CH54、XB62、CH131、DB7 和 XB61 钻孔控制，区内控制较为严密，两端延至区外。

2）F25′：正断层，走向北 10° 东，倾向北西，倾角 70°，14 剖面断距 23m，DB7 孔穿过断层，5 号煤和 10 号煤断缺。

3）F25″：正断层，走向北 50° 东，倾向北西，倾角 70°，16、17 剖面断距 5m，XB61 孔断点在孔深 531.10m 处，5 号煤断薄，标志层 K_3 和 6 号煤层断缺。XB62 孔断点在孔深 477.85m 处，7、8 号煤层层位断缺，该断层控制较好。根据井田构造形态、地层产状变化、断裂褶曲构造发育程度，应属于中等构造类型。

13.2.4 水文地质

13.2.4.1 区域水文地质特征

区内地下水含水层按岩性及充水空间性质可划分为孔隙潜水含水层、基岩裂隙水含水层及岩溶水含水层 3 种类型。基岩地下水埋藏较深，主要赋存于裂隙或岩溶裂隙之中，地下水主要接受大气降水补给和地表河流切割地段的河水漏失补给。由于煤系碎屑岩裂隙地下水补给条件差，以动储量较少为主要特征。煤系地层的太灰和奥灰含水层以溶蚀裂隙为主，在浅部岩溶水连通性好。按照奥灰地下水的补给、径流、排泄关系，渭北奥灰碳酸盐岩区地下水可分为东、西两个水文地质单元，自西向东依次为乾礼单元和铜韩单元。其中，嵯峨山阻水断层以东的铜（川）－蒲（白）－澄（合）－韩（城）单元，称为“韩铜区”，从西部铜川矿区到东部韩城矿区，在走向长约 200km，倾向宽约 10 ~ 20km 范围内，奥灰水位标高在 +380m 左右波动（韩树青，1989），以黄河为排泄基准面，为水文型控水边界。“韩铜区”又可以进一步的划分为合耀单元和韩城单元，澄合矿区位于合耀水文地质单元东段。董家河井田位于合耀单元澄合矿区东部。根据澄合矿区多年奥灰水位观测显示，澄合矿区区域奥灰水位标高约为 +360m。

13.2.4.2 奥灰地下水补、径、排特征

（1）补给

奥灰地下水主要补给来源于大气降水的渗入和河流流经灰岩出露地段的渗漏补给。渭北单斜边缘地带北东、北东东向的断裂构造复杂，构造断裂的隆起部分使得奥灰地层裸露于地表，形成了所谓渭北“前山”，出露于铜川、富平、蒲城、韩城等地，组成了北东向延展的低山丘陵地貌景观，奥灰岩裸露面积约 330km^2，半裸露区（上覆盖有沉积不厚的第四系黄土）约有 220km^2，构成奥灰地下水的主要补给区。

补给区受北东向断裂和褶皱的影响发育北东东向、北西向、北北东向、北西西向 4 组节理，节理倾角多大于 70º，而且北东东向与北西向组成共轭剪节理，北西西向与北北东

向也组成共轭剪节理。这些纵横交错的节理系统构成大气降雨垂直入渗补给山区裸露灰岩的通道和储水空间。河流、沟渠、水库等地表水的渗漏是奥灰水补给的主要来源之一。区内河流均属黄河水系，主要接受区域大气降水和地下水的补给，流量随季节暴涨陡落，在流经奥灰岩地段时，有明显的水量损失。根据多次河流测流资料，洛河的渗漏补给量为 $1.525m^3/s$。区内部分水库位于奥陶系灰岩之上，水库漏失量较大。在奥陶系灰岩半裸露区或者浅埋区，松散层水和基岩风化带的裂隙水是奥灰补给来源之一。

（2）径流

区域奥灰水位西南高，东北低，奥灰水径流方向自西南向东北，和渭北背斜轴方向一致，沿渭北背斜轴形成强径流带。区内奥灰水位变化小，稳定在 +380m 的水位标高，反应奥陶系灰岩连通性较好。水力坡度较小说明奥灰水径流迟缓。

区域奥灰地下水自西向东径流，主要沿单斜构造边缘的北东、北东东向的断裂带运移，在奥灰岩层出露的适当位置如洛河河谷、黄河滩地等沿隔水边界带附近以泉群形式排泄至地表。而单斜构造内部地下水向深部运移，在无人为因素影响时其地下水无排泄条件，在一定的深度内进行地下水的交替循环，形成奥灰含水层的静储量。地下水的交替循环深度受奥灰岩溶发育深度和水力梯度的控制。

（3）排泄

奥灰水排泄区位于本单元东南隔水边界内侧构造带的奥灰地层断裂隆起或浅埋于地下且上覆有可透水地层的地段，当该地段处于适当高程时，将直接涌出地表或顶托上覆含水层间接涌出地表形成泉群，如洛河中的袁家坡泉群奥灰岩出露标高 + 364m，温汤泉群奥灰岩标高 + 352m，合阳东王瀵泉的出露标高为 + 352m，构成本单元奥灰地下水的主要排泄区。奥灰地下水以其水位的升降变化和泉群的排泄量的增减变化平衡调剂本单元奥灰地下水的自然状态。渭北奥灰水泉群流量较稳定。近年来对奥灰地下水的开采逐年增大，造成澄合地区奥灰水水位持续以 0.8 ～ 1.0m/a 的速率下降，区内 12–5 奥灰水文观测孔显示奥灰含水层水位标高为 +356m 左右。

13.2.4.3　董家河矿井主要含水层

（1）上石炭统太原组 K_2 灰岩和石英砂岩含水岩组

K_2 灰岩含水层组包括上、下两段，上、下段间有时夹有 9 号煤层，岩性主要由灰岩、石英砂岩、粉砂岩构成，分布不稳定。K_2 含水层厚度 0.98 ～ 25.30m，平均 12.31m。K_2 灰岩岩溶裂隙发育不均，根据 K_2 含水层孔监测资料：矿井 K_2 含水层水位标高 +257 ～ +310m(表 13.1)，单位涌水量 0.0000471 ～ 0.570L/(s·m)，渗透系数 0.0014 ～ 0.1330m/d，水温 18 ～ 22℃，水质类型为 HCO_3–Na 型，矿化度 0.83 ～ 1.21g/L。董家河煤矿在 330m 标高掘进该层时出现大量涌水，水量达 $80m^3/h$ 以上。该层属岩溶裂隙承压水，富水性弱－中等的含水岩组。

（2）奥陶系灰岩岩溶裂隙水

奥陶系灰岩垂向上可分为三组六段，即峰峰组两段、上马家沟组两段和下马家沟组两段。奥陶系灰岩岩溶水主要赋存在中奥陶统峰峰组二段，峰峰组二段为煤系地层沉积基底，与太原组底部铝土泥岩不整合接触。岩性主要为灰色细晶、隐晶质中厚层状灰岩与似花斑灰岩互层，夹白云质灰岩和薄层砂泥岩，具缓波状层理。成分以方解石为主，占

表 13.1　董家河井田 2022 年度 K_2 水位监测表（m）

日期	2022/1/15	2022/2/22	2022/3/26	2022/4/29	2022/5/20	2022/6/5	2022/7/16	2022/8/11	2022/9/1	2022/10/3	2022/11/25	2022/12/30
水文 1 号孔	310.54	310.54	310.45	310.42	310.40	310.30	310.26	310.25	310.31	310.36	310.38	310.42
水文 2 号孔	288.49	298.24	299.03	300.57	300.61	301.73	302.99	300.91	299.44	300.00	298.94	298.08
水文 3 号孔	257.57	257.58	257.58	257.58	257.59	257.59	257.81	257.80	257.82	257.90	258.00	258.07
水文 4 号孔	291.13	291.13	291.13	291.13	291.13	291.13	291.23	291.23	291.23	291.23	291.23	291.23

80% ~ 95%，白云石占 4% ~ 15%。溶蚀裂隙、溶洞较发育，裂隙率达 4%，钻进中常见掉钻、冲洗液漏失等现象。据相关资料，峰峰组二段含水岩厚度一般为 150m，最大 180m，连通性好，水头压力大，具有统一的区域性水位标高 +370m。据水 9、水 10 奥灰长观孔资料，水质类型为 $HCO_3 \cdot SO_4$–$Na \cdot Mg \cdot Ca$ 型及 $SO_4 \cdot Cl$– $Na \cdot Ca \cdot Mg$ 型，矿化度 0.87 ~ 1.43g/L。据钻孔抽水资料，单位涌水量 0.000294 ~ 1.490L/（s · m），渗透系数 0.000812 ~ 0.224m/d。董家河煤矿初期建井时在副斜井井筒掘至高程 +315m 时，奥灰岩突水，涌水量 350m^3/h，致井筒淹没。1975 年在井底车场及峒室掘进过程中，奥灰岩涌水量达到 887.86m^3/h。据 1978 年 6 月矿井排水资料，当水位降至 +355m 高程时，水量为 727m^3/h，当水位降至 330m 高程时，水量为 1026m^3/h。随着矿井向中深部延伸，矿井局部隔水层变薄（25m），矿井受断层褶曲及奥灰承压水多重影响，5 号煤层开采条件愈加复杂。

奥陶系灰岩岩溶水是矿井充水的主要含水层，也是影响区内生态环境的主要含水层。主要保护含水层矿井涌水量随揭露出水点标高降低而增大。据澄合中深部详查阶段钻孔井组及矿井抽水资料表明，溶蚀裂隙有随着抽水时间的延长而逐渐畅通的过程，说明溶蚀裂隙连通性良好，富水性较强。目前矿井奥灰水位标高约为 +360.00m（表 13.2），奥灰水位标高均高于未来 3 年预计开采高程，应属带压开采。矿井在工作面生产中，存在对奥灰水含水层的影响和结构破坏，所以应采取积极的措施，在工作面安全生产的同时，保障区域重要含水层稳定，从而保护区域的生态与环境的稳定。

表 13.2　董家河井田 2022 年奥灰水位监测表（m）

日期	2022/7/23	2022/8/19	2022/9/26	2022/10/11	2022/11/22	2022/12/14
J157	350.10	350.11	350.09	350.07	350.03	350.37
奥灰 1 号孔	350.77	350.88	350.32	350.04	349.00	348.75
奥灰 3 号孔	355.51	355.29	355.15	355.33	355.55	355.55

13.2.4.4　董家河矿井主要隔水层

5 号煤层下伏的各含水层之间的泥质岩类及裂隙、岩溶不发育的其他岩层均可以起到隔水作用，使各含水层之间无水力联系或者水力联系微弱，形成隔水层或相对隔水层，当其完整性和连续性未破坏时隔水性能良好（图 13.1）。

（1）下二叠统下石盒子组相对隔水层

该层位于 K_5 和 K 中之间，厚度 21.60 ~ 58.42m，平均 34.84m。岩性以灰黄、灰绿

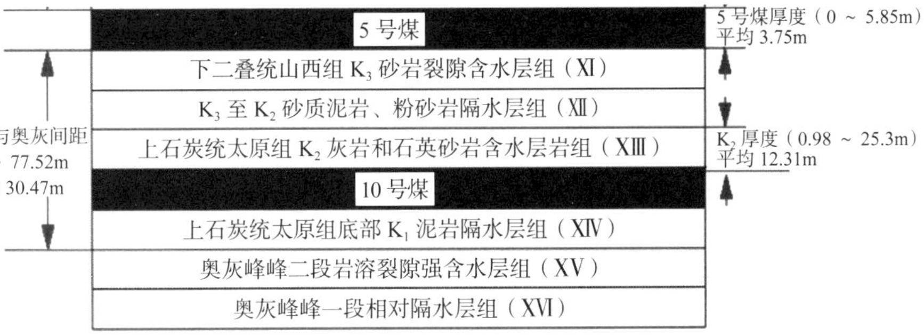

图 13.1　煤层与主要含、隔水层位置关系示意图

色至深灰色粉砂岩、砂质泥岩为主，夹细－中粒砂岩薄层。全区分布稳定，厚度较大，岩层结构致密，黏土矿物质含量高，富水性极弱，可作为上下含水层的相对隔水层。

（2）上石炭统太原组底部 K_1 铝土质泥岩隔水层

K_1 铝土质泥岩隔水层在整个矿井内分布普遍，是石炭系和奥陶系的分界，在 11 号煤之下，常为 11 号煤的底板。为海陆交互相沉积，厚度介于 0 ~ 14.54m（201 钻孔）之间，平均厚度 5.24m。岩性为灰白色的铝质泥岩为主，内含少量鲕粒，富含黄铁矿结核。性脆，具光滑面，发育少量丝状裂隙，裂隙被方解石脉所充填，局部相变为泥岩中上部铝质泥岩质较纯、细腻，在其底部局部地段有一层砾岩，铝质泥岩质纯致密，遇水膨胀，有一定隔水性。

13.3　受保护含水层及地表水

13.3.1　地表水保护目标

董家河井田主采 5 号煤层埋藏深度大，根据《董家河煤矿覆岩破坏高度与特征实测》报告，煤层顶板垮落带发育高度 11.83 ~ 14.23m，顶板导水裂隙带发育高度 53.59 ~ 61.89m。5 号煤层回采后产生的冒裂带高度波及不到第四纪含水层，开采不会受到地表水体的威胁。

13.3.2　地下水保护目标

5 号煤层开采时需要保护的地下含水层主要是太原组 K_2 含水层和奥陶系灰岩含水层。

13.3.2.1　上石炭统太原组 K_2 灰岩含水层

K_2 含水层与 5 号煤距离为 5.87 ~ 33.61m，平均 12.31m，K_2 含水层以静储量为主。

13.3.2.2　奥陶系灰岩含水层

奥灰含水层与 5 号煤层距离为 17.20 ~ 77.52m，平均 30.47m。该奥灰含水层突水系数 0.03 ~ 0.09MPa/m。正常情况下，5 号煤层开采的底板扰动裂隙不会破坏奥灰含水层，但井田小断层发育且存在 F25 边界正断层，会使底板扰动裂隙通过断层、陷落柱等隐伏导水通道破坏奥灰含水层。

13.4 大区域超前探查－分段下行注浆保水采煤技术及应用效果

13.4.1 保水采煤技术应用背景

董家河井田 23502 工作面东西走向长度 1030m，切眼长度 180m，位于东勘区，北部与 23503 工作面以 30m 煤柱相隔，南部皆为实区。煤层总体东低西高，煤层厚度 2.4 ~ 4.2m，平均 3.6m，煤层倾角 3° ~ 8°。该工作面距离 F25 断层最近 116m，断层落差 70 ~ 120m（图 13.2），会使得工作面开采底板扰动裂隙叠加断层裂隙影响和破坏太原组 K_2 灰岩含水层、奥灰含水层。结合 23504 和 23503 工作面底板出水滞后、范围大，水量稳定等实际情况，分析认为 23502 工作面越靠近董家河 F25 大断层，工作面出水强度越大，对下伏太原组 K_2 灰岩含水层和奥灰含水层的影响与破坏越严重。

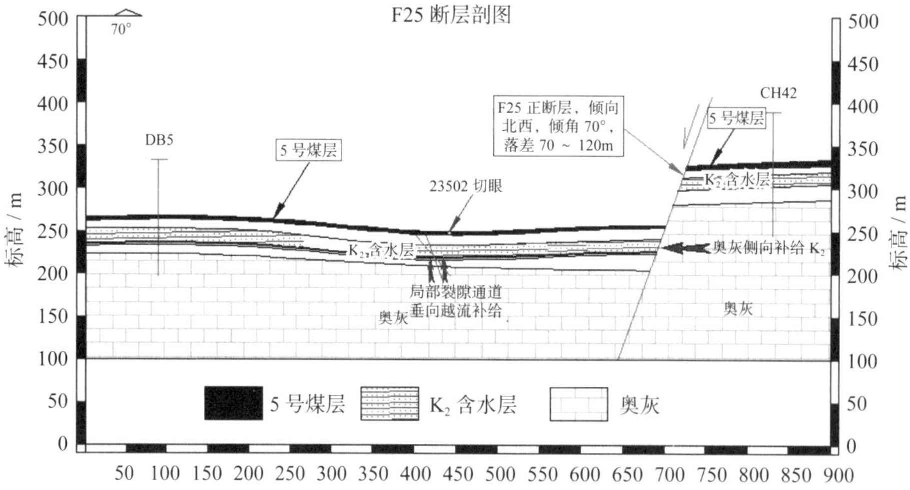

图 13.2　F25 断层侧向补给工作面示意图

13.4.2 保水采煤技术思路

根据 5 号煤层与下伏太原组 K_2 灰岩含水层和奥灰含水层的“煤－水”空间关系及底板扰动裂隙与断层裂隙叠加关系，制定了面向太原组 K_2 灰岩含水层和奥灰含水层的保水采煤技术总体思路：断层补给侧向截流、垂向通道注浆补强、底板水害超前治理、井下涌水效果验证。以此实现三采区董家河邻断层工作面的资源安全回采与地下水含水层保护。

13.4.3 保水采煤技术实施方案

13.4.3.1 实施对象与范围

实施对象与范围分为一期和二期。一期实施对象为 23502 工作面、以往采空区邻近断层范围；二期实施对象为三采区深部 23507（切眼附近 2023 年 8 ~ 12 月回采）和 23508 工作面（切眼附近 2022 年 8 ~ 12 月回采）邻近断层范围。

13.4.3.2 底板超前探查工程

遵照“整体设计、分步实施、动态优化”的原则开展工作面底板超前探查工程。“整体设计”：钻孔布设不仅满足近期 23502 工作面采掘范围内下伏含水层保护的需要，且考虑到后续深部工作面保水采煤的需要；“分步实施”：工程结合采掘接续安排分步开展实施，切实满足矿井采掘接续的需要；“动态优化”：考虑到底板注浆影响因素众多、先期地质条件探查的精度等因素，工程应首先依据国内相关经验参数进行布设实施，后续依据治理工程探查及揭露情况动态优化调整，切实解决矿井底板含水层保护的问题。

（1）布设原则

根据治理目的选择构造发育的优势方位，孔口至目标区距离一般 250 ~ 300m，孔口位置应保证钻孔轨道远离井下巷道及采空区。结合钻孔轨道初步设计，选择的孔口位置应尽可能地使钻孔轨迹避开采空区与巷道，并保持 20m 以上的安全距离。

治理工程应首先满足矿井采掘接续的需要，综合布设定向钻场位置、钻孔布设方式及钻孔施工顺序，保证灾害治理不影响生产接续，兼顾后续区域治理需要，同时避免灾害防治对采掘工作造成不必要的影响。

根据目标层位展布、埋深和厚度发育等情况，结合采掘接续综合确定定向钻孔的延伸方向，尽量扩大钻孔的覆盖范围，控制钻孔进尺在合理范围内，减低钻孔数量与盲区范围。

侧向截流孔轨迹与断层保持 60m 以上间距，确保注浆量可控。考虑地面地形、地貌及建筑物及供水、供电、通路等施工便利条件。

（2）钻探工程布置

目前国内常见的 4 种底板定向钻布置方式分别为：①两端外绕平行式，即“叉状式”；②侧向切入平行式，即“梳状式”；③角度切入散开式，即“扇骨状式”；④中线切入分开式，即“鱼骨状式”。各布孔方式有其优缺点及适用条件，布孔方式优缺点及适用条件见表 13.3。

表 13.3　各布孔方式优缺点及适用条件一览表

布孔方式	布孔方法	优点	缺点	适用条件
叉状	在主孔同一深度向两侧施工分支孔平行延伸，形成以主孔为中心，双侧平行分支钻孔布设形态	无重复工程量，孔间距均匀基本无盲区	施工难度大，钻注协同配合难度高	适用于走向覆盖 1 ~ 2 个工作面或大巷
梳状	在主孔不同深度向同一侧施工分支孔，形成以主孔为中心，单侧弧形分支钻孔布设形态	钻孔间距均匀，覆盖全面	分支孔拐弯角度大，施工难度高	适用于走向覆盖 1 ~ 2 个工作面，拐角处对地层稳定性要求高
扇骨状	在主孔同一深度位置不同方向侧向开分支，形成以主孔轴线为中心，两侧 45° 平面范围内弧形布设分支孔	施工难度低、钻效高、周期短，钻注协同配合施工灵活	重复工程量大，施工费用较高	适用于各类地层，特别适用于需重点探查加固的区域
鱼骨状	在主孔不同深度两侧交叉施工分支孔，形成以主孔为中心，两侧不同位置斜交布设分支钻孔	钻孔分布均匀，盲区少，重复工程量大	施工难度较高，钻注协同配合不灵活	适用性广

不同的布孔方式具备不同的优缺点，适用于不同的地质条件，施工难度、灵活性及重

复工程量存在较大差异。本次采用扇骨状和混合布孔为主，兼顾灵活调整的原则。钻孔间距设计为 60m，在施工过程中适当优化调整。根据实施总体思路，布设 2 个孔组，分别对 23502 工作面和深部 23507 ~ 23508 工作面底板进行探查。

（3）钻探技术措施

本工程钻进过程中为无芯钻进，同时进行三项录井工作，对整个钻进过程人工实时监控，将既得数据与以往数据快速对比分析，结合治理区地质信息，对钻孔轨迹进行及时调整，可以有效保障钻孔穿层率。实践证明，这种方法效果显著，平均穿层率可达到 90%。

13.4.3.3 底板分段下行注浆工程

注浆工程的主要目的一是充填灰岩和砂岩中的溶隙或裂隙，减少其静储量和动态补给量，二是加固薄弱岩层，增强其抗破坏能力。为此，必须采用合理注浆工艺保证工程质量。

（1）注浆方式

注浆方式为地面制浆、地面注浆，采用孔口封闭止浆、静压分序分段下行式注浆法。要求从上到下按段长依次分段钻进、注浆，上一段未达到注浆结束标注，不得进行下一段施工。注浆单位段长可根据具体情况临时调整。

（2）注浆站建设

注浆站分为水泥罐车上料区、水泥罐区、搅拌池、蓄水池、上料机、泵组、配电 7 个部分。注浆站设计能力为日注水泥 / 粉煤灰 300t 的注浆能力。备用 2 台 100m^3/h 的潜水泵，用于骨料灌注系统。当注浆时，要求供水量不小于 50m^3/h，骨料灌注时供水量不小于 120m^3/h。

（3）注浆材料

本次注浆浆液为水泥 – 黄土浆、单液水泥浆、水泥 – 粉煤灰浆等，保证注浆效果的同时，控制浆液漏失量，减少注浆材料用量，节约注浆成本（叶东升等，2010；王苏健等，2015）。

（4）注浆工艺

本次注浆采用分段下行式注浆法，孔口止浆方式为连续与间歇相结合。钻进过程中当漏失量大于 5m^3/h 时，立即起钻注浆。注浆段长具体应根据钻孔的注浆情况综合确定。根据实际情况，确定注浆结束标准，包括注浆压力、单位吸水量、全孔单位吸水率等。

（5）治理效果验证

工程质量检查分为地面检查和井下检查。地面检查包括序次检查、施工检查孔、压水试验、物探检查。井下检查包括施工检查孔、压水试验、物探检查等。针对 23502 工作面及北侧 23503、23504 工作面，注浆治理效果可通过井下涌水变化实时验证。23502 工作面切眼水量减少 70% 以上（减水 35m^3/h）；23503 和 23504 采空区涌水减少 60% 以上（减水 100m^3/h）。

13.4.4 保水开采的效果

13.4.4.1 应用情况

根据总体设计、动态调整的原则，D1 孔组边施工、边设计、边调整，提前达到既定治理目标。D1 孔组于 2022 年 1 月 9 日正式开工，共计施工钻探进尺 1540m，注浆 5 次，累计消耗水泥 1751t。23502 工作面底板减水 $50m^3/h$，工作面已安全回采，未发生工作面底板大流量出水情况，达到了 23502 工作面减水、安全初采和水资源保护的显著效果。

第三次注浆完成后，由于工作面初采期间底板扰动，局部裂隙张开，工作面水量有所反弹，随后根据出水情况开展了第四次注浆，切眼南段底板导水裂隙得到有效加固，进一步巩固了减水效果，工作面实现了安全初采和含水层保护，见表 13.4。

表 13.4　董家河煤矿 23502 工作面各次注浆前后出水量变化表

注浆次数	注浆孔深 m	消耗水泥量 t	各出水点水量变化 / ($m^3 \cdot h^{-1}$)				
			18m 硐室	轨道巷老车场	切眼交叉口	工作面62 号架	工作面溜机头
注浆前	—	—	53	15	8	15	5
第一次注浆	694	79	53	15	8	15	5
第二次注浆	785	199	45	12	8	15	5
第三次注浆	745	286	35	2	3	10	15
第四次注浆	780	749	28	1	0	15	10
第五次注浆	904	397	25	2	0	28	从架后采空区汇至 62 架

13.4.4.2　取得的效果

董家河经过一期和二期对三采区 F25 断层影响 23502、23508、23507 工作面进行了侧向截流与局部加固治理，完成钻探进尺 8327m，注水泥 4535t，解放三采区可采储量 110×10^4t，减弱了矿井回采对深部奥灰含水层的破坏与影响，实现了煤矿安全生产和保水采煤双重目标。

澄合、合阳一带湿地面积较大，主要依赖岩溶水的自然溢出补给，一旦岩溶水受采煤影响而水位下降，势必造成泉水流量衰减。经过地面大区域超前探查，董家河煤矿 23502 工作面实际推采正常涌水量较预计水量减少 $55m^3/h$，减水率达到 60%。实施侧向截流与局部加固治理后，经监测，K_2 含水层和奥灰含水层水位稳定，K_2 含水层 2022 年水位监测数据见表 13.5，奥灰含水层 2022 年水位监测数据见表 13.6。该项目的实施有效保护了岩溶水含水结构不受采煤破坏，保持了渭北地区岩溶水水位标高稳定，从而保护了岩溶水的自然流场，保护了湿地“供水”来源和生物多样性，其生态效益非常显著。

表 13.5　董家河煤矿 K_2 含水层水位监测数据表（m）

日期	2022/1/15	2022/2/22	2022/3/26	2022/4/29	2022/5/20	2022/6/5	2022/7/16	2022/8/11	2022/9/1	2022/10/3	2022/11/25	2022/12/30
水文 1 号孔	310.54	310.54	310.45	310.42	310.40	310.30	310.26	310.25	310.31	310.36	310.38	310.42
水文 2 号孔	288.49	298.24	299.03	300.57	300.61	301.73	302.99	300.91	299.44	300.00	298.94	298.08
水文 3 号孔	257.57	257.58	257.58	257.58	257.59	257.59	257.81	257.80	257.82	257.90	258.00	258.07
水文 4 号孔	291.13	291.13	291.13	291.13	291.13	291.13	291.23	291.23	291.23	291.23	291.23	291.23

表 13.6 董家河煤矿奥灰含水层水位监测数据表（m）

日期	2022/1/25	2022/2/16	2022/3/24	2022/4/30	2022/5/5	2022/6/29	2022/7/23	2022/8/19	2022/9/26	2022/10/11	2022/11/22	2022/12/14
CG1										354.96	355.32	355.33
J157	350.65	350.88	350.84	350.73	350.54	350.30	350.10	350.11	350.09	350.07	350.03	350.37
奥灰 1 号孔	350.30	350.59	350.63	350.51	350.37	350.02	350.77	350.88	350.32	350.04	349.00	348.75
奥灰 3 号孔	355.93	356.28	356.34	356.26	356.11	355.74	355.51	355.29	355.15	355.33	355.55	355.55

13.5 存在问题及建议

1）在地面采取区域超前治理保水采煤中，因征地手续办理复杂，施工场地协调进入困难，造成工程的前期准备和施工过程滞后。建议地方政府在企业开展类似保水采煤项目中创造良好的施工环境，做好现场协调。以便促进项目更好的实施。

2）公司在推广应用地面区域超前治理过程中需要较以往投入更多的资金，对企业经营仍有较大的压力，公司应按照国家有关政策，提出减免税收的请求。

本项目由陕西陕煤澄合矿业有限公司、澄合矿业董家河分公司、中煤科工集团西安研究院有限公司实施。项目组主要成员有刘朝阳、王峰、杨增平、赵磊、马政和、黄刚、南生辉、刘英锋、郭康等。

14 保水采煤技术方案编制案例

保水采煤理念和技术体系、工程实践孕育于陕北侏罗纪煤田（榆神府矿区），发展和形成于陕北侏罗纪煤田，并在这里得到了较全面的推广应用（范立民，2019）。

保水采煤主要针对我国西北干旱、半干旱地区具有供水意义和生态价值的含水层，是以岩层控制理论和技术为基础而研发的具有抑制导水裂隙发育的采煤技术，旨在实现高强度煤炭开采与含水层结构保护的统一，以保护西北稀缺的水资源和含水系统的完整性。

本章以陕北某煤矿为例介绍保水采煤方案的基本内容和编制要求。

14.1 地质背景

矿井所在位置属黄河一级支流流域，矿区内发育两大常年性河流，沟流主要依靠第四系松散层出露的泉水补给，流量不稳定，基本跟随降雨强度滞后变化。沟谷中有多处水库，其中一处较大水库库容约 $10\times10^4m^3$。本区为典型的温带半干旱大陆性气候，冷热多变，温差悬殊，干旱少雨，蒸发量大。

14.1.1 矿井地质

本矿井基本被第四系覆盖仅在北部、东部沟谷中有基岩出露。矿区地层由老至新依次为：上三叠统永坪组，中侏罗统延安组、直罗组、新近系上新统保德组、第四系中更新统离石组、上更新统萨拉乌苏组、全新统风积沙及冲积层。

永坪组以细－中粒长石石英砂岩为主，延安组为井田含煤地层，全区分布，在煤矿的南部、北部、东部均有出露，为一套陆源碎屑沉积岩，岩性以灰色粉砂岩、灰白色－浅灰色细粒砂岩、中粒长石砂岩、岩屑长石砂岩及钙质砂岩为主，砂质泥岩、泥岩及煤层次之，炭质泥岩少见，局部地段夹有透镜状泥灰岩及黄铁矿结核。全组残存地层厚度为78 ～ 180m，平均 142m。

直罗组仅分布在井田西部边缘一带，厚度 9 ～ 12m（范立民等，2022），全区均被剥蚀，与下伏延安组呈平行不整合接触。岩性以巨厚层状黄灰、黄绿色、局部紫杂色中粗粒长石砂岩为主。

保德组出露于矿区北部，地表最大出露厚度 55m。岩性主要为浅红色、棕红色黏土及亚黏土，含不规则的钙质结核，呈层状分布。局部地段底部有 10 ～ 30cm 厚的砾石层，与下伏中侏罗统直罗组呈不整合接触。

离石组井田范围内广泛分布，主要出露于井田中、东部，地表最大出露厚度 35m。岩性以灰黄色、棕黄色亚黏土、亚砂土为主，其中夹多层古土壤层，含分散状钙质结核。井田内的第四系中更新统离石组黄土与新近系上新统保德组红土共同构成了区内主要的第四系隔水层。土层总厚度介于 40 ~ 80m 之间，厚度变化大，均存在大量的缺失区。

萨拉乌苏组在井田范围内局部分布，主要出露于西部一带，厚度一般 8 ~ 10m。岩性主要由灰黄色、灰绿色、灰褐色及灰黑色粉沙、细沙、中沙组成，夹亚砂土、亚黏土和泥炭层，局部底部含有豆状钙质结核（韩树青，1989；范立民，1992）。风积层广泛分布于井田西部，岩性主要为浅黄色、褐黄色细沙、粉沙，质地均一，分选性好，磨圆度较差，厚度 0 ~ 30.76m。冲积层主要分布于沟谷中，岩性以灰黄色、灰褐色细沙、粉沙、亚砂土和亚黏土为主，含少量腐殖土，底部多数含有砾石层，一般厚度 1.5 ~ 5.0m 左右，全新统风积沙、冲积沙和上更新统萨拉乌苏组共同构成了井田的松散沙层含水层。松散沙层上下两部分地层总厚度 0 ~ 34.08m，平均厚度 13.46m，总体上呈由西至东厚度逐渐变薄乃至缺失的趋势。

本矿井地质构造简单，地层平缓，总体为一倾角小于 1°，缓缓向北西倾斜的单斜构造。无大的褶曲、断层和岩浆活动，仅发育幅度极为宽缓的波状起伏背向斜构造，对矿井开拓、开采基本不构成显著影响。矿井内未发现落差大于 5m 的断层，但随着开采进行，不排除小断层存在的可能。总体看，矿井煤层变形轻微，构造破坏与裂隙不甚发育，煤层均基本保留了原生结构特征。

14.1.2 矿井水文地质

煤矿地处黄河一级支流窟野河流域，西部边界部位为一分水岭，北部和南部河流为窟野河支流，均为长年性河流。煤矿中部东西向分水岭将地表水划分为南北流域。南部流域主要水系流量 250L/s，较大沟流流量 40 ~ 150L/s（5—11 月）；北部主要水系流量 500L/s，较大沟流流量 50 ~ 190L/s（5—11 月）。煤矿内其他沟流流量较小或属季节性河流。北部沟谷中建有多处水库，较大水库库容量 100000m^3。

（1）含水层

依据地下水赋存特征，将井田内地下水划分为新生界松散岩类孔隙潜水含水层组、基岩孔隙裂隙承压含水层组和烧变岩裂隙孔洞潜水含水层 3 种含水类型：

1）新生界松散层孔隙潜水含水层。由上、下两部分组成，上层为全新统风积沙、冲积沙。下层为上更新统萨拉乌素组河、湖相沙层，松散沙层上下两部分地层总厚度 0 ~ 34m，平均厚度 13.5m。厚度在井田有西部厚，向东变薄以至缺失的规律。松散沙层富水性的强弱受隔水层段起伏形态控制，在沙丘、滩地区，地下水潜水位低于松散沙层底界，富水性弱。而在地下水径流区，沟谷斜坡地段，松散沙层潜水以片流形式沿沟谷两侧向低洼处汇集，形成一定流量的泉群，富水性中等。

2）基岩孔隙裂隙承压含水层组（J_2y）。自上而下分为中侏罗统直罗组基岩孔隙裂隙承压含水层与中侏罗统延安组基岩孔隙裂隙承压含水层。前者以灰黄、灰白色厚层状中、粗粒砂岩为主，具有较好渗透性，富水性弱。后者以可采煤层细分为 4 层。其中 3^{-1} 煤上覆基岩段孔隙裂隙含水层富水性弱，但单纯风化层基岩含水层较正常基岩与风化基岩组成的含水层单位涌水量及渗透性均高。4^{-2} 煤上覆基岩段孔隙裂隙含水层富水性弱，4^{-2} 煤至 5^{-2}

煤孔隙裂隙承压含水层富水性极弱，5^{-2} 煤至 5^{-3} 裂隙承压含水层富水性极弱。

3）烧变岩裂隙孔洞潜水含水层。包括 3^{-1} 煤烧变岩区、4^{-2} 煤烧变岩区和 5^{-2} 煤烧变岩区，三者均未做水文地质探查工作，但 3^{-1} 煤烧变岩区根据东侧某沟出露的水泉流量（平均流量 35.8L/s）分析，含水层富水性强。4^{-2} 煤烧变岩区富水性弱。

（2）隔水层

本井田隔水层由第四系中更新统离石组黄土（Q_2l）与新近系上新统保德组红土（N_2b）组成。离石组黄土垂直裂隙发育，结构疏松，垂向渗透性能较好，为一层相对隔水层。保德组红土结构致密、坚硬，是本区主要的隔水层。红土层中含钙质结核层，该层中保德红土含水，特别是该层底部钙质结核层与风化裂隙承压水连通，故局部地段该层有含水现象。井田隔水层在河谷地带受现代河流的冲刷，存在缺失区域，因此井田基岩含水层存在大量“天窗”现象，可直接接收来自大气降水、地表流水或松散沙层水的补给，也说明基岩含水层与地表水及松散沙层水具有较紧密的上下水力联系。

（3）补、径、排条件

①第四系松散层潜水。本区第四系松散层潜水以大气降水为主要补给来源，区域侧向补给和凝结水补给微弱。根据水文地质测绘得出的降水入渗系数经验值，基岩露头、黄土与基岩直接接触区年降水入渗系数 0.10，沙层和冲积层年降水入渗系数 0.43，红土与基岩直接接触区视为隔水区。②基岩裂隙承压水。主要接受区域侧向补给和上部地下水的渗透补给。在基岩出露区，则直接接受大气降水沿裂隙向岩层微弱渗透补给。其次是沙层孔隙水通过透水“天窗”入渗补给。径流方向基本顺岩层倾向由东向西南方向运移，含水层被沟谷切割后，便以泉的形式泄出地表，成为地表水。③烧变岩裂隙孔洞潜水。分布范围小，主要接受大气降水及上覆第四系潜水的入渗补给，入渗后沿其孔洞、裂隙向烧变岩底板低洼处运移，并常常在烧变岩底板低洼处富集，形成富水区。在沟谷沿岸，以下降泉的形式排泄补给地表水。

14.1.3 矿井充水因素分析

（1）充水通道

本煤矿构造简单，各阶段施工钻孔位置清楚、封孔良好，因此区内充水通道应该主要来自煤层开采形成的冒落带和导水裂隙带，其次为构造“天窗”及尚未封闭的钻孔。

（2）充水水源

根据盘区水文地质条件及煤层覆岩结构类型，主要直接充水水源为煤层顶板砂岩裂隙水和第四系松散岩类潜水。间接充水水源为大气降水、地表水、烧变岩水，部分区域冒落带或冒裂带发育高度达到地表，则大气降水及地表水可成为直接充水水源。这些充水含水层为保水采煤的保护含水层。

（3）充水强度分析

根据矿井 2018—2022 年矿井涌水量统计见表 14.1。矿井涌水量总体上呈现逐步上升趋势，2020 年 12 月达到峰值（即矿井日最大涌水量为 1269m^3/h）后涌水量逐渐下降。2021 年 10 月新增工作面后，矿井涌水量逐渐增加至 1212m^3/h，之后涌水量缓慢平稳下降，截至 2022 年 7 月，矿井涌水量维持在 1000m^3/h 左右。

表 14.1　矿井 2019 — 2022 年矿井涌水量表（m^3/h）

时间	1 月	2 月	3 月	4 月	5 月	6 月	7 月	8 月	9 月	10 月	11 月	12 月
2018 年	639	731	716	623	625	789	746	680	629	650	615	604
2019 年	701	726	705	733	856	869	816	873	787	837	865	877
2020 年	812	798	835	862	831	865	999	1111	1075	943	999	1269
2021 年	1257	1226	1109	954	1029	1107	850	879	879	1034	1212	1168
2022 年	1180	1116	1090	1077	1023	1090	1025					

14.2　矿井保水采煤必要性

14.2.1　开采对水资源及生态环境影响

（1）开采对松散层水体的影响

目前矿井主要开采 4^{-2} 煤，根据矿井实测裂采比计算导水裂隙带结果显示，4^{-2} 煤开采导水裂隙带发育高度会波及第四系沙层区域。天窗区域主要集中于沟谷及煤层露头区域，在第四系松散层富水区松散层水可通过土层缺失区对风化基岩含水层进行补给。因此 4^{-2} 煤的回采会对松散层水资源造成破坏。

通过对长观孔水位标高及矿井涌水量分析，已回采区域导水裂隙带可能会沟通上覆萨拉乌苏组、基岩风化裂隙承压水组成的复合含水层，煤层顶板以上的地下潜水及四周岩层中的裂隙水沿着采动裂隙向采空区汇集，导致地下水位显著降低，延长了地下潜水与地表水交换（循环）的路径，减少了地下潜水向地表的供应量和向河道的补给量，进而造成区域地表水流量突然减少。

（2）开采对地表水体影响

开采区内地表水主要为北部沟谷河流、南部的沟谷河流；其中北部河流支流已留设保护煤柱，干流位于 4^{-2} 煤煤层露头区不开采。近期开采仅对南部河流靠东北部支流局部产生影响，局部出现裂缝、塌陷台阶；中期开采影响 2 处淤堤坝，以及北部局部支流、南部河流西南部 2 条支流，最大塌陷值 2m，损坏等级Ⅲ级，局部出现裂缝、塌陷台阶，势必会引起地表水资源的破坏。此外，采空区地面地裂缝发育密集，对地表产生了一定破坏。由此推断，在河沟地段开采对地面势必造成同样的破坏，若不采取处理措施，河床将面临沉陷、产生地裂缝的风险。

（3）开采对烧变岩水体的影响

井田 4^{-2} 煤自燃使围岩形成烧变岩，仅分布于井田三盘区北部，呈不规则条带状沿沟谷展布（图 14.1）。煤层自燃后，使顶板岩层受到烧烤、垮塌、冷缩等严重变形破坏，烧变岩裂隙孔洞发育，据勘探报告厚度一般达 10m。如果 4^{-2} 煤开采距离烧变岩太近，容易形成侧向补给通道，烧变岩水侧向补给 4^{-2} 煤采空区。4^{-2} 煤烧变岩区域下覆 4^{-4}、5^{-2} 煤，根据矿井实测裂采比 19.51，计算 4^{-4}、5^{-2} 煤的导水裂隙带宽分别为 22.65m 和 64.06m。4^{-4} 煤距烧变岩为 33.2m，5^{-2} 煤距烧变岩为 68m，开采后其导水裂隙带未波及烧变岩。

烧变岩水主要接受大气降水及上覆砂层水的补给，入渗后沿其孔洞、裂隙向下运移，并在其底部富集，工作面侧向若沟通烧变岩或者距离烧变岩过近，也将引起烧变岩水向工作面涌入，从而对地表生态造成一定影响。

14.2.2 保水采煤必要性

本矿区内广泛赋存的第四系更新统萨拉乌苏组沙层地下潜水及河流水、湖泊海子水及水库存水等少量地表水是能够容易被直接利用的水资源，其中萨拉乌苏组地下潜水对保持当地工农业生产稳定、居民正常生活起到至关重要的作用，更是维持地表植被生态环境健康发展尤为珍贵的水资源。煤层回采在正常区段内，导水裂隙带波及不到风化基岩和松散层时，萨拉乌苏组孔隙潜水和风化基岩裂隙承压水为间接充水含水层；在基岩厚度不足的情况下，导水裂隙带在局部区段直接导通至风化基岩甚至松散层，使松散层水和基岩风化裂隙水成为直接充水水源；由于井田范围内存在多个隔水土层缺失区，松散层水通过缺失区对风化基岩形成补给作用，导致松散层水位随着采煤的进行逐渐下降；此外，采煤形成的地表塌陷与地裂缝，会进一步造成松散层水位大量出露地表或水位下降等一系列问题。

根据导水裂隙带高度计算结果显示，4^{-2} 煤直接充水含水层将来自上覆正常基岩段裂隙水和风化基岩段裂隙水。由于导水裂隙带突破至第四系松散沙层的钻孔较多，第四系松散沙层水也成为盘区重要的直接充水含水层。在局部的沟谷地带煤层上覆基岩薄弱处冒落带可直接沟通松散含水层而造成突水溃砂。

煤矿在回采煤炭资源的同时也需对矿区内地表水、松散层水及烧变岩水采取措施进行保护，用以缓和高强度煤炭开采与生态环境之间的矛盾，因此推广保水采煤技术十分必要。

14.2.3 保水采煤思路

根据《保水采煤技术规范》（T/GRM 054—2022），保水采煤是指“通过控制岩层移动维持具有供水意义和生态价值含水层（岩组）结构稳定或水位变化在合理范围内，寻求煤炭开采量与水资源承载力之间最优解的煤炭开采技术”。

保水采煤的总则是：坚持“生态优先”的原则，将水资源与生态环境保护贯穿煤炭开发全过程。根据煤－水空间赋存关系，含水层及地表水体保护需求，合理确定开采区域，优化开采顺序和采煤技术方法。煤层开采应坚持采煤与水资源保护协调一致的科学理念，采取有效预防和保护措施，保护具有供水意义和生态价值的含水层，避免或减轻煤层开采造成的水资源含水系统破坏。

目前保水采煤的技术途径主要有两类（范立民，2005）：其一是在煤层开采的同时利用岩层的隔水能力阻止被保护的水源向矿井充水，从而实现保水开采，这样做的前提是岩层必须具备有效的隔水能力并且可以利用；其二是通过人工主动干预方式，阻止或尽可能减少被保护的水源向矿井充水，其中的人工干预方式包括隔水层注浆加固改造、河流铺底导流、侧向帷幕截流、通道封堵、覆岩破坏带后修复、充填开采等多种技术途径及其组合。

需要说明的是，保水采煤技术途径的选择是灵活的，不是一成不变的，有时还会随着具体条件和实际需求的变化而改变。即使是在同一个矿井，所采取的保水采煤技术途径也不是单一的，往往是多种技术途径并存。选择保水采煤技术途径的原则，应该是因地制宜，辨证施治，根据具体条件和实际需求合理选取。

14.3 矿井保水采煤方案

14.3.1 第四系松散层潜水含水层水保水采煤方案

（1）松散层破坏区及土层缺失区松散层水保护方案

根据上述分析，松散层水受采动影响的主要原因有以下两个：一是导水裂隙带直接波及松散层，使得松散层成为直接充水水源，二是风化基岩含水层为 4^{-2} 煤直接充水含水层，其在采煤的破坏下水位出现大幅度下降，土层缺失区在松散层水压与风化基岩水压差的作用下松散层水将对风化基岩形成补给作用，从而增加矿井涌水量，使得松散层水成为 4^{-2} 煤回采的重要间接充水水源。因此，为了保护松散层水不被 4^{-2} 煤的回采破坏，需要综合考虑上述两个方面采取治理措施。

松散层已破坏区域可在导水裂隙带的上部松散层底部附近采用地面人工注浆的方式，形成一道水平的截水帷幕，阻止松散层水继续向采空区补给（图 14.1）；土层缺失区可采用同样方法通过构建人工隔水层切断松散层水与风化基岩之间的水力联系（图 14.2）。上述帷幕注浆方法经过几十年的发展，帷幕注浆技术已经较为成熟，被广泛应用于各类矿山的堵水工程上，在采取一定针对性的技术保障措施的前提下通过在土层缺失区构建人工帷幕隔水层的方法是可行的。

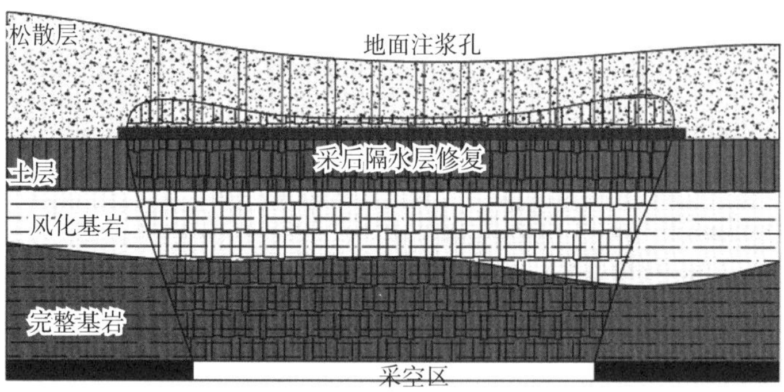

图 14.1 松散层破坏区隔水层再造方案示意图

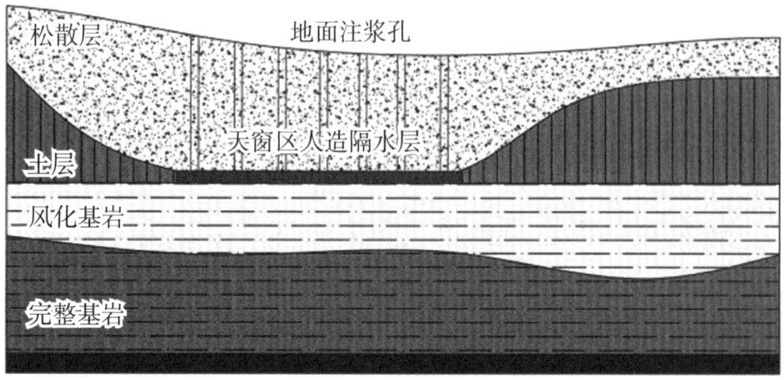

图 14.2 土层缺失区人造隔水层方案示意图

需要说明的是，人工隔水层构建在松散层底部，在针对松散层水的保护措施中将使得导水裂隙带顶界低于松散层底界，并留足保护层厚度，因此回采时导水裂隙带不会对人工隔水层造成破坏。

本矿区治理区域包括两部分，一部分是采空区内松散层被破坏的区域，主要位于一盘区东南部区域和二盘区北部，另一部分为土层隔水层缺失区域，主要有一盘区东南部河流区域和二盘区北部河流区域，土层缺失区大部分与松散层被破坏的区域相重叠，重叠的部分开展一次注浆治理工作。目前，松散层已破坏区准备采用注浆人工构建隔水层方法治理。

（2）松散层未破坏区保护方案

松散层破坏区受 4^{-2} 煤回采的影响主要原因是采煤形成的导水裂隙带发育至松散层，因此，要解决该问题要从导水裂隙带高度上着手。第一类方法是采用自然保水技术留设煤柱，不再开采保护层厚度不够区域的煤炭资源，这是最直接、有效的方式；第二类是通过改变采矿方法降低导水裂隙带高度，使保护层厚度满足要求，目前周边矿井采用的主要方法包括限厚开采、充填开采等。下面对各技术进行综合分析：

1）留设煤柱是放弃水体下保护层厚度不足区域的回采工作，将在回采区域内利用岩层本身的隔水层能力采用自然保水的方法达到保水开采，同时可以避免水灾事故的发生，是最为有效的保水方式，同时对矿井生产能力没有影响，但需要舍弃一部分煤炭资源。

2）限厚开采是留一部分顶煤，降低采高实现导水裂隙带高度的降低，使得导水裂隙带顶界保护层厚度满足的要求，不用改变采煤方法和留设专用煤柱，但由于留了一部分顶煤，对矿井的产能存在一定影响，影响主要取决于限高的高度，限高高度越小对产能的影响越大。

3）充填开采是《保水采煤技术规范》（T/GRM 054—2022）中推荐的保水采煤技术，该技术在采煤时采高没有降低、也不用留设专门的煤柱，在采后通过充填一系列材料达到降低等效采厚的目的，从而抑制导水裂隙带发育高度，达到与限高开采同样的效果，对资源回收率没有明显影响，但目前充填开采的成本居高不下，且工作面生产工艺复杂，推进速度较慢，对矿井的产能限制较大。

在保水、保护生态环境的条件下应当重点考虑保水技术的可靠性、对产能及生产成本的影响，实现既能保护水资源又不明显影响矿井产能及效益的双赢目标。综合考虑本煤矿实际条件，综合对比安全性、保水效果、资源采出率、产能影响程度、成本结合矿井实际情况，考虑分区域综合采用限高开采、充填开采的方式实现保水采煤的目标，即首先根据《建筑物、水体、铁路及主要井巷煤柱留设与压煤开采规范》要求计算限高高度，结合采煤设备的最低采高 2.6m，采用在限高高度大于 2.6m 的区域采用限高开采的方式，在限高高度小于 2.6m 的区域采用充填开采的方式降低导水裂隙带高度（表 14.2）。

表 14.2　保水技术特征对比表

待选方法	保水效果	资源采出率	产能影响程度	成本	限制因素
留设煤柱	最好	相对较高	无影响	较小	损失一定量煤炭资源
充填开采	相对较好	最高	影响大	较高	成本较大，且影响产能
限高开采	相对较好	相对较高	较小	较小	损失一定量煤炭资源
注浆改造	一般	相对较高	较小	较高	技术难度大，影响地表环境

矿井开采 4^{-2} 煤对松散层水有影响的主要原因为地表冲沟比较发育，造成土层缺失和局部煤层较厚。针对矿井局部煤层较厚形成的局部小范围的松散层影响区域采用限高开采方式，通过限厚开采的方式降低导水裂隙带高度，使得实际导水裂隙带高度加保护层厚度低于隔水层顶界，达到保护第四系松散层水的目的。根据矿井开采工艺，最低开采高度为 2.6m，因此对于限高开采高度达到 2.6m 以上的区域采取限高开采，2.6m 以下区域采取充填开采方案，具体限高区域如图 14.5。

根据本煤矿的实际开采情况，为了降低 4^{-2} 煤开采导水裂缝带的发育高度，防止导水裂隙带导通 4^{-2} 煤层上部裂隙含水层，结合矿井开采工艺，最低开采高度可以达到 2.6m，提出对于开采高度 2.6m 以下区域采取充填开采。

对于充填开采来说，充填材料的选取尤为重要。充填材料的选取首先要保证材料来源广、成本低，其次可因地制宜，就近选取材料。本矿井建有 2 个矸石仓（储量 2000t），产生的矸石运往排矸场堆放，矸石的处理也成为一大难题，堆放不仅占用土地，有的还会产生有害气体，对地形地貌以及环境产生一定的影响。

采用矸石作为充填材料，首先材料来源充足，矿井附近煤矿都有矸石产生，当矿井充填开采时，其矸石量如不能满足充填需求，可从周边矿井调运。其次，选取矸石充填，不仅消耗了以往开采形成的矸石山，大大降低了对环境的破坏程度，加强了采煤和环境治理的协调统一，同时也能够很大程度上降低上覆岩层的变形与破坏，有利于上覆岩层的稳定性，减少对含水层的破坏，保护水资源，促使矿区环境保护工作进入一个健康、良好的发展轨道，综合效益显著。

14.3.2 地表水保护方案

开采区内地表水主要为北部某沟及其支流、南部的某河支流，二盘区内 4^{-2} 煤回采后导水裂隙带会波及地表，为防止地表水体受到采动影响的破坏，采用留设防水煤岩柱保护地表水体，未波及的区域采用在采前管道引流、采后对河床人工防渗处理的地表水体保护方法。

（1）防水安全煤（岩）柱

根据矿井 4^{-2} 煤基岩厚度和沙土层厚度，结合 4^{-2} 煤开采导水裂隙带发育高度，在矿井二盘区北部某沟附近，导水裂隙带导通地面，并且该区域无土层隔水层，煤层埋深 13 ~ 26m，煤厚为 3.25 ~ 3.75m，因此在该区域采煤方式会影响到地表水及第四系松散层水，且存在突水溃沙的危险，建议该区域留设防隔水煤柱进行保护。

（2）河床防渗治理

矿井内开采影响到地表河流为流量较小或属季节性河流，工作面过沟开采期间应设计在旱季开采以减小对地表水的影响。根据河流流量情况将河床治理分为季节性河流河床治理方案和小流量常年性流水河床治理方案。

(a) 季节性河流河床治理方案

矿井 4^{-2} 煤开采工作面需要穿过季节性河流时，应该将过沟开采时间设计在季节性河流亏水期，工作面推采过去之后对河道进行防渗处理。防渗治理不仅在正常情况下要尽量减小河水的下渗量，还要保证后期地表沉降影响发生地表变形时，防渗系统依然能发挥防渗效果。因此即要求河床治理后有一定的弹性和韧性，还要考虑一定的抗老化要求，可修复要求，以及极端情况下的应急要求等。地表沉降一般采后 3 个月趋于稳定，因此在采后 3 个月内要定期巡查。采后回填施工过程如下：

1）首先对顶板来压产生的地表大裂缝采用碎石、砾石进行填埋、压实；

2）其次回填黄土或红土 1.0m 厚，每回填 0.5m 进行一次机械压实，并在土层回填 0.5m 位置铺设一层土工布，土工布考虑 1.2 的富余系数。

3）再次回填 0.5m 厚级配良好的碎石并用机械压实，碎石体积放大系数取 1.2，然后铺设双抗网，双抗网考虑 1.2 的富余系数。

4）最后铺设 0.2m 厚三合土，达到防止水流冲刷河床的效果。三合土体积配比为 1：2：4（石灰：沙：红土）。回填后的地面保持原有的地形坡度，施工时要严格控制施工质量，断面示意图见图 14.3。

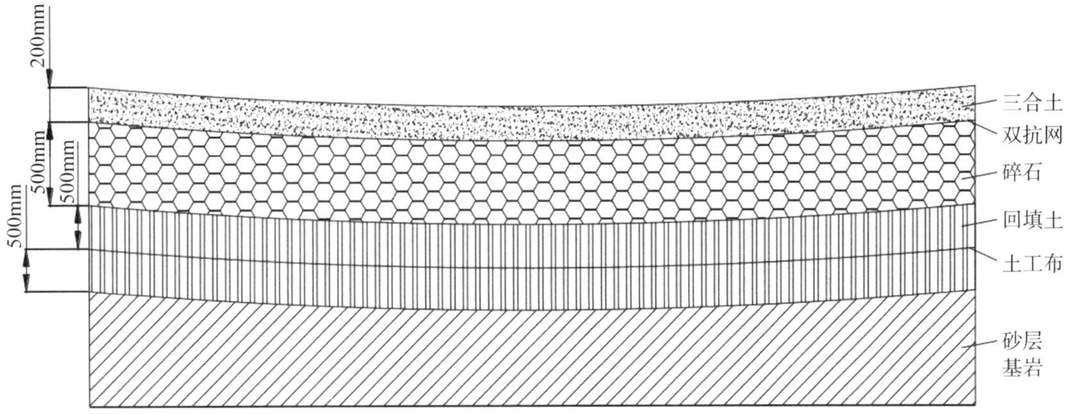

图 14.3　河床防渗层结构图

（b）常年性流水河床治理方案

井田内受采动影响的地表常年性流水河流为小流量河流，并且受季节性影响较大，因此工作面过沟开采时间应放在旱季开采。河床治理可分为回采前治理和采后治理，如果回采前对河流河床进行防渗治理，在工作面回采过程中容易破坏人工河床防渗保护层，因此针对小流量常年性河流保水开采采用人工管道引流和复合土工膜防渗综合治理方式。

人工管道引流是通过工作面过沟回采前在工作面河流段上游构筑临时拦水坝，拦水坝底和中部设置导水管，坝内积水通过临时软质管路导出至回采工作面下游，拦水坝结构如图 14.4，坝体结构参数和导水管管径和数量根据工作面回采前河流实际流量进行调整。待工作面过沟开采结束后采用季节性河流河床治理方案进行最终处理。

（c）监测措施

过沟开采期间，即导排系统服役期间，需要对地表的塌陷变形情况及导排系统的服役效果进行必要的监测。观测主要为人工巡视与变形观测、流量变化监测，并根据相应的监测数据对导排系统进行必要的维护或调整。

人工巡视分为地表塌陷变化情况巡视、导水系统的运转情况巡视及井下水文情况变化巡视，做书面记录，防止突发情况的发生；变形观测主要是对河道走向的沉降观测，及水

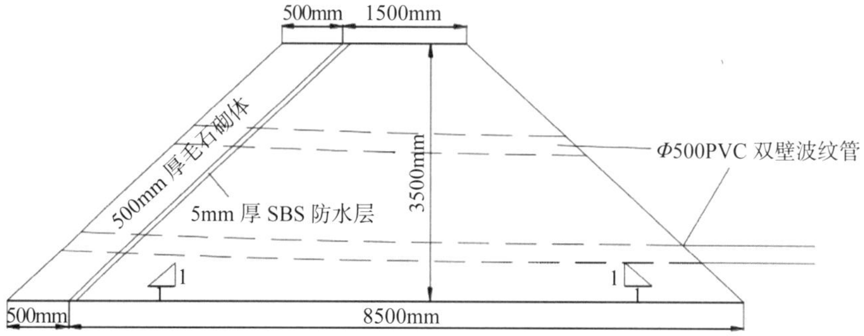

图 14.4 拦水坝结构图

平变形观测；流量监测，在排水系统的入水口及出水口需分别设置水文观测站，监测治理河水的去向，分析流量变化的原因。

14.3.3 烧变岩水保护方案

（1）保护方法的确定

煤层自燃后，使顶板岩层受到烧烤、垮塌、冷缩等严重变形破坏，裂隙孔洞发育，形成烧变岩。井田 4^{-2} 煤自燃使围岩形成烧变岩，仅分布于井田三盘区北部，呈不规则条带状沿沟谷展布，据勘探报告厚度一般约 10m。烧变岩区域内，选取裂采比 19.51，经计算 4^{-4}、5^{-2} 煤的导水裂隙带分别为 22.65、64.06m，开采后其导水裂隙带均波及烧变岩。

烧变岩水的保护与防治首选留设防水煤（岩）柱的方法，其次帷幕注浆也是有效的方法，具体采用何种方法，需要经过综合对比分析确定。

中煤能源研究院在西湾露天煤矿对烧变岩水的保护采用的是帷幕注浆的方法，并取得了非常好的成效。根据其经验，为了确保帷幕的有效性，帷幕位置应当放在烧变岩范围内，距烧变岩边界 50m 左右，帷幕两端应当与完整基岩衔接，衔接长度大于 20m。然而根据本煤矿实际条件，若帷幕墙按照烧变岩边界布置总长度约 3000m，工程量巨大，需要在地表施工高密度钻孔，对地表生态环境有一定影响，同时需投入大量的资金（单位长度工程投资约为 1 万元 /m），严重影响了企业效益。留设煤柱是最为安全、保险的烧变岩水保护方法，虽然会丢弃一定量的煤炭资源，但不会涉及在地面施工，对地表生态环境是有利的。同时由于烧变岩附近基岩厚度薄，在采取帷幕注浆以后，考虑到对松散层水体的保护还需要开展充填开采，而且此处的充填率要求较高，充填开采技术难度大。因此本次选择留设防水煤柱的方法对 4^{-2} 煤烧变岩水进行保护。

（2）防水安全煤（岩）柱

为保证矿井安全，在火烧区边界留设最小斜长 100m 的隔离煤柱作为火烧边界防水煤柱。根据《煤矿防治水细则》中对防隔水煤柱留设的要求，4–2 号煤层开采与深部火烧边界之间防隔水煤柱的最小值按下列公式计算：

$$L_{\mathrm{y}} = 0.5KM\sqrt{\frac{3p}{K_{\mathrm{p}}}} \tag{14.1}$$

式中：L 为煤柱留设的宽度，m；K 为安全系数，一般取 2 ～ 5；M 为煤层厚度或者采高，m；

p 为实际水头值，MPa；K_p 为煤的抗拉强度，MPa。

根据烧变岩含水层最大埋深计算，烧变岩区水压最大为 0.3MPa，二盘区南部工作面采高为 3m，安全系数取最大值 5，煤的抗拉强度根据《生产地质报告》取 1MPa。通过推测计算，L_y = 7.1m。同时根据经验烧变岩边界位置的误差在 50m 左右，因此，正常情况下，留设 100m 的隔离煤柱作为 4^{-2} 号煤层开采的火烧边界防水煤柱是可行的。同时建议在烧变岩附近布置工作面前，采用地面电法和磁法两种方法共同确定烧变岩边界和富水范围，并通过钻探进行验证。

14.4 矿井水文监测系统建设

对我国西北干旱、半干旱地区而言，缺水状况依然严重。随着我国经济社会建设事业的不断发展，资源性缺水、水质性缺水和水环境污染已经成为经济与社会可持续发展的重要制约因素。同时，快速城镇化和工业化对水的利用和管理提出了严峻的挑战。在煤炭生产中，矿井常发生水渗透、管涌等严重灾害，不仅给矿井的生产带来了威胁，同时也破坏了地下水的完整性，为此需要加强矿井水文监测系统。

14.4.1 监测参数

按照《煤矿地下水监测规范》（DB61/T 1247—2019）要求，针对矿井水文监测内容主要如下。

（1）村庄水井监测

在井田范围内村庄水井设置含水层监测点，重点对第四系潜水含水层水位、水质进行定期监测。

（2）泉眼监测

主要在各沟谷泉眼分别布置监测点，对其水位、水质进行定期监测，重点对第四系、中侏罗统直罗组含水层水位、水质进行定期监测。

（3）水文监测

结合煤矿含水层补径排方向，在井田重点区域增设 4 个含水层监测点，重点对中侏罗统直罗组含水层、第四系松散层孔隙潜水含水层、烧变岩潜水含水层的水位、水质进行定期监测。

（4）水体污染监测

在矿井水排水口各设置 1 个监测点，监测水质、流量。

14.4.2 监测要求

矿井主要是对第四系、中侏罗统直罗组含水层进行水位监测，根据其所保护的目的含水层，再结合矿井水文地质条件，以及以往矿井对水位的监测手段，关于后期对矿井地下水位监测系统建设的具体要求如下。

（1）地表水监测要求

地表水监测主要包括对地表水水质状况、污染浓度、变化情况的有效监测，监测范围主要包括矿区内河流及支流、水库、饮用水源地等；监测项目主要包括水量、水位、水温、pH、悬浮物、溶解氧等。

（2）烧变岩水监测要求

烧变岩仅分布于井田三盘区北部，在煤矿开采过程中，必须做好烧变岩地下水水位监测，实时监测监控烧变岩地下水水位变化动态，对于烧变岩岩裂隙孔洞发育处，进一步加密监测站点部署。

（3）矿井水文监测全过程的质量管理

矿井水文监测主要包括布点、采样、现场工作、运输、交接、分析、测试、数据报出和审核等环节，必须严格把握各个环节的质量关。如完善监测数据报出前的校对机制，将样品处理或状况疑问、数据疑问、分析操作、计算及相关原始记录方面的问题在进入报告编制阶段前加以解决，真正形成一个综合性的质量管理体系。以“预防为主，防治结合，重在提高”的原则为指导，努力提高矿井水文监测质量。

14.5 保水采煤效果后评价

为了评价综采工作面保水采煤效果，通过对煤矿采煤工作面开采后地下水水位、地表植被变化、地表沉降、工作面涌水量变化、导水裂隙带发育高度观测等，系统分析采煤对上覆含水层的影响。研究认为，煤矿采煤工作面导水裂缝带发育最大高度为 109.72m，潜水水位最大下降幅度 1.32m，保持在合理的生态水位埋深范围，实现了保水开采。

14.6 结论及建议

14.6.1 结论

1）井田地处陕北干旱区，降雨少、蒸发量极大是其基本特征，地表生态环境脆弱，生态环境对水资源的反映较为敏感，需要采取一定措施与手段确保采煤的同时对水资源进行保护，根据《保水采煤技术规范》，结合区域水资源特征，确定井田保水的目标是地表水、松散层水及烧变岩水。

2）井田 4^{-2} 煤采动导水裂隙带在大部分区域波及风化基岩含水层，在局部地段波及第四系松散层水，因而松散层水在局部区域将成为 4^{-2} 煤回采的直接充水水源。针对松散层破坏区及土层缺失区，通过注浆治理构建人工隔水层保护松散层水；针对松散层未破坏区，根据采高的限制，对 2.6 以上的区域制定了限制采高方案，对 2.6m 以下区域制定了充填开采方案，选取矸石作为充填材料。

3）井田地表水系发育，南部地表水系下 4^{-2} 煤已回采结束，并采取过沟开采措施。北部井田内发育沟流流量较小或属季节性河流。根据矿井 4^{-2} 煤开采导水裂隙带发育高度，局部影响到地表水，为了保护地表水，制定了两种保护方案。第一种是留设防隔水煤柱，第二种是采用人工处理河流的方式进行保护地表水，即在采前通过人工管道引流防止河床遭到破坏后地表水下渗，采后在岩移稳定后对原始河床进行人工防渗处理撤离人工引流管道。

4）井田三盘区的 4^{-2} 煤烧变岩区富水性较强，在其附近回采 4^{-2} 煤将受到烧变岩水的影响，因此，4^{-2} 煤回采期间制定了留设防水煤柱保护烧变岩水体。

14.6.2 建议

1）保水采煤技术方案的确定主要受控于水文地质条件和采煤覆岩破坏规律，而水文地质条件在不同区段差异较大，建议在水文地质条件复杂区域采用钻探、物探等方法进一步查清水文地质条件，同时针对不同煤层不同采矿条件下的覆岩破坏规律进行综合实测，根据实测结果结合水文地质条件的新认识对保水采煤技术方法进行调整与优化。

2）保水采煤是化解采煤与生态环境破坏矛盾的一项重要举措，同时也一项涉及采矿方法、生产布局、水文地质条件勘查、水害防治等多方面的工作。建议煤矿企业从长计议，组织相关部门以上述保水采煤技术方案为准则及时、准确地落实保水采煤方案。

本项目完成单位为中煤能源研究院有限责任公司和中煤西安设计工程有限责任公司。完成人员为丁湘、黄海鱼、蒲治国、刘溪、庞龙、张坤、纪卓辰、李兆扬、樊江伟。

参考文献

白喜庆，沈智慧 . 2010. 峰峰矿区保水采煤对策研究 [J]. 采矿与安全工程学报，27(3)：389–394.

毕银丽，彭苏萍，杜善周 . 2021. 西部干旱半干旱露天煤矿生态重构技术难点及发展方向 [J]. 煤炭学报，46(5)：1355–1364.

柴建禄，姬中奎，杨帆，等 . 2019. 大型烧变岩帷幕预注浆工程的即时检验技术 [J]. 煤炭工程，51(5)：73–77.

曹志国，鞠金峰，许家林 . 2019. 采动覆岩导水裂隙主通道分布模型及其水流动特性 [J]. 煤炭学报，44(12)：3719–3728.

池明波 . 2019. 我国西北矿区水资源承载力评价与科学开采规模决策 [D]. 北京：中国矿业大学 .

杜时贵 . 2018. 大型露天矿山边坡稳定性等精度评价方法 [J]. 岩石力学与工程学报，37(6)：1301–1331.

董书宁，杨志斌，姬中奎，等 . 2019. 神府矿区大型水库旁烧变岩水保水开采技术研究 [J]. 煤炭学报，44(3)：709–717.

范立民 . 1992. 神木矿区的主要环境地质问题 [J]. 水文地质工程地质，19(6)：37–40.

范立民，牛建国，蒋泽泉，等 . 1996. 榆神府煤田浅层地下水的开发与利用 [J]. 中国煤田地质，8(1)：32–36.

范立民 . 先保水后采煤 [N]. 光明日报，2000-6-19(6).

范立民，蒋泽泉 . 2000. 厚煤层综采冒落带高度的确定 [J]. 中国煤田地质，12(3)：31–33.

范立民 . 2004. 论陕北煤炭资源的适度开发问题 [J]. 中国煤田地质，16(2)：1–3.

范立民 . 2005. 陕北煤炭基地规划中几个关键技术问题的探讨 [J]. 陕西煤炭，24(1)：3–7.

范立民 . 2005. 论保水采煤问题 [J]. 煤田地质与勘探，33(5)：50–53.

范立民，马雄德，杨泽元 . 2010. 论榆神府区煤炭开发的生态水位保护 [J]. 矿床地质，29(S1)：1043–1044.

范立民，马雄德，冀瑞君 . 2015. 西部生态脆弱矿区保水采煤研究与实践进展 [J]. 煤炭学报，40(8)：1711–1717.

范立民，向茂西，彭捷，等 . 2016. 西部生态脆弱矿区地下水对高强度采煤的响应 [J]. 煤炭学报，41(11)：2672–2678.

范立民，仵拨云，向茂西，等 . 2016. 我国西部保水采煤区受保护烧变岩含水层研究 [J]. 煤炭科学技术，44(8)：1–6.

范立民 . 2017. 我的第一篇论文：保水采煤观点的诞生 [J]. 水文地质工程地质，44(1)：177.

范立民 . 2017. 保水采煤的科学内涵 [J]. 煤炭学报，42(1)：27–35.

范立民，向茂西，彭捷，等 . 2018. 毛乌素沙漠与黄土高原接壤区泉的演化分析 [J]. 煤炭学报，43(1)：207–218.

范立民，马雄德 . 2019. 保水采煤的理论与实践 [M]. 北京：科学出版社 .

范立民 . 2019. 保水采煤面临的科学问题 [J]. 煤炭学报，44(3)：667–674.

范立民，马雄德，蒋泽泉，等 . 2019. 保水采煤研究 30 年回顾与展望 [J] 煤炭科学技术，47(7)：1–30.

范立民，孙魁 . 2019. 基于保水采煤的煤炭开发带与泉带错位规划问题 [J]. 煤炭科学技术，47(1)：173–178.

范立民，李成，高帅，等 . 2019. 黄河中游（陕西段）大型煤炭基地地下水监测预警关键技术及工程应用 [R]. 西安：陕西省地质环境监测总站 .

范立民，马雄德，吴群英，等 . 2020. 保水采煤技术规范的技术要点分析 [J]. 煤炭科学技术，48(9)：81–87.

范立民，孙魁，李成，等 . 2020. 西北大型煤炭基地地下水监测背景、思路及方法 [J]. 煤炭学报，45(1)：317–329.

范立民，孙魁，李成，等 . 2021. 榆神矿区煤矿防治水的几点思考 [J]. 煤田地质与勘探，49(1)：182–188.

范立民，吴群英，彭捷，等 . 2021. 黄河中游大型煤炭基地地质环境监测思路和方法 [J]. 煤炭学报，46(5)：1417-1427.
范立民，迟宝锁，王宏科，等 . 2022. 鄂尔多斯盆地北部直罗组含水层研究进展与水害防治建议 [J]. 煤炭学报，47(10)：3535-3546.
范立民，马立强，蒋泽泉，等 . 2023. 保水采煤知多少 [M]. 武汉：中国地质大学出版社 .
范立民，孙强，马立强，等 . 2023. 论保水采煤技术体系 [J]. 煤田地质与勘探，51(1)：196-204.
范立民，马万超，常波峰，等 . 2023. 榆神府矿区地下水水化学特征及形成机理 [J]. 煤炭科学技术，51(1)：383-394.
范立民，李涛，高颖，等 . 2024. 生态脆弱煤矿区水体中微生物群落特征及矿井充水指示 [J]. 煤炭科学技术，52(1)：255-266.
方刚 . 2022. 巴拉素井田 2 号煤层富水机理及煤层水害防治关键技术 [D]. 西安：西安科技大学 .
高阳 . 2019. 煤层顶底板致灾含水层地震预测技术应用研究 [D]. 北京：中国地质大学（北京）.
高胜，李国志，郭英杰，等 . 2022. 截水帷幕技术在元宝山露天煤矿的应用与效果评价 [J]. 煤田地质与勘探，1-8.
顾大钊，等 . 2015. 晋陕蒙接壤区大型煤炭基地地下水保护利用与生态修复 [M]. 北京：科学出版社 .
顾大钊，等 . 2019. 西部生态脆弱区现代开采对地下水与地表生态影响规律研究 [M]. 北京：科学出版社 .
谷拴成，苏培莉，王建文，等 . 2009. 烧变岩体特性及其注浆扩散行为研究 [J]. 岩土力学，30(S2)：60-63.
郭文兵，娄高中 . 2019. 覆岩破坏充分采动程度定义及判别方法 [J]. 煤炭学报，44(3)：755-766.
韩树青 . 1989. 萨拉乌苏组的地下水 [J]. 煤田地质与勘探，17(1)：45-46+71.
韩树青 . 1989. 试论渭北岩溶发育史及新岩溶发育规律 [J]. 煤田地质与勘探，17(5)：44-47+71.
韩树青，范立民 . 1991. 对陕北侏罗纪煤田水文地质勘探方法的意见 [J]. 煤田地质与勘探，19(3)：45-47.
韩树青，范立民，杨保国 . 1992. 开发陕北侏罗纪煤田几个水文地质工程地质问题的分析 [J]. 中国煤田地质，4(1)：49-52.
韩树青 . 1994. 渭北奥陶系灰岩环境水文地质问题研究 [J]. 中国煤田地质，6(1)：69-72.
贺晓浪，夏玉成，丁湘，等 . 2019. 毛乌素沙漠区广域适应型保水安全厚度计算及开采影响分区评价 [J]. 煤炭学报，44(3)：796-804.
何建平，彭兴芝，祖烨，等 . 2010. 砂卵石土动、静特性的对比试验研究 [J]. 长江科学院院报，27(8)：40-43.
侯恩科，童仁剑，冯洁，等 . 2017. 烧变岩富水特征与采动水量损失预计 [J]. 煤炭学报，42(1)：175-182.
黄庆享 . 2002. 浅埋煤层的矿压特征与浅埋煤层定义 [J]. 岩石力学与工程学报，21(8)：1174-1177.
黄庆享，张文忠 . 2014. 浅埋煤层条带充填保水开采岩层控制 [M]. 北京：科学出版社 .
黄选明，张雁，李文嵩，等 . 2020. 我国露天煤矿水害特征与防治水技术 [J]. 煤田地质与勘探，48(4)：53-60.
黄树炉 . 2007. 砂卵石地层浅埋暗挖隧道近桥桩施工注浆加固技术研究 [D]. 北京：北京交通大学 .
姬中奎 . 2018. 张家峁井田烧变岩与水库水力联系及帷幕截流技术研究 [D]. 西安：西安科技大学 .
姬中奎，薛小渊，杨志斌，等 . 2019. 神府煤田张家峁煤矿烧变岩与水库水力联系研究 [J]. 中国煤炭地质，31(4)：57-61.
冀瑞君，彭苏萍，范立民，等 . 2015. 神府矿区采煤对地下水循环的影响 [J]. 煤炭学报，40(4)：938-943.
蒋泽泉，王建文，王宏科 . 2011. 浅埋煤层关键隔水层隔水性能及采动影响变化 [J]. 中国煤炭地质，23(4)：26-31.
蒋泽泉 . 2010. 萨拉乌苏组水文地质特征 [C]// 安全高效矿井建设与开采技术——陕西省煤炭学会学术年会论文集 (2010). 北京：煤炭工业出版社，234-238.
蒋泽泉，雷少毅，曹虎生，等 . 2017. 沙漠产流区工作面过沟开采保水技术 [J]. 煤炭学报，42(1)：73-79.
姜万明 . 2022. 榆神矿区杭来湾煤矿突水危险性预测研究 [D]. 北京：中国矿业大学 .
焦养泉，王双明，范立民，等 . 2020. 鄂尔多斯盆地侏罗纪含煤岩系地下水系统关键要素与格架模型 [J]. 煤炭学报 . 45(7)：2411-2422.
靳德武，刘基，许峰，等 . 2021. 榆神矿区浅埋煤层减水开采中预疏放标准确定方法 [J]. 煤炭学报 . 46(1)：220-229.

靳瑞杰，董水利 . 2015. 渭南市渭北岩溶水开发利用调查研究 [J]. 陕西水利 (6)：52–54.
鞠金峰，许家林 . 2019. 含水层采动破坏机制与生态修复 [M]. 徐州：中国矿业大学出版社 .
康红普，徐刚，王彪谋，等 . 2019. 我国煤炭开采与岩层控制技术发展 40a 及展望 [J]. 采矿与岩层控制工程学报，1(2)：7–39.
康红普，李全生，张玉军，等 . 2023. 我国煤矿绿色开采与生态修复技术发展现状及展望 [J]. 绿色矿山，1(1)：1–24.
李智学，申小龙，靳德武，等 . 2022. 陕北侏罗纪煤田榆神矿区地质控水规律及保水采煤地质分区研究 [M]. 北京：地质出版社 .
李全生，李晓斌，许家林，等 . 2022. 岩层采动裂隙演化规律与生态治理技术研究进展 [J]. 煤炭科学技术，50(1)：28–47.
李全生，李淋 . 2023. 东部草原区露天煤矿减损开采与生态系统修复技术及应用 [J]. 煤炭科学技术，51(1)：484–492.
李文平，王启庆，刘士亮，等 . 2019. 生态脆弱区保水采煤矿井（区）等级类型 [J]. 煤炭学报，44(3)：718–726.
李文平，王启庆，李小琴 . 2017. 隔水层再造——西北保水采煤关键隔水层 N2 红土工程地质研究 [J]. 煤炭学报，42(1)：88–97.
李涛，王苏健，韩磊，等 . 2017. 生态脆弱矿区松散含水层下采煤保护土层合理厚度 [J]. 煤炭学报，42(1)：98–105.
李涛，高颖，艾德春，等 . 2019. 基于承压水单孔放水实验的底板水害精准注浆防治 [J]. 煤炭学报，44(8)：2494–2501.
李涛 . 2020. 西部生态脆弱矿区煤 – 水协调开采技术与实践 [M]. 徐州：中国矿业大学出版社 .
刘凯祥，牛超，彭涛，等 . 2019. 承压开采煤层底板突水危险性定量评价 [J]. 现代矿业 (1)：180–184.
刘治国，樊振丽，张玉军，等 . 2017. 黏土隔水层抗采动能力试验研究 [J]. 煤炭技术，36(12)：63–65.
刘睦峰，彭振斌，王建军，等 . 2010. 砂卵石层泥浆护壁与旋挖钻进工艺 [J]. 中南大学学报 (自然科学版)，41(1)：265–271.
陆远昭，赵志怀，陆家河，等 . 2012. 山西煤水资源合理开发与保护研究 [M]. 北京：煤炭工业出版社 .
吕玉广，刘宝开，赵宝峰，等 . 2020. 侏罗系宝塔山砂岩水文地质特征与解危开采研究 [J]. 煤田地质与勘探，48(6)：170–178.
马立强，张东升，王烁康，等 . 2018. “采充并行”式保水采煤方法 [J]. 煤炭学报，43(1)：62–69.
马立强，金志远，张东升 . 2019. 浅埋近距煤层保水开采机理与技术 [M]. 北京：科学出版社 .
马立强，许玉军，张东升，等 . 2019. 壁式连采连充保水采煤条件下隔水层与地表变形特征 [J]. 采矿与安全工程学报，36(1)：30–36.
马立强，王烁康，余伊河，等 . 2021. 壁式连采连充保水采煤技术及实践 [J]. 采矿与安全工程学报，38(5)：902–910+987.
苗彦平，姬中奎，李军，等 . 2019. 待采工作面上覆烧变岩注浆帷幕建造技术 [J]. 煤矿安全，50(7)：108–111.
苗霖田，夏玉成，段中会，等 . 2021. 黄河中游榆神府矿区煤 – 岩 – 水 – 环特征及智能一体化技术 [J]. 煤炭学报，46(5)：1521–1531.
缪协兴，孙亚军，蒲海 . 2011. 干旱半干旱矿区保水采煤方法与实践 [M]. 徐州：中国矿业大学出版社 .
宁博，吴时强，谢兴华，等 . 2011. 渗流作用对砂砾石层灌浆的影响试验研究 [J]. 岩土力学，32(S1)：285–289.
牛仁亮，李振栓，等 . 2003. 山西省煤炭开采对水资源的破坏影响及评价 [M]. 北京：中国科学技术出版社 .
彭捷，李成，向茂西，等 . 2018. 榆神府区采动对潜水含水层的影响及其环境效应 [J]. 煤炭科学技术，46(2)：156–163.
彭建兵，兰恒星，钱会，等 . 2020. 宜居黄河科学构想 [J]. 工程地质学报，28(2)：189–201.
彭苏萍，张博，王佟 . 2014. 煤炭资源与水资源 [M]. 北京：科学出版社 .
彭苏萍，邓久帅，王亮，等 . 2020. 绿色矿山评价指标条文释义 [M]. 北京：科学出版社 .
彭苏萍，毕银丽 . 2020. 黄河流域煤矿区生态环境修复关键技术与战略思考 [J]. 煤炭学报，45(4)：1211–1221.

浦海 . 2014. 保水采煤的隔水关键层模型及力学分析 [M]. 徐州：中国矿业大学出版社 .
蒲治国，丁湘，李哲，等 . 2022. 动水条件下递增开放式涌水通道高效治理技术 [J]. 煤田地质与勘探，50(5)：73-81.
戚绪尧，王涛，陈良舟 . 2022. 煤岩裂隙高位注浆浆液扩散规律 [J]. 煤炭学报，47(3)：1098-1109.
齐蓬勃 . 2010. 董家河煤矿底板注浆加固实践 [C]// 安全高效矿井建设与开采技术 . 陕西省煤炭学会学术年会论文集.
钱鸣高，缪协兴，许家林 . 1996. 岩层控制中的关键层理论研究 [J]. 煤炭学报，21(3)：2-7.
钱鸣高 . 2003. 绿色开采的概念与技术体系 [J]. 煤炭科技 (4)：1-3.
钱鸣高，许家林 . 2019. 煤炭开采与岩层运动 [J]. 煤炭学报，44(4)：973-984.
荣辉，焦养泉，高彬，等 . 2022. 神府南区中侏罗统直罗组古河道冲刷带的空间定位预测 [J]. 煤炭学报，47(10)：3561-3571.
任松涛 . 2022. 煤矿地面区域治理漏失点注浆效果检验方法 [J]. 煤炭与化工，45(4)76-79+87.
陕西省煤田地质勘探公司 185 队 . 1989. 陕北早中侏罗世含煤岩系沉积环境 [M]. 西安：陕西科学技术出版社 .
尚宏波，靳德武，赵春虎，等 . 2019. 砾岩含水层帷幕浆液运移规律与改性效果分析 [J]. 煤炭学报，44(8)：2460-2469.
邵小平，石平五，王怀贤 . 2009. 陕北中小煤矿条带保水开采煤柱稳定性研究 [J]. 煤炭技术，28(12)：58-61.
邵小平，陶叶青，刘二帅，等 . 2021. 陕北浅埋煤层似膏体充填条带开采参数研究及应用 [J]. 煤炭科学技术，49(7)：63-70.
孙常青 . 2022. 综合勘探手段在砂卵石地层勘察的应用 [J]. 岩土工程技术，36(1)：49-53.
孙魁，范立民，夏玉成，等 . 2019. 基于保水采煤理念的地质环境承载力研究 [J]. 煤炭学报，44(3)：830-839.
孙魁，苗彦平，陈小绳，等 . 2022. 鄂尔多斯盆地北部直罗组赋存特征及富水性 [J]. 煤炭学报，47(10)：3572-3598.
孙魁 . 2022. 陕北侏罗纪煤田北部直罗组古河道复合砂体及其控水机理 [D]. 西安：西安科技大学 .
孙亚军，张梦飞，高尚，等 . 2017. 典型高强度开采矿区保水采煤关键技术与实践 [J]. 煤炭学报，42(1)：56-65.
孙学阳，刘自强，李成，等 . 2018. 榆神府矿区保水采煤技术研究进展 [J]. 煤矿安全，49(7)：66-70.
万秀峰 . 2014. 砂卵石地层水泥－水玻璃复合注浆加固关键技术研究 [D]. 长沙：中南大学 .
王碧清，姬中奎，郑永飞，等 . 2019. 烧变岩区完整烧变岩断面的帷幕注浆技术 [J]. 煤炭技术，38(4)：99-102.
王锋 . 2018. 渭北煤田澄合矿区东部 K2 灰岩水害探查及治理技术研究 [D]. 西安：西安科技大学.
王汝恒，贾彬，邓安福，等 . 2006. 砂卵石土动力特性的动三轴试验研究 [J]. 岩石力学与工程学报 (S2)：4059-4064.
王双明，范立民，杨宏科 . 2003. 陕北煤炭资源可持续发展之开发思路 [J]. 中国煤田地质，15(5)：6-8.
王双明，黄庆享，范立民，等 . 2010. 生态脆弱区煤炭开发与生态水位保护 [M]. 北京：科学出版社.
王双明，范立民 . 2020. 鄂尔多斯盆地生态脆弱区煤炭开发与生态环境保护关键技术 [C]// 中国煤炭科技 40 年：1978—2018. 北京：应急管理出版社，613-619.
王双明，魏江波，宋世杰，等 . 2022. 黄河流域陕北煤炭开采区厚砂岩对覆岩采动裂隙发育的影响及采煤保水建议 [J]. 煤田地质与勘探，50(12)：1-11.
王苏健，邓世龙，邓增社，等 . 2015. 澄合矿区承压水体上安全采煤关键技术与应用 [M]. 北京：煤炭工业出版社 .
王悦 . 2012. 榆树湾煤矿保水采煤技术方案研究 [D]. 西安：西安科技大学 .
王兴，王少彬 . 2017. 渭北岩溶水及其开发的环境地质效应 [M]. 西安：陕西科学技术出版社.
王海，董书宁，孙亚军，等 . 2023. 我国大水矿山侧向帷幕截水技术及水资源保护效果研究 [J]. 煤炭科学技术，51(7)：207-223.
武强 . 2014. 我国矿井水防控与资源化利用的研究进展、问题和展望 [J]. 煤炭学报，39(5)：795-805.
武强，申建军，王洋 . 2017. "煤－水" 双资源型矿井开采技术方法与工程应用 [J]. 煤炭学报，42(1)：8-16.
武强，刘正林，董书宁 . 2018. 煤矿防治水细则专家解读 [M]. 北京：煤炭工业出版社 .
武强，刘宏磊，曾一凡，等 . 2023. 我国绿色矿山建设现状与存在问题及对策建议 [J]. 绿色矿山，1(1)：25-32.

吴立群，王建英，杨帆，等 . 2022. 榆林地区北部侏罗纪古河道砂体与采煤涌（突）水关系分析 [J]. 煤炭学报，47(10)：3599–3609.
吴曙光，胡岱文，许思农 . 1999. 重锤夯实法在松散砂卵石地基加固中的应用 [J]. 重庆建筑大学学报 (3)：82–85+90.
吴宗信，梁纪信，王德成 . 1990. 桃曲坡水库灰岩库区的漏水情况及治理措施 [J]. 水利水电技术 (12)：51–54.
谢英仪 . 2022. 碳达峰目标下“三西”地区煤炭铁路外运量分析及对策 [J]. 铁道运输与经济，44(5)：46–51.
夏玉成，代革联 . 2015. 生态潜水流畅的采煤扰动机理与优化调控 [M]. 北京：科学出版社 .
徐智敏，孙亚军，高尚，等 . 2019. 干旱矿区采动顶板导水裂隙的演化规律及保水采煤意义 [J]. 煤炭学报，44(3)：767–776.
许家林 . 2016. 岩层采动裂隙演化规律与应用 [M]. 徐州：中国矿业大学出版社 .
杨泽元，王文科，黄金廷，等 . 2006. 陕北风沙滩地区生态安全地下水位埋深研究 [J]. 西北农林科技大学学报（自然科学版）(8)：67–74.
闫泽胜，李龙清，高晓旭，等 . 2021. 常兴煤矿 3107 工作面充填复采经济可行性分析 [J]. 中国矿业，30(1)：59–63.
叶东生，屈永利，杜飞虎 . 2010. 煤矿底板岩溶水水害防治的理论与实践 [M]. 北京：地质出版社 .
袁峰，申涛，谢晓深，等 . 2021. 基于深度学习的地震多属性融合技术在导水裂隙带探测中的应用 [J]. 煤炭学报，46(10)：3234–3244.
袁亮，吴侃 . 2003. 淮河堤下采煤的理论研究与技术实践 [M]. 徐州：中国矿业大学出版社 .
赵浩 . 2022. 露天煤矿高质量安全发展形势分析与对策措施 [J]. 煤矿安全，53(7)：251–256.
赵春虎，王明星，曹海东，等 . 2022. 露天煤矿开采侧向帷幕控水原理与截水效果数值分析 [J]. 煤田地质与勘探，50(7)：1–8.
张誉，孙方，贾彬，等 . 2008. 砂卵石土在动荷载作用下的动弹性模量研究 [J]. 四川建筑科学研究，34(6)：119–122.
张雁，黄选明，彭巍，等 . 2020. 截水帷幕在露天煤矿截渗减排中的应用 [J]. 煤炭学报，45(5)：1865–1873.
张帅，冯国瑞，张东升，等 . 2023. 榆神矿区导水裂隙带高度多因素影响规律及保水采煤分区 [J]. 太原理工大学学报，54(2)：301–312.
张大民 . 2008. 张家峁井田内小煤矿开采对地下水的影响 [J]. 地下水，30(1)：32–33+39.
张博龙 . 2020. 杭来湾煤矿 301 盘区分层限高开采对松散层潜水的影响 [J]. 陕西煤炭，39(1)：81–84.
张博龙，邱长健，薛雄飞 . 2019. 榆神矿区杭来湾煤矿矿井水资源化利用前景分析 [J]. 西部资源，91(4)：126–127.
张博龙 . 2019. 杭来湾煤矿 301 盘区矿井涌水量变化特征及来源分析 [D]. 西安：西安科技大学 .
张东升，刘玉德，王旭锋 . 2009. 沙基型浅埋煤层保水开采技术及适用条件分类 [M]. 徐州：中国矿业大学出版社 .
张东升，范钢伟，王旭锋，等 . 2022. 我国西部煤炭开采中水资源保护基础研究 [M]. 徐州：中国矿业大学出版社 .
张玉军，申晨辉，张志巍，等 . 2022. 我国厚及特厚煤层高强度开采导水裂缝带发育高度区域分布规律 [J]. 煤炭科学技术，50(5)：38–48.
郑士田，马荷雯，姬亚东 . 2021. 煤层底板水害区域超前治理技术优化及其应用 [J]. 煤田地质与勘探，49(5)167–173.
周国庆，姜尧发，高峰，等 . 2015. 伊宁矿区 ZKJ502 钻孔早侏罗世煤层煤岩煤质特征 [J]. 新疆地质，33(2)：284–288.
周学年，程世贵，夏小亮，等 . 2021. 巨厚推覆体下奥灰水害探查治理定向钻进技术 [J]. 煤炭工程，53(6)57–62.
Limin Fan, Xiongde Ma. 2018. A review on investigation of water-preserved coal mining in western China[J]. International Journal of Coal Science & Technology, 5(4): 411–416.
Limin Fan, Liqiang Ma, Yihe Yu, et al. 2019. Water-conserving mining influencing factors identification and weight determination in northwest China[J]. International Journal of Coal Science & Technology, 6(1): 95–101.